"十四五"高等职业教育计算机类专业系列教材

鲲鹏云服务技术与应用

李振军　廖银萍　兰师丹◎主编

电子工业出版社·
Publishing House of Electronics Industry
北京·BEIJING

内 容 简 介

本书以鲲鹏云服务技术的实战为主导，偏重公有云的实操，旨在培养鲲鹏云服务工程师，增强读者的实际操作能力。

本书以项目任务化的形式组织，以华为基础云服务为载体，精选云上搭建部署的经典工程案例进行详细的讲述。全书共有 6 个章节，从一个新手的角度出发，到实际的工程案例，涉及公有云上的弹性伸缩服务、弹性云服务器、云硬盘服务、镜像服务、Apache 服务、MariaDB 数据库服务、MySQL 数据库服务等。

本书既可以作为高职高专计算机网络技术专业的教材，也可以作为云服务初、中级运维人员的技术参考书。

未经许可，不得以任何方式复制或抄袭本书之部分或全部内容。
版权所有，侵权必究。

图书在版编目（CIP）数据

鲲鹏云服务技术与应用 / 李振军，廖银萍，兰师丹
主编. -- 北京：电子工业出版社, 2024. 8. -- ISBN 978-7-121-48618-0

Ⅰ．TP393.027

中国国家版本馆 CIP 数据核字第 20246MW899 号

责任编辑：刘　洁
印　　刷：涿州市京南印刷厂
装　　订：涿州市京南印刷厂
出版发行：电子工业出版社
　　　　　北京市海淀区万寿路 173 信箱　　邮编：100036
开　　本：787×1092　1/16　印张：14.75　字数：369 千字
版　　次：2024 年 8 月第 1 版
印　　次：2024 年 8 月第 1 次印刷
定　　价：49.80 元

凡所购买电子工业出版社图书有缺损问题，请向购买书店调换。若书店售缺，请与本社发行部联系，联系及邮购电话：(010) 88254888，88258888。

质量投诉请发邮件至 zlts@phei.com.cn，盗版侵权举报请发邮件至 dbqq@phei.com.cn。

本书咨询联系方式：(010) 88254178，liujie@phei.com.cn。

前 言

随着互联网的不断发展，云计算技术飞速发展。云服务器作为云计算的基础设施之一，一直处于快速发展的状态。

云服务起源于云计算，是一种通过互联网向用户提供计算资源和服务的方式。用户可以根据需求灵活地使用这些资源和服务，无须购买或维护硬件和软件设施。云服务已经成为企业和个人的首选，因为它可以提供高效、灵活、可靠和安全的服务。

本书的初衷是将公有云服务商的前沿技术转化为人才培养的素材，培养适应社会经济发展需要的专业技能人才，并促进他们的就业。随着社会的不断发展和进步，对于人才的需求越来越大，因此需要完整的教材来帮助读者掌握知识和技能。

本书可以作为教师教学的重要参考，为培养高质量的人才提供有力的支持。本书结合实际案例和实践经验，可以帮助读者在学习过程中更好地将理论知识与实际应用相结合，提高就业能力，挖掘职业发展潜力。

我们深入了解了当前就业市场的需求和趋势，并意识到学校教育和工程实践之间的差距。因此，将实际工作中的技术和知识引入教材，可以帮助读者更好地适应就业市场的需求，提高他们的就业竞争力。

本书具有以下特点。

（1）理论与实践相结合

本书不仅注重理论知识的讲解，还充分结合了实际案例和实践经验，将理论知识与实践应用相结合，能够帮助读者更好地理解和掌握知识。

（2）内容全面、系统

本书的内容全面、系统，涵盖所需的专业技能和知识，能够帮助读者建立完整的知识体系。同时，本书按照由浅入深、循序渐进的方式组织内容，能够帮助读者逐步掌握知识和技能。

（3）注重技能培养

本书不仅注重理论知识的传授，还注重培养读者的实际操作能力，提供了大量的实际案例和实践经验，能够帮助读者培养解决实际问题的能力。

（4）与时俱进

本书注重与最新的 IT 技术和行业发展保持同步，内容及时更新，以反映当前的主流技术和行业动态，能够帮助读者了解和掌握最新的专业技能和知识。

综上所述，本书旨在为读者提供一套完整、实用的学习资料，帮助他们掌握所需的专业技能和知识，提高就业能力，挖掘职业发展潜力。

本书采用模块化、任务式的编写思路，旨在帮助读者更好地理解和掌握知识。本书的每个模块都涵盖一个特定的主题或技能领域，读者可以按照顺序进行学习，逐步掌握所需的知识和技能。每个任务都包含任务描述、任务分析、任务实施3个环节。本章小结部分旨在总结本章的重点和难点内容，本章练习部分根据本章的实操任务进行横向拓展，以帮助读者消化本章所学内容。本书建议授课时长为64课时，教学内容及安排课时如下。

项目	教学内容	安排课时
第1章	鲲鹏云服务基础	8
第2章	基础云服务实践	16
第3章	鲲鹏云服务器部署Discuz!论坛项目	8
第4章	个人博客系统WordPress搭建项目	8
第5章	使用DRS迁移MySQL数据库项目	16
第6章	使用CCE创建镜像上传至SWR	8
总计		64

本书适合作为高等职业教育计算机专业、计算机网络技术专业、云计算相关专业课程的教学用书，对于从事公有云交付、云计算运维的技术人员也有较大的参考价值，也适合从事服务器运维、应用实施的专业人士阅读。

本书由深圳城市职业学院李振军、廖银萍、兰师丹主编，与深圳职业技术大学、深圳信息职业技术学院的专家共同编写完成。在编写过程中，本书参考了最新的云服务技术和实践，结合了广泛的行业经验和最佳实践，旨在为读者提供全面而实用的技术指南。在验证和校对阶段，深圳市讯方技术股份有限公司的工程师们提供了宝贵的帮助和支持。

在编写本书的过程中，我们尽力保证内容的准确性和完整性，但由于时间、篇幅和专业知识等方面的限制，难免会出现一些错误或不足。对于这些错误和不足，我们深表歉意。如果读者在使用本书过程中发现了任何问题或错误，请随时与我们联系，我们将尽快核实并做出修正。同时，我们也欢迎读者提出宝贵的意见和建议，以帮助我们不断提高书籍的质量和水平。

编　者

目 录

第1章 鲲鹏云服务基础 ... 1
- 任务1.1 创建 Linux 弹性云服务器 ... 18
- 任务1.2 创建 Windows 弹性云服务器 ... 24
- 任务1.3 登录 Windows 弹性云服务器并重置密码 ... 27
- 任务1.4 变更弹性云服务器的规格 ... 31
- 本章小结 ... 34
- 本章练习 ... 35

第2章 基础云服务实践 ... 36
- 任务2.1 创建私有镜像 ... 78
- 任务2.2 按需弹性伸缩弹性云服务器 ... 80
- 任务2.3 挂载云硬盘 ... 81
- 任务2.4 配置 SNAT ... 89
- 本章小结 ... 91
- 本章练习 ... 91

第3章 鲲鹏云服务器部署 Discuz!论坛项目 ... 92
- 任务3.1 安装并部署 Apache 服务 ... 100
- 任务3.2 安装并部署 MariaDB 数据库 ... 102
- 任务3.3 安装并部署 Discuz!论坛 ... 103
- 本章小结 ... 110
- 本章练习 ... 110

第4章 个人博客系统 WordPress 搭建项目 ... 111
- 任务4.1 配置基础云服务 ... 127
- 任务4.2 搭建 LAMP 环境 ... 132
- 任务4.3 创建并配置 RDS ... 135
- 任务4.4 访问并配置 WordPress ... 139
- 本章小结 ... 144
- 本章练习 ... 144

第 5 章　使用 DRS 迁移 MySQL 数据库项目 145
任务 5.1　部署 MySQL 数据库 165
任务 5.2　使用 DRS 迁移数据 171
任务 5.3　停止 DRS 迁移任务 177
本章小结 182
本章练习 182

第 6 章　使用 CCE 创建镜像上传至 SWR 183
任务 6.1　申请云容器引擎服务 217
任务 6.2　创建 CCE 节点 220
任务 6.3　构建镜像 224
本章小结 227
本章练习 227

第 1 章　鲲鹏云服务基础

本章导读

本章将主要介绍鲲鹏体系架构和华为云的基础概念。其中,鲲鹏体系架构的内容主要包括鲲鹏计算产业和鲲鹏生态体系的概念,以及云计算的核心技术。

1. 知识目标

（1）了解云计算的由来
（2）阐述云计算的商业模式和服务模式
（3）认识鲲鹏生态体系

2. 能力目标

（1）能够申请华为云上鲲鹏云服务器
（2）能够通过 VNC 方式登录 ECS

3. 素养目标

（1）培养用科学的思维方式审视专业问题的能力
（2）培养实际动手操作与团队合作的能力

任务分解

本章旨在让读者掌握华为云上弹性云服务器的申请和使用,主要讲述云服务的一些基础理论知识。本章任务为申请与使用华为云上弹性云服务器。任务分解如表 1-1 所示。

表 1-1　任务分解

任务名称	任务目标	安排课时
任务 1.1 创建 Linux 弹性云服务器	能够申请云上 Linux 云服务器	2
任务 1.2 创建 Windows 弹性云服务器	能够申请云上 Windows 云服务器	2
任务 1.3 登录 Windows 弹性云服务器并重置密码	能够对云服务器进行密码重置	2
任务 1.4 变更弹性云服务器的规格	能够对云服务器进行规格的变更	2
总计		8

知识准备

1. 云计算的由来

1）云计算简介

现阶段对云计算的定义有多种说法，对于到底什么是云计算，至少可以找到100种解释。广为接受的说法是美国国家标准与技术研究院（National Institute of Standards and Technology，NIST）的定义：云计算（Cloud Computing）是一种模型，它可以随时随地、便捷、随需应变地从可配置计算资源共享池中获取所需的资源（如网络、服务器、存储、应用及服务），能够快速供应并释放资源，使管理资源的工作量和与服务提供商的交互减少到最低限度。

通俗地讲，"云"是网络、互联网的一种比喻说法，即互联网与建立互联网所需要的底层基础设施的抽象。"计算"是一台足够强大的计算机提供的计算服务（包括各种功能、资源、存储）。"云计算"可以理解为通过互联网使用足够强大的计算机为用户提供的服务，并且这种服务的使用量可以使用统一的单位来描述。

云计算是一种以虚拟化技术为核心，以低成本为目标，基于互联网服务的动态可扩展的网络应用基础设备，支持用户按照使用需求付费购买相关服务的新型模式。

云计算模式非常像电厂的集中供电模式（电厂提供电，用户付费购买），能够提供用户看不到、摸不到的硬件设施（服务器、内存、硬盘）和应用软件等资源。用户只需要接入互联网，付费购买所需的资源，通过浏览器给"云"发送指令和接收数据，基本上不用做其他工作，就可以使用云服务提供商的计算资源、存储空间、应用软件等，以实现自己的需求。云计算模式下的资源能够被快速提供，只需用户投入很少的管理工作或与服务商进行很少的交互。云计算具有每秒10万亿次的运算能力，可以模拟核爆炸、预测气候变化和市场发展趋势。

云计算的最终目标是将计算、服务和应用作为一种公共设施提供给用户，使用户能够像使用水、电、煤气和电话那样使用计算机资源。用户不需要拥有看得见、摸得到的硬件设施，也不需要为机房支付设备供电、空调制冷、专人维护等费用，更不需要等待漫长的供货、冗长的项目实施，只需要把钱汇给云计算服务提供商，就能马上得到需要的服务。在云计算环境下，用户的使用观念也从"购买产品"转变成了"购买服务"，这样也促进了云服务的商业模式的发展。

云计算理念从诞生至今，企业IT架构从传统的非云架构向目标云架构演进，总体经历了3个里程碑式的发展阶段。

① 云计算 1.0

云计算 1.0 是面向数据中心管理员的 IT 基础设施资源虚拟化阶段。该阶段的关键特征体现为通过引入虚拟化技术，将企业 IT 应用与底层的基础设施彻底分离解耦，将多个企业 IT 应用及运行环境复用在相同的物理服务器上，并通过虚拟化集群调度软件，将更多的 IT 应用复用在更少的服务器节点上，从而实现资源利用效率的提升。

② 云计算 2.0

云计算 2.0 是面向基础设施云租户和云用户的资源服务化与管理自动化阶段。该阶段的关键特征体现为通过引入管理平台的基础设施标准化服务与资源调度自动化软件，以及数据平台的软件定义存储和软件定义网络技术，面向内部和外部的租户，将原本需要通过数据中心管理员人工干预的、复杂低效的基础设施资源的申请、释放与配置过程，转变为在必要的限定条件下（如资源配额、权限审批等）的一键式全自动化资源发放服务过程。这个转变大幅提升了企业 IT 应用所需的基础设施资源的发放能力，缩短了企业 IT 应用上线所需的基础设施资源准备周期，将企业基础设施的静态滚动规划转变为动态资源的弹性按需供给；同时为企业 IT 应用支撑其核心业务走向敏捷化，更好地应对瞬息万变的企业业务竞争与发展环境奠定了基础。云计算 2.0 面向云租户的基础设施资源服务供给既可以是虚拟机形式、容器（轻量化虚拟机）形式的，也可以是物理机形式的。该阶段的企业 IT 应用向云化演进，暂时还不涉及基础设施层上的企业 IT 应用与中间件、数据库软件架构的变化。

③ 云计算 3.0

云计算 3.0 是面向企业 IT 应用开发人员及管理员的，企业应用架构的分布式微服务化、企业数据架构的互联网化重构及大数据智能化阶段。该阶段的关键特征体现为企业 IT 应用自身的架构逐步从纵向扩展应用分层架构体系（依托于传统商业数据库和中间件商业套件，为每个业务应用领域专门设计的、烟囱式的、高复杂度的、有状态的、规模庞大的体系），走向数据库（依托开源增强的、跨不同业务应用领域高度共享的数据库）、中间件平台服务层及分布式无状态化架构（功能更加轻量化解耦、数据与应用逻辑彻底分离），从而使得企业 IT 应用在支撑企业业务敏捷化、智能化及资源利用效率提升方面迈上一个新的台阶，并为企业创新业务的快速迭代和开发铺平道路。

对于上述 3 个阶段，云计算 1.0 普遍已经是过去式，一部分行业、企业客户已完成初步规模的云计算 2.0 的建设和商用，正在考虑该阶段的进一步扩容，以及向云计算 3.0 的演进；而另一部分客户正在从云计算 1.0 走向云计算 2.0，甚至同步展开云计算 2.0 和 3.0 的演进评估与实施。

2）云计算的发展史

云计算相当于互联网加计算模型，其发展史就是互联网和计算模型的发展史。接下来简单介绍它们的发展史。其中，互联网的发展史如图 1-1 所示。

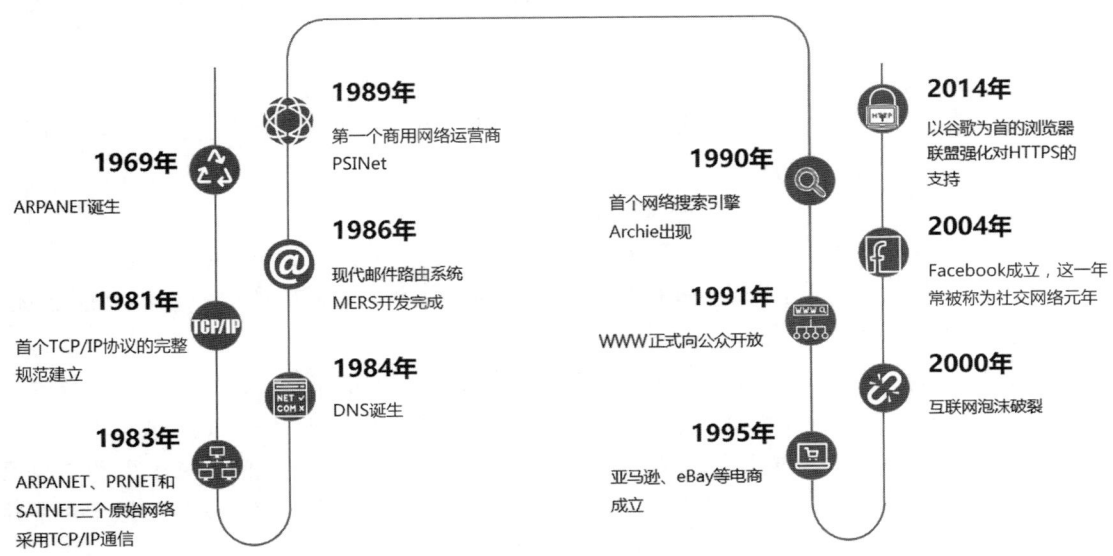

图 1-1　互联网的发展史

早期计算机都是单机运行的,数据的计算和传输都在本机上完成,互联网的诞生将这些计算机连接起来,最终将整个世界都连接起来。下面是一些在互联网发展过程中的里程碑事件。

1969 年,ARPANET 诞生,被认为是互联网的前身。很多技术的诞生和发展都是因为战争,互联网也一样。据说 ARPANET 的诞生是因为美国担心其他国家的核武器摧毁美国的核心军事基地,这样整个国家的军事防御能力就会被摧毁,所以美国国防部需要建立一个高容错的网络系统。最早加入 ARPANET 的节点只有 4 个,分别是位于美国中部的 4 所大学:加州大学洛杉矶分校、斯坦福研究所、加州大学圣芭芭拉分校和犹他大学。ARPANET 的诞生代表计算机进入了互联网时代。随后的几年,加入 ARPANET 的节点越来越多,同时非军事领域的用户也越来越多。1983 年,出于安全的考虑,ARPANET 将其中的 45 个节点分离出去,专门形成了一个叫作 MILNET 军事网络,剩余的节点用于民用。

1981 年,首个 TCP/IP 协议的完整规范建立,互联网的沟通语言诞生。TCP/IP 协议其实是一个协议集合,包括了传输控制协议(Transport Control Protocol,TCP)、互联网协议(Internet Protocol)及其他协议。最早在 ARPANET 上用的协议是 NCP,但是随着 ARPANET 的壮大,NCP 无法满足大型网络的需求,而 TCP/IP 协议生来就是为大型甚至巨型网络服务的。因此在 1983 年 1 月 1 日,ARPANET 就使用 TCP/IP 协议代替了 NCP。

1983 年,ARPANET、PRNET 和 SATNET 三个原始网络采用 TCP/IP 协议通信,这标志着互联网开始快速发展。

1984 年,DNS 诞生。TCP/IP 协议被采用后,互联网的发展变得更加迅速,加入网络的计算机越来越多,IP 地址也越来越多。因为每台计算机都采用符合 TCP/IP 协议标准的数字化的 IP 地址来互相标识。使用 IP 地址标识计算机就好比使用身份证号来代表我们身边所有的人,并在沟通的时候用一长串数字称呼对方。但是我们很难记住这么多的数字,只使用 IP 地址来标识计算机对系统的维护人员来说也不是什么好事。开发一个新的架构或者技术来解决这些问题的呼声越来越高,DNS 应运而生。DNS 可以将数字化的 IP 地址和更容易让人记住的域名互相转换,相当于使用简短易记的名字来代替身份证号码,从而大大地降低沟通的难度。最初的域名包括两部分:名称(如 HUAWEI)和分类(如代表 commercial 的".com")。维护人员只要输入 HUAWEI.com 就能找到对应 IP 地址的计算机。如今通过 DNS,我们可以在全球范围内使用域名来访问与其对应的主页等。

1986 年,现代邮件路由系统 MERS 开发完成。

1989 年,第一个商用网络运营商 PSINet 成立。在此之前,多数的网络都是由政府或者军方出资在军事、工业或者科学方面做研究的,PSINet 的成立代表互联网进入了商业化运作的时代。

1990 年,首个网络搜索引擎 Archie 出现。在互联网发展的早期,网络上的信息较少,所以查找起来也比较容易,而随着互联网的发展,互联网上的信息量爆炸式增长,用户想从中找到自己需要的信息无异于大海捞针,所以需要一个搜索引擎或者网站来索引和查找信息。Archie 就是最早的网络搜索引擎,当时网络中的文件传输很多,然而文件都散落在不同的 FTP 服务器上,查询起来非常不方便。

1991 年,WWW 正式向公众开放。WWW(World Wide Web,万维网,简称 Web)由欧

洲粒子研究中心的科学家 Tim Berners-Lee 发明，是互联网发展史上里程碑式的技术，使超媒体可以在网络上传播和互联。超媒体既可以是文档，也可以是语音或者视频，这是一种全新的信息表达方式。在 WWW 诞生后，伟大的、里程碑式的互联网公司相继成立，改变人们生活的各类网络应用开始不断涌现。

1995 年，亚马逊、eBay 等电商成立。在互联网的发展史上，出现了很多伟大的公司，如雅虎、谷歌等。亚马逊是第一个真正意义上实现云计算的互联网公司。亚马逊早期出售的商品是图书，为了处理商品信息和用户资料，亚马逊建立了庞大的数据中心。在美国有类似淘宝"双十一"的"黑色星期五"，这一天亚马逊需要处理大量的信息，数据中心的所有设备都会全力开启，但是过了这天，大量设备会处于闲置状态，为了不造成浪费，亚马逊就将多余的资源租了出去，于是在 2006 年推出了首款云计算产品——弹性计算云（Elastic Compute Cloud，EC2）。

亚马逊、谷歌、阿里巴巴、腾讯等公司都属于互联网企业，IBM、思科、华为、联想等公司属于传统 IT 企业。

2000 年，互联网泡沫破裂。互联网让人们见识到了它的神奇，过快的发展也催生了大量的泡沫。终于在 2000 年前后，互联网泡沫破裂，PSINet 在这个时期破产倒闭。然而，经过了泡沫破裂的互联网又迅速得到了发展。2004 年，Facebook 成立，这一年也被称为社交网络元年。

云计算是分布式计算、并行计算和网格计算的商业实现，它们都属于高性能计算（HPC）的范畴，主要用途在于对大数据的分析与处理。它们之间也存在很多差异。

① 并行计算

并行计算（Parallel Computing）又称平行计算，是相对于串行计算来说的，能够同时使用多种计算资源解决计算问题。为执行并行计算，计算资源应包括一台配有多处理机（并行处理）的计算机、一个与网络相连的计算机专有编号。并行计算的主要目的是快速解决大型且复杂的计算问题。

并行计算可以划分成时间并行和空间并行。时间并行即流水线技术，空间并行使用多个处理器执行并发计算，当前研究的主要是空间并行的问题。从程序和算法设计人员的角度看，并行计算又可以划分为数据并行和任务并行。数据并行能够把大的任务化解成若干个相同的子任务，处理起来比任务并行简单。

空间并行产生的两类并行机可以按照 Michael Flynn（费林分类法）划分为单指令流多数据流（SIMD）处理机和多指令流多数据流（MIMD）处理机，而常用的串行机也称单指令流单数据流（SISD）处理机。MIMD 处理机又可以划分为并行向量处理机（PVP）、对称多处理机（SMP）、大规模并行处理机（MPP）、工作站机群（COW）和分布式共享存储处理机（DSM）。

② 分布式计算

分布式计算（Distributed Computing）研究领域主要研究分散系统（Distributed System）如何进行计算。分散系统是一组计算机，是通过计算机网络相互连接与通信后形成的系统，可以把需要进行大量计算的工程数据分区成小块并交由多台计算机分别计算，在上传运算结果后，将结果统一合并得出科学的结论。

目前常见的分布式计算项目通常会使用世界各地的志愿者计算机的闲置计算能力，通过互联网进行数据传输。例如，分析计算蛋白质的内部结构和相关药物的 Folding@home 项目，结构庞大，需要惊人的计算量，通过一台普通的计算机是不可能完成的，而超级计算机成本高昂，一些科研机构无法负担这笔费用。

并行计算与分布式计算都运用并行来获得更高的性能，化大任务为小任务。简单来说，如果处理单元能够共享内存，则属于并行计算，反之则属于分布式计算，也有人认为分布式计算是并行计算的一种特例。

分布式计算的任务包彼此具有独立性，即上一个任务包的结果未返回或者结果处理错误，对下一个任务包的处理几乎没有影响。因此，分布式计算的实时性要求不高，而且允许存在计算错误。因为分布式计算的每个任务包都由多台计算机参与计算，在将结果上传到服务器后要比较结果，并对差异大的结果进行验证。

分布式计算要处理的问题一般是基于"寻找"模式的。所谓的"寻找"，相当于穷举法，即尝试获得所有可能存在的结果，一般从 $0 \sim N$（某一数值）逐个测试，直到找到所要求的结果为止。事实上，为了一次性探测到正确的结果，一般会假设结果是以某个特殊形式开始的。在这种类型的搜索中，也许能够幸运地在一开始就找到答案，也许最后才能找到答案，这都是有可能的。

并行程序并行处理的任务包之间有很大的联系，而且并行计算的每个任务包都是必要的，没有浪费的分割，即每个任务包都要处理，而且计算结果相互影响。这就要求每个任务包的计算结果都要绝对正确，并且在时间上尽量做到同步。分布式计算的很多任务包都可以不做处理，因为有大量无用的数据包。因此分布式计算尽管速度很快，但其真正的"效率"是很低的，可能一直在寻找答案，但是永远都找不到，也可能一开始就能找到。并行计算与分布式计算不同，它的任务包的个数相对有限，在一段时间内是可能完成的。

分布式计算的编写一般用 C++（也有用 Java 的，但不是主流），基本不用 MPI 接口。并行计算的编写用 MPI 或者 OpenMP。

③ 集群计算

集群计算（Cluster Computing）是指将一组松散集成的计算机软件或硬件连接起来，高度紧密地协作完成计算工作。在某种意义上，集群系统可以被看作一台计算机。集群系统中的单个计算机通常称为节点，可以通过局域网连接，也可以通过其他方式连接。集群系统通常用来改进单台计算机的计算速度和可靠性，在一般情况下比单台计算机（如工作站或超级计算机）的性价比高得多。

根据集群系统中计算机的体系结构是否相同，集群系统可以划分为同构与异构两种；根据集群系统中计算机的功能和结构，集群系统可以划分为高可用性集群（High-Availability Clusters）、负载均衡集群（Load Balancing Clusters）、高性能计算集群（High-Performance Computing Clusters）。

高可用性集群一般是指，在集群中某个节点失效的情况下，该节点上的任务会自动转移到其他正常的节点上，或者将集群中的某个节点离线维护再上线，该过程不会影响整个集群的运行。

负载均衡集群一般会通过一个或者多个前端负载均衡器，将工作负载分发到后端的一组服务器上，从而达到整个系统的高性能和高可用性。这样的计算机集群有时也称服务器群（Server Farm）。高可用性集群和负载均衡集群一般会使用类似的技术，或者同时具有高可用性与负载均衡的特点。Linux 虚拟服务器（Linux Virtual Server，LVS）项目在 Linux 操作系统上提供了最常用的负载均衡软件。

高性能计算集群通过将计算任务分配到集群的不同计算节点来提高计算能力，主要应用在科学计算领域。比较流行的 HPC 采用 Linux 操作系统及其他免费的软件来完成并行计算。这种集群配置通常称为 Beowulf 集群，能够运行特定的程序以发挥 HPC Cluster 的并行能力。这些程序一般会应用特定的运行库，如专为科学计算设计的 MPI 库。HPC 集群特别适合在计算节点之间发生大量数据通信的计算作业，如一个节点的中间结果或者影响到其他节点计算结果的情况。

④ 网格计算

网格计算（Grid Computing）是分布式计算的一种，也是一种与集群计算相关的技术。如果某项工作是分布式的，那么参与这项工作的一定不只是一台计算机，而是一个计算机网络，显然这种"蚂蚁搬山"的方式具有很强的数据处理能力。网格计算的实质是组合与共享资源并确保系统安全。

网格计算通过将大量异构计算机的未用资源（CPU 周期和磁盘存储）作为嵌入在分布式电信基础设施中的一个虚拟的计算机集群，来为解决大规模的计算问题提供一个模型。网格计算支持跨管理域计算的能力，使它与传统的计算机集群或者分布式计算相区别。网格计算的目标是解决单台计算机难以解决的问题，同时保持解决多个较小的问题的灵活性。这样，网格计算就提供了一个多用户环境。

集群计算与网格计算的区别如下。

- 网格计算与传统集群计算的主要差别是，网格计算连接的是一组相关但并不信任的计算机，它的运作更像是一个公共计算设施，而不是一台独立的计算机；网格计算通常比集群计算支持更多类型的计算机集合。
- 网格计算本质上是动态的，集群计算包含的处理器和资源通常是静态的。在网格计算中，资源可以动态出现，用户可以根据需要将资源添加到网格中或从网格中删除。
- 网格计算天生就是在本地网、城域网或广域网上分布的，即可以分布在网络的任何地方。集群计算在物理上处于相同的位置，通常只是局域网互联。集群互联技术可以产生非常低的网络延时，如果集群距离很远，则可能导致很多问题。物理邻近和网络延时限制了集群计算地域分布的能力；而网格计算由于其动态特性，可以提供很好的可扩展性。
- 集群计算只能通过增加服务器来满足增长的需求。然而，集群计算的服务器数量及受其影响的集群计算机的性能是有限的（互联网络的容量是有限的）。也就是说，如果一味地通过扩大规模来提高集群计算机的性能，则它的性价比会相应下降，这意味着我们不可能无限制地扩大集群的规模。网格计算可以虚拟出空前的超级计算机，不受规模的限制，成为下一代 Internet 的发展方向。
- 集群计算和网格计算是相互补充的。网格计算可以在网格用户自己管理的资源中采用集群计算。实际上，网格用户可能并不清楚他的工作负载是在一个远程的集群上执行的。尽管网格计算与集群计算之间存在很多区别，但是这些区别使它们构成了一个非常重要的关系，即集群计算在网格计算中总有一席之地，特定的问题通常需要一些紧耦合的处理器来解决。然而，随着网络功能和带宽的发展，以前采用集群计算很难解决的问题现在可以使用网格计算解决了。理解网格计算固有的可扩展性和集群计算提供的紧耦合互联机制的性能优势之间的平衡是非常重要的。

⑤ 云计算（Cloud Computing）

云计算是新的概念，它不只有计算的概念，还包含运营服务的概念。它是分布式计算、并行计算和网格计算的发展，或者说是这些概念的商业实现。云计算不仅包括分布式计算，还包括分布式存储和分布式缓存。分布式存储又包括分布式文件存储和分布式数据存储。

云计算与并行计算、分布式计算、网格计算和集群计算的区别如下。

- 云计算是集群技术的计算发展，它与集群计算的区别在于集群计算虽然把多台计算机联系了起来，但在执行某项具体任务的时候还是会被发送到某台服务器上；而云计算会简单地认为可以将任务分割成多个进程并在多台服务器上进行并行计算，这样对大数据量的操作非常好。云计算可以使用廉价的 PC 服务器管理大数据量与大集群，关键在于对云计算内的基础设施进行动态的按需分配与管理。
- 从计算机用户的角度来说，并行计算是由单个用户完成的；分布式计算是由多个用户合作完成的；云计算是没有用户参与，而交给网络另一端的服务器完成的。

3）云计算的特点

云计算的 5 个特点也称"云计算五要素"，包括按需自助服务、广泛的网络接入、资源池化、快速弹性伸缩、可计量服务。

① 按需自助服务

云计算允许用户根据需要自助申请和管理计算、存储、网络资源，而无须事先与云服务提供商协商或干预；根据自身需求自主获取计算资源，而无须干预或长时间等待；自行配置计算、存储、网络等资源，并随时自主管理和监控。

② 广泛的网络接入

云计算能够通过广泛的网络接入使用户从各种各样的设备或者网络接入云服务，在任何地方、任何设备上访问和使用云服务，在各种网络条件和场景下高效地工作。

③ 资源池化

云计算能够对多个用户的计算、存储和网络资源进行集中管理和分配，使资源的利用率和效率趋于最大化。具体来说，云计算能够通过对大量的物理资源进行虚拟化，将多个用户的计算需求整合到同一个资源池中，以实现高效利用和共享。用户不需要了解具体的物理位置和配置，即可通过云服务提供商的管理平台管理和控制计算资源。

④ 快速弹性伸缩

云计算能够提供弹性计算资源的能力，以根据用户的需求快速进行自动化扩展或缩减，实现高效利用和成本控制。用户可以根据需求快速增加或减少计算资源，无须等待或付出高昂的费用。此外，云计算能够快速、自动地为应用程序提供额外的计算、存储和网络资源，以满足瞬时的、非常大的负载需求，随后又可以自动缩减资源，以节省成本。

⑤ 可计量服务

云计算能够提供服务度量和优化的能力，以监测和优化资源使用情况和服务质量。用户可以通过各种工具和服务来监控和度量资源的使用情况，以优化成本和资源。服务提供商也可以通过度量和分析用户的使用情况来优化服务。

2. 云计算的商业模式

1）公有云

公有云是最先出现的云计算模式，也是最被大众熟知的云计算模式。百度网盘、华为手机云备份、有道云笔记和网易云音乐都属于公有云。目前，公有云可以为用户提供众多服务，使用户通过互联网像使用水、电那样使用这些服务。

公有云通常是由云服务提供商搭建的，最终用户只需要购买云计算资源或者服务，硬件及相应的管理工作都由第三方服务商负责。公有云的资源向公众开放，其使用依赖互联网。

2）私有云

私有云通常部署在企业或单位内部，其上运行的数据被全部保存在企业自有的数据中心内。如果要访问这些数据，则需要经过部署在数据中心入口的防火墙，这样可以在很大程度上保护数据。私有云可以基于企业已有的架构进行部署，也可以部署在绝大部分已经花了大价钱购买的硬件设备上，从而保护用户的现有投资。所有的事情都有两面性：一方面，如果企业采用私有云，则可以保证数据安全和旧设备的利用率，但是随着时间的推移，设备会越来越旧，更换这些设备需要一笔不小的费用；另一方面，为了保证数据安全，用户之间可以共享的东西非常少，就算有也绝对不会和其他企业或者单位共享。

近些年关于私有云还有一种说法：在公有云上购买专属云的服务，可以将企业的关键业务放到公有云上，保证用户在云上拥有专属的计算和存储资源，并使用高度可靠的隔离网络，满足用户对关键应用系统的高可靠性、高性能和高安全性等要求。

3）行业云

行业云由行业或某个区域起主导作用或者掌握关键资源的组织建立和维护，能够以公开或者半公开的方式，向行业内部或相关组织和公众提供有偿或无偿的服务。

行业云不是一个新的概念，而是一个特定的创建云的方式。与公有云和私有云不一样的是，行业云在创建过程中会包含一些行业特性。例如，云计算在具备了医药行业特性后，可以将患者的病例及急诊记录放到云端，每个医院的医生都可以从云端获取相关的有用信息。

行业云是一个很大的机遇，但是也非常具备挑战性。以医药行业云为例，患者的所有信息都会被同行业的相关人员看到，保障个人信息需要更好的云安全技术或手段。

4）混合云

混合云是一种比较灵活的云计算模式，包含公有云、私有云、行业云中的两种或两种以上的云，用户可以根据业务需求切换。由于安全和控制原因，并非所有的企业信息都能放置在公有云上，因此大部分已经应用云计算的企业会使用混合云模式。例如，很多企业会选择同时使用公有云和私有云，有一些企业会同时建立集中云。因为公有云只会向用户使用的资源收费，所以集中云是一个处理需求高峰的非常便宜的方式。例如，对一些零售商来说，他们的操作需求会随着假日的到来或者业务的季节性上扬而剧增。此外，混合云能够为其他目的的弹性需求提供一个很好的基础，如灾难恢复。这意味着私有云可以把公有云作为灾难转移平台，并在需要的时候使用它。这是一个极具成本效应的理念。另一个好的理念是，使用公有云作为一个选择性的平台,同时选择其他的公有云作为灾难转移平台。

混合云允许用户利用公有云和私有云的优势,并为应用程序在多云环境中的移动提供了极大的灵活性。此外,混合云具有成本效益,企业可以根据需要决定是否使用成本更昂贵的云计算资源。

由于混合云的设置更加复杂,以及混合云是不同的云平台、数据和应用程序的组合,因此维护和整合可能是一项挑战。在开发混合云时,基础设施之间也会出现兼容性问题。

3. 云计算的服务模式

云计算中部署的所有应用一般都遵循统一的分层结构。应用程序最终会被呈现给用户,用户通过应用程序的页面保存或创建数据。应用程序的正常运行不仅依赖自身的环境,还依赖底层的硬件资源及其操作系统,以及运行在操作系统上的中间件。我们将包括应用程序在内的所有部分称为软件层,将已经虚拟化的、底层的硬件资源称为基础设施层,包括网络、存储和计算资源,将运行在操作系统、应用程序中的所有中间件称为平台层。

我们将基础设施层由服务商管理,其他由客户管理的服务模式称为IaaS(Infrastructure as a Service);基础设施层和平台层由服务商管理,其他由客户管理的服务模式称为PaaS(Platform as a Service);所有资源都由服务商管理的服务模式称为SaaS(Software as a Service),如图1-2所示。

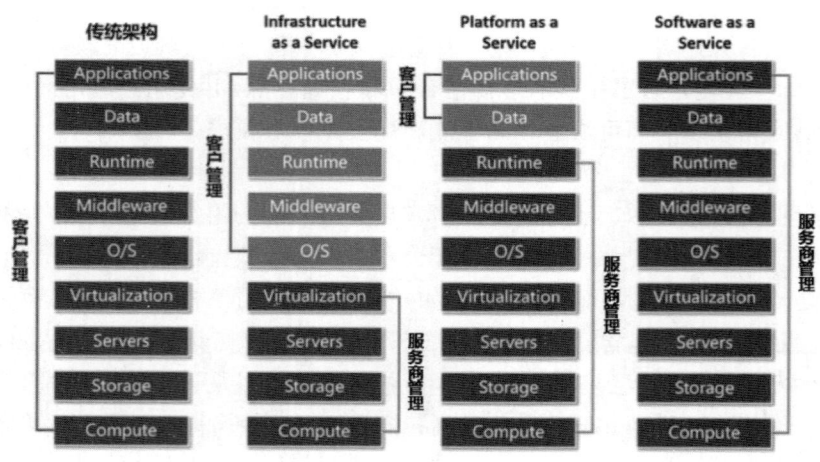

图1-2　云计算的服务模式

1) IaaS

客户可以通过Internet从完善的计算机基础设施中获得IaaS(基础设施即服务)。IaaS是一种把数据中心、基础设施等硬件资源通过Web分配给客户的商业模式,即把由多台服务器组成的"云端"基础设施作为计量服务提供给客户,将内存、I/O设备、存储和计算资源整合成一个虚拟的资源池,为整个行业提供存储资源和虚拟化服务器等服务。

用户可以在服务商提供的基础设施上部署和运行任何软件,包括操作系统和应用软件。用户没有权限管理和访问底层的基础设施,如服务器、交换机、硬盘等;但是有权管理操作系统、存储资源,可以安装管理应用程序,甚至管理网络组件。简单地说,用户在使用IaaS

时，有权管理操作系统上的一切功能。常见的 IaaS 有虚拟机、虚拟网络、存储服务。

IaaS 能够通过虚拟化技术提供云计算基础设施，包括服务器、网络、操作系统和存储资源。云服务器通常通过仪表板或 API（Application Programming Interface）提供给组织，使用户可以完全控制整个基础架构。IaaS 能够提供与传统数据中心相同的技术和功能，无须物理维护或管理所有的数据中心。用户仍然可以直接访问他们的服务器和存储资源，但这一切都会通过云中的"虚拟数据中心"进行外包。

2）PaaS

PaaS（平台即服务）是一种服务类别，能够为开发人员提供通过全球互联网构建应用程序和服务的平台，为开发、测试和管理应用程序提供按需开发的环境。

PaaS 实际上是将软件开发平台作为一种服务，以 SaaS 的模式提交给用户。因此，PaaS 也是 SaaS 的一种应用。PaaS 的出现可以加快 SaaS 的发展，尤其加快 SaaS 应用的开发。PaaS 使得开发人员可以在不购买服务器等设备的情况下开发新的应用程序。例如，企业文件共享是一种分布式平台服务，是指由服务商提供开发环境、服务器平台、硬件资源等服务给用户，用户在平台上定制和开发自己的应用程序，并通过服务器和互联网传递给其他用户。

PaaS 允许用户使用云服务商支持的编程语言、库、服务以及开发工具来创建、开发应用程序，并将其部署在相关的基础设施上。用户无须管理底层的基础设施，包括网络、服务器、操作系统或者存储资源，只需要控制部署在基础设施操作系统上的应用程序，配置应用程序所托管的环境的可配置参数。常见的 PaaS 有数据库服务、Web 应用及容器服务。成熟的 PaaS 能够简化开发人员；提供完备的 PC 端和移动端软件开发套件（SDK），包括丰富的开发环境（Intel i、Eclipse、VS 等）、完全可托管的数据库服务、可配置的应用程序构建；支持多语言的开发；面向应用市场。

PaaS 的交付模型类似于 SaaS，但不是通过 Internet 交付软件的，而是提供一个软件创建平台。该平台通过网络交付软件，能够让开发人员专注于构建软件，而无须担心操作系统、软件更新、存储资源或者基础设施。PaaS 允许企业设计和创建具有特殊软件组件的、内置于 PaaS 的应用程序。这些应用程序（有时称为中间件）具有可扩展性和高可用性，因为它们具有某些云特征。

3）SaaS

SaaS（软件即服务）通过 Internet 提供软件开发平台，用户无须购买软件，向服务商租用基于 Web 的应用软件即可管理企业经营活动。这些应用软件统一部署在用户的服务器上。企业文件共享用户根据需求通过互联网向服务商申请应用软件，服务商根据用户所需软件的数量、时间的长短等因素收费，并且通过浏览器向用户提供软件。SaaS 的优势是，由服务商维护和管理软件、提供软件运行的硬件设施，用户只需拥有能够接入互联网的终端，即可随时随地使用软件。

SaaS 允许用户使用在云基础架构上运行的服务商的应用程序，可以通过轻量的客户端接口（如 Web 浏览器、基于 Web 的电子邮件）或者程序接口从各种客户端设备中访问应用程序。除有限的用户特定应用程序配置外，用户无须管理或控制底层云基础架构，包括网络、服务器、操作系统、存储资源，甚至单独的应用程序功能。类似的服务有各类的网盘（Dropbox、百度网盘等）、JIRA、GitLab 等。这些服务的提供者不仅有服务商，还有众多的第三方提供商（Independent Software Provider，ISV）。

SaaS 的 Web 交付模型使开发人员无须在每台计算机上下载和安装应用程序。借助 SaaS，服务商可以管理所有潜在的技术问题，如数据、中间件、服务器和存储资源等。

SaaS 大大降低了软件，尤其是大型软件的使用成本，并且由于软件托管在服务商的服务器上，因此减少了客户的管理维护成本，提高了可靠性。

4. 云计算的核心技术

云计算是一种以数据和处理能力为中心的密集型计算模式，是传统技术"平滑演进"的产物，融合了多项 ICT 技术，其中以虚拟化技术、分布式数据存储技术、编程模式、大规模数据管理技术、分布式资源管理、信息安全、云计算平台管理技术、绿色节能技术最为关键。

1）虚拟化技术

虚拟化是一个应用广泛的简单概念。从本质上讲，虚拟化是指创建模拟或虚拟机（来宾）的过程。虚拟机是仅以软件形式存在并在物理机（主机）中运行的仿真计算机系统。虚拟机配备内存、CPU、存储空间和操作系统，完全由软件而非硬件定义，拥有多种规模和可配置参数，可以支持多种工作负载和使用场景，如模拟较旧的过时硬件或提供战略性资源管理方法。

虚拟机的运行需要依托于虚拟机管理程序，后者可以作为资源管理器及主机与虚拟机之间的接口，为虚拟机分配必要的内存、处理能力和存储空间，并在虚拟机处于活动状态时管理虚拟机中的应用和虚拟机的基本运行状况。由于虚拟机中的应用与主机完全分离，因此虚拟机和主机无法以任何方式进行文件交互。

除了虚拟机，容器也是一种虚拟化方法。虽然容器和虚拟机有时会混合使用，且存在一些相似之处，但两者的功能并不相同。容器可以为某个应用程序提供专用的独立运行环境，而虚拟机提供的是软件驱动的环境。除了专用于访问某个应用程序，虚拟机还拥有很多强大功能。如果只需运行一个应用，则容器是更合适的选择，因为它可以比虚拟机节省更多资源。

虚拟化技术有诸多优势，包括更清晰的资源分配以及在软件资源之间建立强制隔离。例如，个人可以使用虚拟化技术在物理计算机上安装单独的操作系统（如在配置 Windows 操作系统的计算机上安装 Linux 操作系统），企业可以使用虚拟化技术提供更简易的服务器整合路径及其他优势。虚拟化技术根据虚拟对象可以划分成存储虚拟化、计算虚拟化、网络虚拟化等，计算虚拟化又分为系统级虚拟化、应用级虚拟化和桌面虚拟化。在云计算实现中，系统级虚拟化是一切建立在"云"上的服务与应用的基础。虚拟化技术目前主要应用在 CPU、操作系统、服务器等多个方面，是提高服务效率的最佳解决方案。

从技术上讲，虚拟化技术是一种在软件中仿真计算机硬件，用虚拟资源为用户提供服务的计算形式，旨在合理调配计算机资源，使其更高效地提供服务。它打破了应用系统各硬件间的物理划分，实现了架构的动态化，以及物理资源的集中管理和使用。虚拟化技术的最大优势是增强系统的弹性和灵活性，以及降低成本、改进服务、提高资源利用效率。

从表现形式上讲，虚拟化技术又分为两种应用模式，一是将一台性能强大的服务器虚拟成多个独立的小服务器，服务不同的用户；二是将多个服务器虚拟成一个强大的服务器，完成特定的功能。这两种应用模式的核心都是统一管理，动态分配资源，提高资源利用率，在云计算中都有比较多的应用。

　　虚拟化技术的另一个优势是可以显著降低资本支出，使得用户可以在更少的物理服务器上运行多个虚拟服务器，更好地利用可用资源和容量，从而更高效地使用服务器，降低资源成本。另外，由于每台虚拟机都能够独立运行操作系统，因此可以同时运行更多的应用程序。从本质上讲，虚拟化技术可以让用户以更少的成本实现更多的功能，运行大型关系数据库、虚拟局域网和存储区域网络尤其如此。

　　虚拟化技术的一个优势是可以应用于存储硬件，允许用户创建一个统一的存储空间，使在线的每个人都可以访问该存储空间，而与他们所在的位置无关。这可以帮助开发人员更轻松地协作，并使数据存储更安全。

　　从运营的角度上讲，虚拟化技术的最大优势是可以提高可用性。由于虚拟机允许单独维护而不中断其他虚拟机，因此减少了停机时间。例如，如果用户在不同的虚拟机上运行不同的应用程序，则可以升级一个应用程序，同时保持其他应用程序正常运行。

　　虚拟化技术和云计算截然相反。例如，自服务模式不是虚拟机的基本构件，但对云计算来说是必不可少的。虽然某些虚拟化解决方案是包含了自服务组件的，但问题是，自服务模式对虚拟机来说既不是必要条件，也不是充分条件。而在云计算中，自服务模式是一个至关重要的概念，对用户来说必须是任意时刻都可以获得的。此外，为了减少长期培训、支持所有服务等级，自服务模式显然是一种高效机制。长期而言，它是加速云计算解决方案，是云计算可持续的一个至关重要的因素。

　　虚拟化技术是虚拟机的核心，源于基础设施的管理、运营及部署的灵活性，具有整合服务器、管理虚拟机、精简桌面等能力。云计算和"服务"相关，而"服务"和云就绪以及对市场机会的反应相关。云计算关注的是如何走向市场，如何让一个企业核心业务应用被按需取用，而不仅仅是部署一台虚拟机。云计算感兴趣的不仅是虚拟机的运营，还是在虚拟机上运行的目标应用程序。因此虚拟化技术绝不等于云计算，而云计算远远超出了虚拟化技术的范畴。

　　2）分布式数据存储技术

　　云计算的一大优势是能够快速、高效地处理海量数据。在数据爆炸的今天，这一点至关重要。为了保证数据的高可靠性，云计算通常会采用分布式存储技术，将数据存储在不同的物理设备中。这样不仅能摆脱硬件设备的限制，还具有更好的扩展性，能够快速响应用户需求的变化。

　　分布式数据存储技术与传统的网络存储系统不完全一样。传统的网络存储系统采用集中的存储服务器存放所有数据，存储服务器成为该系统性能的瓶颈，不能满足大规模存储应用的需要。分布式网络存储系统采用可扩展的系统结构，利用多台存储服务器分担存储负荷，利用位置服务器定位存储信息，不仅能提高系统的可靠性、可用性和存取效率，还易于扩展。

　　在当前的云计算领域中，Google 的 GFS 和 Hadoop 团队开发的开源系统 HDFS 是比较流行的两种云计算分布式存储系统。

　　① GFS（Google File System）

　　GFS 能够满足大量用户的需求，并行地提供服务，使云计算的数据存储技术具有高吞吐率和高传输率的特点。

② HDFS（Hadoop Distributed File System）

大部分 ICT 厂商，包括雅虎、英特尔的"云"计划采用的都是 HDFS。HDFS 未来的发展将集中在超大规模的数据存储、数据加密和安全性保证，以及继续提高 I/O 速率等方面。

3）编程模式

从本质上讲，云计算是一个多用户、多任务、支持并发处理的系统，旨在通过网络把强大的服务器计算资源方便地分发到终端用户手中，同时保证低成本和良好的用户体验。高效、简捷、快速是其核心理念。在这个过程中，编程模式至关重要，广泛采用的是分布式并行编程模式。

分布式并行编程模式创立的初衷是更高效地利用软、硬件资源，让用户更快速、简单地使用应用或服务。在分布式并行编程模式中，后台复杂的任务处理和资源调度对用户来说是透明的，这样能够大大提升用户体验。MapReduce 是当前主流的并行编程模式之一，能够将任务自动分成多个子任务，通过 Map（映射）和 Reduce（化简）实现任务在大规模计算节点中的调度与分配。

MapReduce 是谷歌开发的 Java、Python、C++编程模式，主要用于大规模数据集（大于 1TB）的并行运算。MapReduce 的思想是将要执行的问题分解成 Map 和 Reduce 的方式，先通过 Map 程序将数据切割成不相关的区块，分配（调度）给大量计算机处理，达到分布式运算的效果；再通过 Reduce 程序将结果汇总输出。

4）大规模数据管理技术

管理海量数据是云计算的一大优势，其技术涉及很多层面，是云计算不可或缺的核心技术之一。云计算在数据管理方面面临巨大的挑战，不仅要保证数据的存储和访问，还要对数据进行特定的检索和分析。由于云计算需要对海量的分布式数据进行处理、分析，因此数据管理技术必须能够高效地管理大量的数据。

谷歌的 BT（BigTable）数据管理技术和 Hadoop 团队开发的开源数据管理模块——HBase 是业界比较典型的大规模数据管理技术。

① BT（BigTable）数据管理技术

BigTable 是非关系型的数据库，采用分布式、持久化存储的多维度排序算法。Map.BigTable 建立在 GFS、Scheduler、Lock Service 和 MapReduce 之上。与传统的关系数据库不同，BigTable 会把所有数据都作为对象来处理，形成一个巨大的表格，用来分布存储大规模结构化数据。BigTable 的设计目的是可靠地处理 PB 级别的数据，并将其部署到上千台机器上。

② HBase

HBase 是 Apache 的 Hadoop 项目的子项目，定位于分布式、面向列的开源数据库。不同于一般的关系数据库，HBase 是一个适合存储非结构化数据的数据库，并且是基于列的而不是基于行的。作为高可靠性分布式存储系统，HBase 在性能和可伸缩方面都有比较好的表现。利用 HBase 技术可以在廉价的 PC Server 上搭建大规模的结构化存储集群。

5）分布式资源管理

云计算采用了分布式存储技术存储数据，那么自然要引入分布式资源管理技术。在多节点的并发执行环境中，各个节点的状态需要同步，并且在单个节点出现故障时，系统需要使用有效的机制来保证其他节点不受影响。分布式资源管理系统恰好符合上述要求，是保证系统正常运行的关键。

云计算处理的资源往往非常庞大，少则几百台多则上万台服务器，同时可能跨越多个地域，云平台中运行的应用程序数以千计，要有效地管理这些资源，保证它们正常提供服务，需要强大的技术支撑。分布式资源管理技术的重要性可想而知。

全球各大云计算方案/服务提供商们都在积极开展相关技术的研发工作。其中，谷歌内部使用的 Borg 技术很受业界称道。另外，微软、IBM、Oracle、Sun Microsystems 等云计算巨头也提出了解决方案。

6）信息安全

调查数据显示，32%已经使用云计算的组织和 45%尚未使用云计算的组织的 ICT 管理人员将云安全作为进一步部署云的最大障碍，这表明安全已经成为阻碍云计算发展的主要原因之一。因此，要想保证云计算长期、稳定、快速地发展，安全是首要问题。

事实上，云计算的安全不是新问题，传统互联网存在同样的问题，只是在云计算出现后，安全问题变得更加突出。在云计算体系中，安全涉及很多层面，包括网络安全、服务器安全、软件安全、系统安全等。因此，有分析师认为，云计算安全产业的发展会将传统安全技术提升到一个新的阶段。

现在，不管是软件安全厂商还是硬件安全厂商，都在积极研发云计算安全产品和方案，包括传统杀毒软件厂商、软硬防火墙厂商、IDS/IPS 厂商在内的各个层面的安全服务商都已加入云安全领域。相信在不久的将来，云计算安全问题将得到很好的解决。

7）云计算平台管理技术

云计算资源规模庞大，服务器众多并分布在不同的地点，同时运行着数百种应用程序。有效地管理这些服务器，保证整个系统提供不间断的服务是巨大的挑战。云计算系统的平台管理技术需要具有高效调配大量服务器资源，使其更好协同工作的能力。其中，方便地部署和开通新业务，快速发现并恢复系统故障，通过自动化、智能化手段实现大规模系统可靠运营是云计算平台管理技术的关键。

对于提供者，云计算可以有 3 种部署模式，即公有云、私有云和混合云。这 3 种模式对平台管理的要求大不相同。对于用户，由于企业对于 ICT 资源共享的控制、对系统效率的要求以及 ICT 成本投入的预算不尽相同，所需云计算系统的规模及可管理性能也大不相同，因此云计算平台管理方案要更多地考虑定制化需求，以满足不同场景的应用需求。

谷歌、IBM、微软、Oracle、Sun Microsystems 等厂商都推出了云计算平台管理方案。这些方案能够帮助企业实现基础架构整合，以及企业硬件资源和软件资源的统一管理、统一分配、统一部署、统一监控和统一备份，同时可以打破应用程序对资源的独占，让企业云计算平台的价值得以充分发挥。

8）绿色节能技术

节能环保是整个时代的大主题。云计算以低成本、高效率著称，具有巨大的经济效益，能够在提高资源利用率的同时节省大量能源。绿色节能技术已经成为云计算必不可少的技术，未来会越来越多地被引入云计算。

碳排放披露项目（Carbon Disclosure Project，CDP）近日发布了一项有关云计算有助于减少碳排放的研究报告。报告指出，迁移至云的美国公司每年可以减少碳排放 8570 万吨，相当于 2 亿桶石油排放的碳总量。

总之，云计算服务商们需要持续改善技术，让云计算更"绿色"。

5. 鲲鹏计算产业

鲲鹏计算产业是 IT 领域中的一种计算产业，是使用以华为鲲鹏 CPU 为核心算力的 IT 架构的相关行业的总称，是基于鲲鹏 CPU 构建的全栈 IT 基础设施、行业应用及服务的总和，包括 PC、服务器、存储、操作系统、中间件、虚拟化、数据库、云服务、行业应用以及咨询管理服务等。

随着时代的发展，信息技术产业已经开始从传统的 IT 架构向 DT 架构和全面云发展，而 DT 架构中最核心的部分就是算力和算法。算力是指计算的能力，是计算机系统架构（单机架构、分布式架构、集群架构等）对于数据的处理能力。作为计算机系统中必不可少的功能，计算是指使用计算机完成的所有活动，包括开发硬件和软件，管理、处理各种用途的信息。计算产业是 IT 技术的基础，是信息技术产业变革的驱动力，从云计算、大数据、人工智能到区块链、边缘计算、物联网都离不开强大的计算能力的支持。

数据技术（Data Technology，DT）自 2012 年开始蓬勃发展，大数据技术在 2015 年开始被广泛应用，人工智能技术从 2016 年开始引发话题并迅速深刻影响社会，基于物联网技术的智能家居和万物互联应用逐渐成熟、接受度越来越高。引发新一代技术变革的根本原因实际上是数据的大量累积为 DT 及相关技术的发展提供了基础，但这些数据对算力造成的挑战也是严峻的。未来信息量巨大，计算无处不在，计算应用的场景多种多样，从扫地机器人到智能手机、智慧家庭、物联网、智能驾驶都离不开计算应用。场景的多样性带来了数据的多样性，如数字、文本、图片、视频、图像、结构化数据、非结构化数据等。基于 x86 架构设计的 CPU 主要应用于整型计算场景，优势在于文本处理、存储、大数据等；而对于 AI 运算等科学计算则多为浮点计算，传统的 x86 架构 CPU 已经无法满足要求。此时，以异构计算为设计核心，基于 ARM 架构的鲲鹏 CPU 和专注 AI 运算的昇腾系列（华为 Ascend）处理器的鲲鹏计算生态，就体现出对传统计算业务的把控力和对新兴科学计算的支持力了。

当前计算产业呈现以下两个变化趋势。

1）移动智能终端取代传统 PC

2023 年，全球传统 PC 出货量为 2.47 亿台，全球移动智能终端出货量突破 12 亿部。这表明计算架构正在从 x86 生态转向 ARM 生态；应用正在从 PC 应用转向移动应用，并逐步向移动应用云化转变。

2）世界正在进入万物互联的时代

2023 年，全球连接设备的数量超过 160 亿台，到 2025 年预计突破 1000 亿台，将带来海量的数据。例如，自动驾驶每天产生 64TB 数据，深圳平安城市每天产生 1000TB 数据。

对海量数据的算力需求随着 DT 的发展而改变，边缘计算逐步成为大型业务的刚需，尤其在智慧城市层面。边缘侧实时智能处理需要 AI 的算力，数据中心侧分析、处理和存储海量的数据也需要高并发、高性能、高吞吐的算力。

6. 鲲鹏生态体系

"生态"一词源于我们对大自然的描述。它意味着各种能量和生物群体的有机结合和相互依赖，以及生存、运动和发展。IT 领域的生态一般是指围绕着核心产品或核心技术开发的相关应用，这种应用可以是硬件或者软件产品。

对于鲲鹏生态，要想使鲲鹏 CPU 被市场接受并拥有大量的使用者，首先，鲲鹏 CPU 要有相关的硬件产品，比如服务器等搭载鲲鹏 CPU 的设备；其次，需要有能够适配鲲鹏 CPU 及其硬件产品的操作系统，保证硬件产品可以正常使用；再次，在操作系统层面上还需要有能够兼容鲲鹏 CPU 的 ARM 架构的中间件，保证基础的功能；最后，需要有足够多的厂商开发基于鲲鹏 CPU 的应用程序，以丰富应用市场，满足不同用户的需求。每个环节都缺一不可，这样才能构成一个完整的鲲鹏生态。

IT 生态体系的目标是生态内的能量能够很好地推动相应 IT 产品的发展与应用。从本质上讲，所有能量都源自人的劳动。生态内的能量包括：软件消费者的需求，软件要有用户，用户要付出能量给生态上游的能量层；软件生产者的投入，商业公司与开源社区都是生产者；资本能量，软件本身质量不差，但是生态不好，可能是缺乏生产者，可能是没有宣传好，也可能是没有很好的机制让更多的开发人员参与进来；软件产品运行的平台，如 Windows、Linux、UNIX 等。

鲲鹏生态体系的目标是建立完善的开发人员和产业人才体系，通过产业联盟、开源社区、OpenLab、行业标准组织完善产业链，打通行业全栈，成为开发人员和用户的首选。为此，华为携手业界技术厂商打造了开放包容的鲲鹏计算产业生态，面向行业提供有针对性的解决方案；通过社区建设及开发人员大赛等活动为开发人员提供交流竞赛的平台；积极开展高校合作，推动人才培养。

鲲鹏 CPU 基于 ARM 架构开发。ARM 是一种 CPU 架构，区别于 Intel、AMD 采用 CISC（Complex Instruction Set Computer，复杂指令集计算机），ARM 采用 RISC（Reduced Instruction Set Computer，精简指令集计算机）。

传统的 CISC 体系结构由于指令集庞大、指令长度不固定、指令执行周期有长有短，因此指令译码和流水线的实现在硬件上非常复杂，给芯片的设计开发和成本控制带来了极大困难。随着计算机技术的发展，需要不断引入新的复杂的指令集，为支持这些新增的指令，计算机的体系结构会越来越复杂。然而，CISC 中的各种指令的使用频率相差悬殊，大约有 20%的指令会被反复使用，占所有程序代码的 80%，而余下的 80%的指令不会被经常使用，在程序代码中只占 20%，显然这种结构是不太合理的。

针对这些明显的弱点，1979 年，美国加州大学伯克利分校提出了 RISC 的概念。RISC 并非只是简单地减少指令，而是着眼于如何使计算机的体系结构更加简单以及合理地提高运算速度。RISC 会优先选取使用频率最高的简单指令，避免复杂指令；将指令长度固定，减少指令格式和寻址方式的种类；以控制逻辑为主，不用或少用微码控制等措施来达到上述目的。

将 x86 和 ARM 架构相比较，可以看出 ARM 架构具有更好的并发性能，匹配业务特征的能耗比更佳，选择更加灵活、丰富。华为从 2004 年开始基于 ARM 技术自研芯片，于 2014 年发布 Kunpeng 912 处理器，2016 年发布 Kunpeng 916 处理器，2019 年 1 月发布 Kunpeng

920 处理器。Kunpeng 920 处理器是业界第一颗采用 7nm 工艺的数据中心级的 ARM 架构处理器，如图 1-3 所示。

图 1-3　华为 Kunpeng 920 处理器产品图

任务 1.1　创建 Linux 弹性云服务器

1. 任务描述

本任务的目的是帮助读者学习如何使用 Linux 镜像申请华为公有云上弹性服务器。本任务会使用华为云上实验室作为操作平台，详细地介绍 Linux 弹性云服务器的创建与登录。通过本任务，读者可以快速掌握 Linux 弹性云服务器的使用，并了解如何申请华为云的相关资源。

2. 任务分析

进入华为云官方网站，注册华为云账号，完成实名认证；进入云实验室，选择"入门装载国产操作系统的 ECS"选项，或者按照下面的步骤在华为云控制台上进行实验。

3. 任务实施

（1）进入华为云官方网站，登录账号，通过开发人员的学堂进入云实验室。在实验列表中选择"10 分钟入门装载国产操作系统的 ECS"选项。单击"开始实验"按钮，进入实验环境。

进入实验桌面，双击"Google Chrome"图标，打开 Google Chrome，首次可自动登录并进入华为云控制台。如果没有自动登录，则可以使用左上角"华为云实验账号"的信息登录 IAM 账号，IAM 用户登录页面如图 1-4 所示。

（2）进入华为云控制台，选择"服务列表"→"网络"→"虚拟私有云 VPC"选项，如图 1-5 所示。进入虚拟私有云控制台。

图 1-4　IAM 用户登录项目

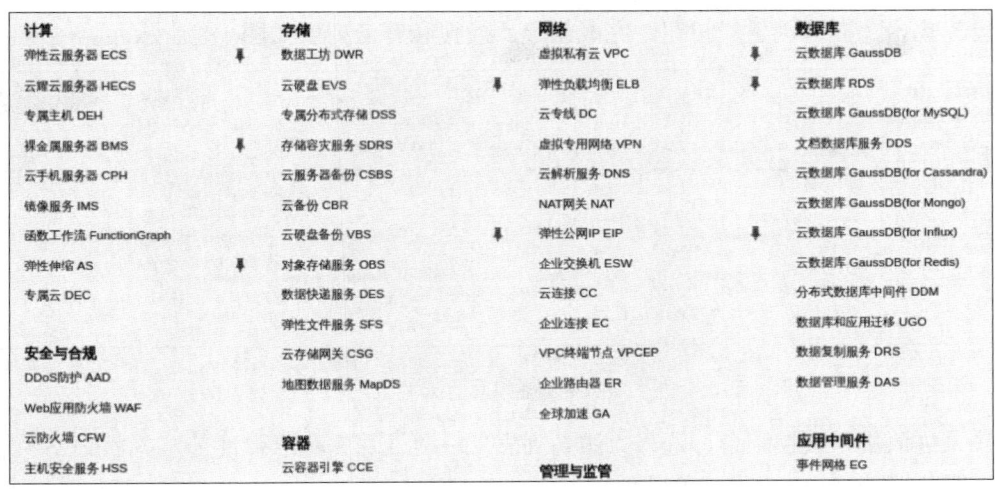

图 1-5　服务列表

（3）在虚拟私有云控制台中单击"创建虚拟私有云"按钮配置基本信息：区域为华北-北京四，名称为自定义，IPv4 网段为 192.168.0.0/16，如图 1-6 所示。

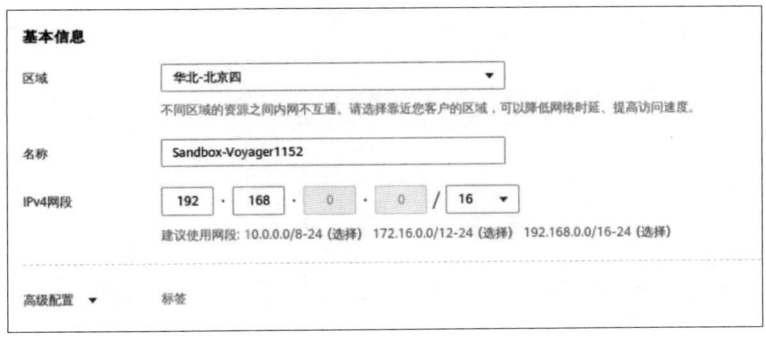

图 1-6　基本信息

（4）配置默认子网，可用区为任选一项，名称自定义，子网 IPv4 网段为 192.168.1.0/24，不勾选"开启 IPv6"复选框，其他参数保持默认配置，如图 1-7 所示。

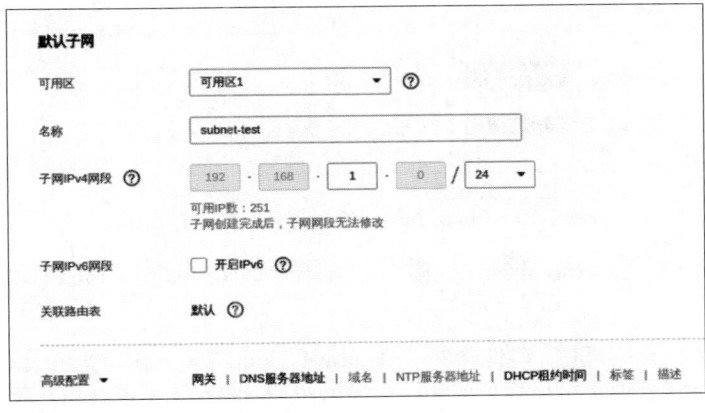

图 1-7　默认子网

(5)单击"立即创建"按钮,完成创建。虚拟私有云列表如图1-8所示。

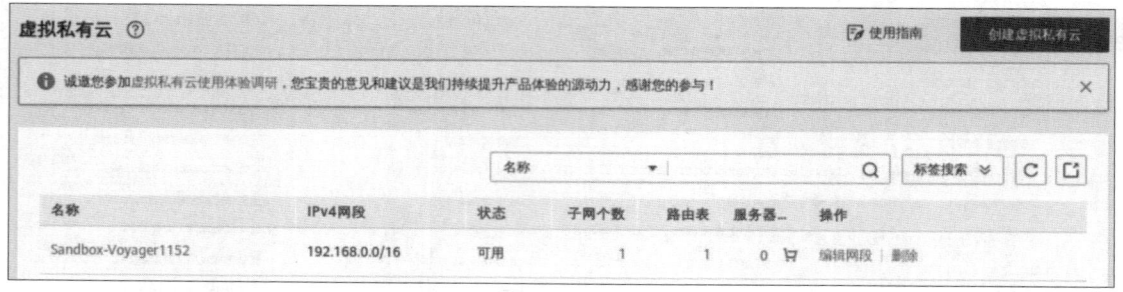

图1-8 虚拟私有云列表

(6)进入华为云控制台,选择"服务列表"→"计算"→"弹性云服务器ECS"选项,进入云服务器控制台,如图1-9所示。

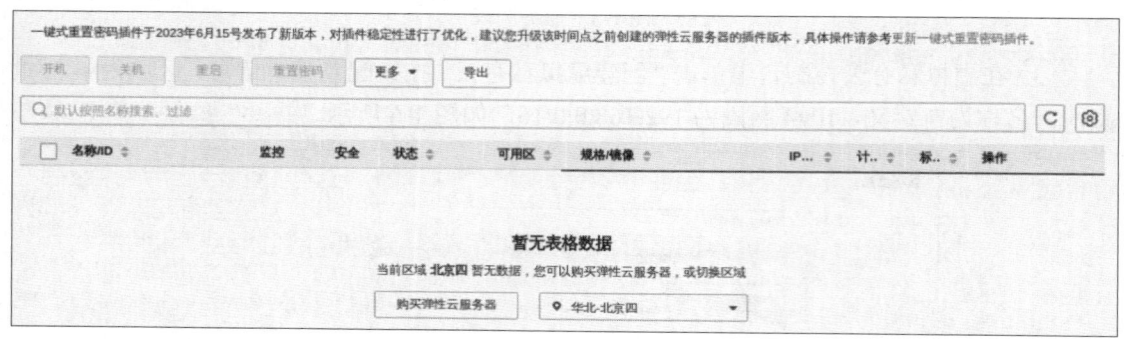

图1-9 云服务器控制台

(7)单击"购买弹性云服务器"按钮,创建云服务器,进行基础配置。配置区域为华北-北京四,计费方式为按需计费,可用区为任选一项,如图1-10所示。

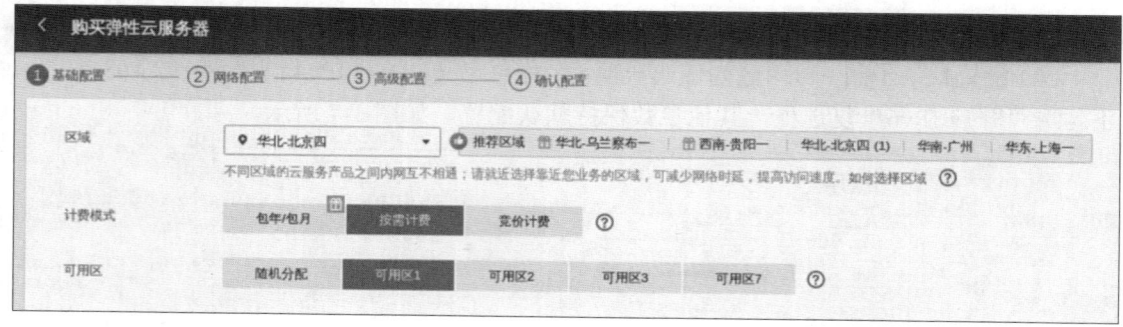

图1-10 Linux弹性云服务器-基础配置(1)

(8)配置CPU架构为x86计算,规格为通用计算型s6.small.1 | 1vCPUs | 1GiB,如图1-11所示。

(9)配置镜像为公共镜像,镜像类型为Huawei Cloud EulerOS,镜像版本为Huawei Cloud EulerOS 2.0标准版64位(40GB),选中"不使用安全防护"单选按钮,系统盘为高IO,默认容量为40GiB,如图1-12所示。

图 1-11　Linux 弹性云服务器-基础配置（2）

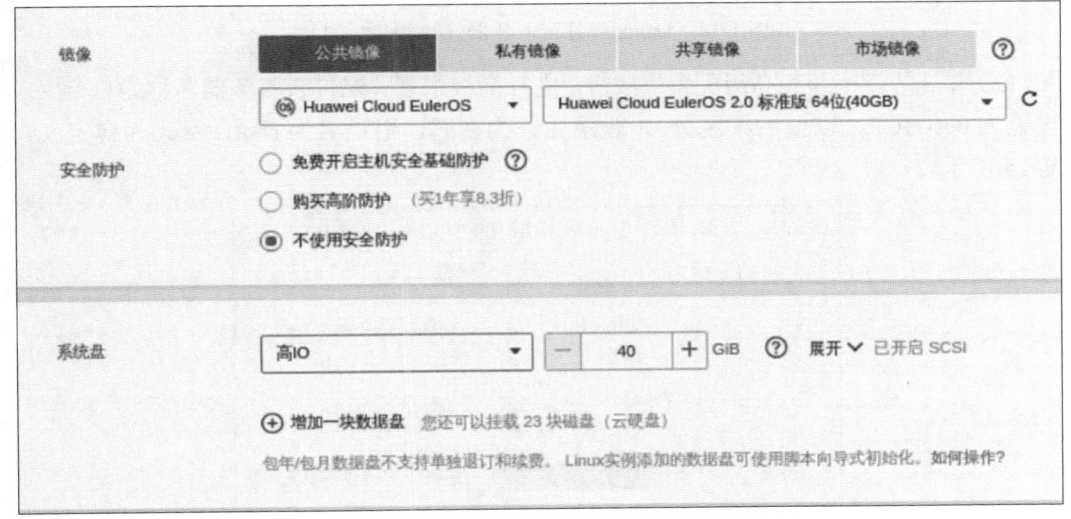

图 1-12　Linux 弹性云服务器-基础配置（3）

（10）单击"下一步：网络配置"按钮，进行网络配置，保持扩展网卡的默认配置，配置安全组为 default（或命名为 Sys-default），如图 1-13 所示。

（11）选中"现在购买"单选按钮，配置线路为静态 BGP，公网带宽为按带宽计费，带宽大小为 1Mbit/s，如图 1-14 所示。

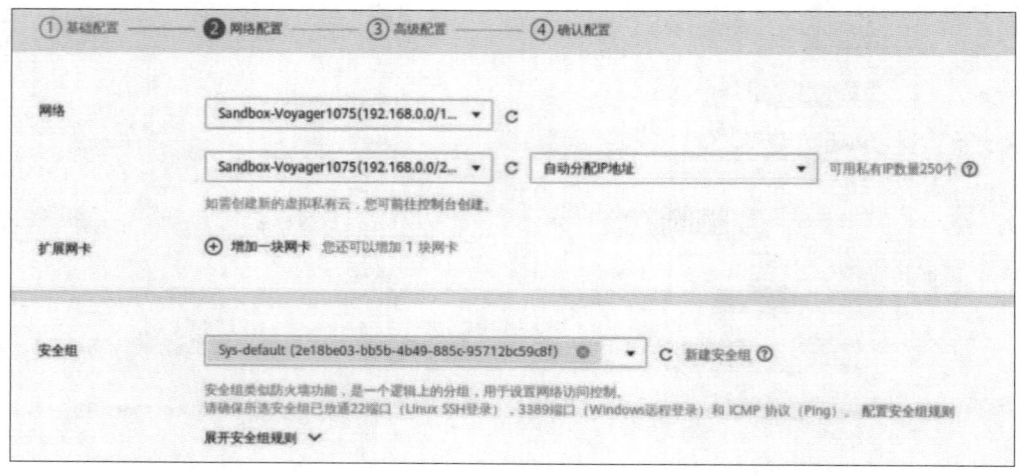

图 1-13　Linux 弹性云服务器-网络配置（1）

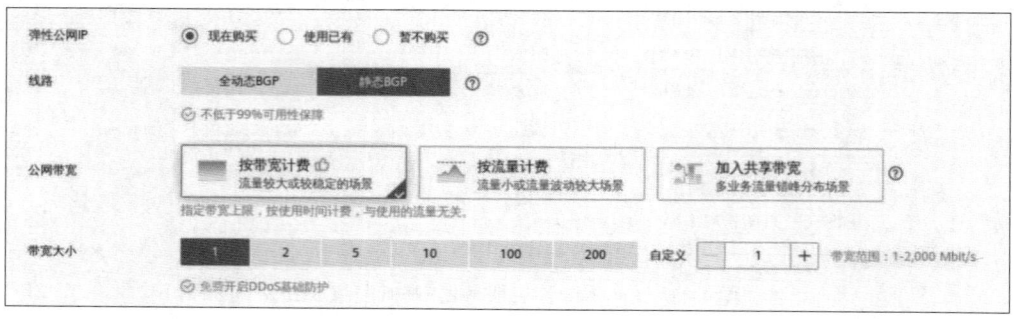

图 1-14　Linux 弹性云服务器-网络配置（2）

（12）单击"下一步：高级配置"按钮，进行高级配置。配置云服务器名称为自定义（建议设置为 ecs-HCE，以便后续区分），登录凭证为密码，用户名为 root，密码为自定义，如图 1-15 所示。

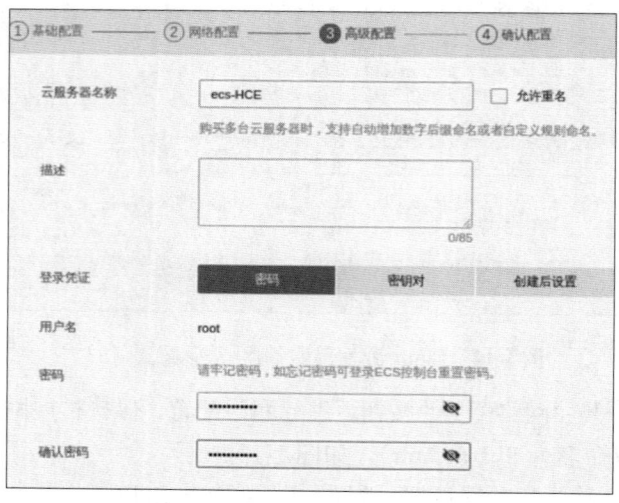

图 1-15　Linux 弹性云服务器-高级配置（1）

（13）配置云备份为暂不购买，其他参数保持默认配置，如图 1-16 所示。

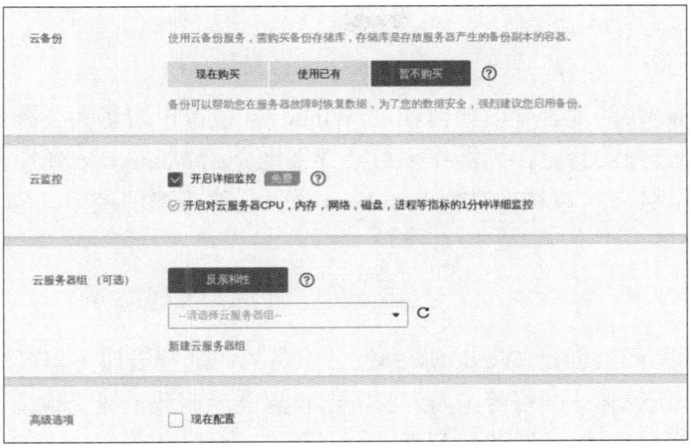

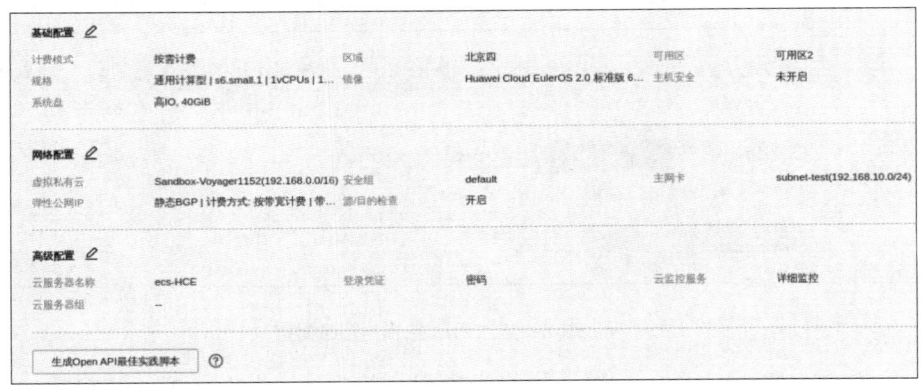

图 1-16　Linux 弹性云服务器-高级配置（2）

（14）单击"下一步：确认配置"按钮，进行确认配置。配置购买数量为 1，选中"我已经阅读并同意《镜像免责声明》"单选按钮。Linux 弹性云服务器的所有配置如图 1-17 所示。

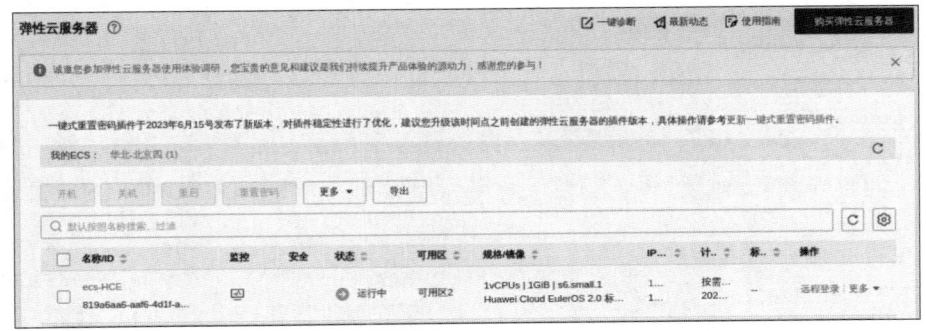

图 1-17　Linux 弹性云服务器的所有配置

（15）单击"立即购买"→"返回云服务器列表"按钮，弹性云服务器列表如图 1-18 所示。

图 1-18　弹性云服务器列表（1）

任务 1.2 创建 Windows 弹性云服务器

1. 任务描述

本任务的目的是帮助读者学习如何使用 Windows 镜像申请华为公有云上弹性服务器。本任务会使用华为云上实验室作为操作平台，详细地介绍 Windows 弹性云服务器的创建与登录。通过本任务，读者可以快速掌握 Windows 弹性云服务器的使用，并了解如何申请云上相关资源。

2. 任务分析

在任务 1.1 的基础上创建 Windows 弹性云服务器，选择云服务器区域和可用区，设置 CPU 架构、操作系统镜像、网络等，为云服务器设置登录密码，提交申请，完成配置后可在弹性云服务器控制台上查看云服务器列表。

3. 任务实施

（1）与创建 Linux 弹性云服务器的流程一致，再创建一个 Windows 弹性云服务器。配置区域为华北-北京四，计费模式为按需计费，可用区为任选一项，如图 1-19 所示。

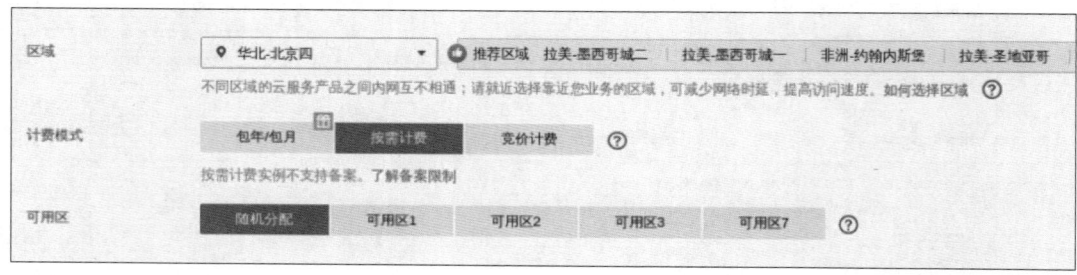

图 1-19　Windows 弹性云服务器-基础配置（1）

（2）配置 CPU 架构为 x86 计算，规格为通用计算型 s6.medium.2 | 1vCPUs | 2GiB，如图 1-20 所示。

图 1-20　Windows 弹性云服务器-基础配置（2）

(3)配置镜像为公共镜像,镜像类型为 Windows,镜像版本为 Windows Server 2012 R2 标准版 64 位简体中文(40GB)(非自营),选中"不使用安全防护"单选按钮,系统盘为高 IO、40GiB,如图 1-21 所示,单击"确定"按钮。

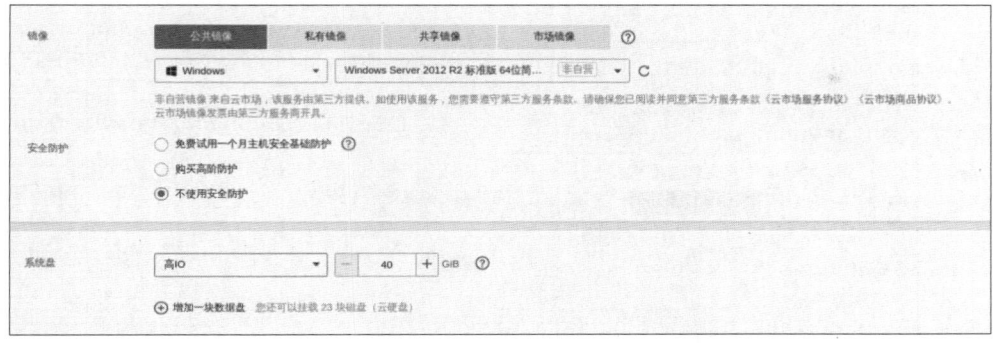

图 1-21 Windows 弹性云服务器-基础配置(3)

(4)单击"下一步:网络配置"按钮,进行网络配置。配置虚拟私有云为之前创建的虚拟私有云,扩展网卡保持默认配置,安全组为 default(或命名为 Sys-default),如图 1-22 所示。

图 1-22 Windows 弹性云服务器-网络配置(1)

(5)选中"现在购买"单选按钮,配置线路为静态 GBP,公网带宽为按带宽计费,带宽大小为 1Mbit/s,如图 1-23 所示。

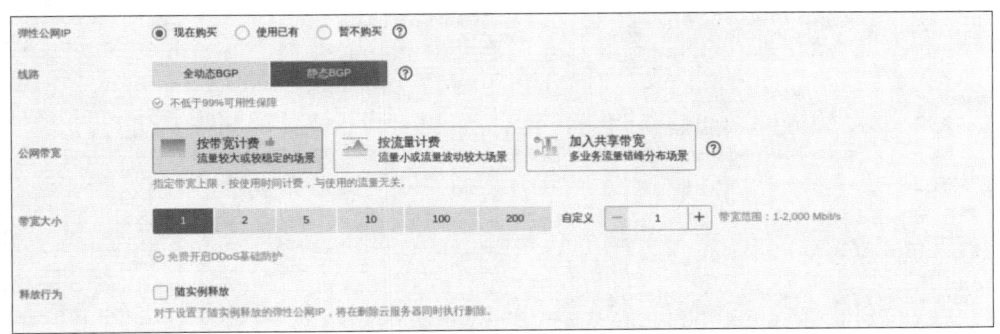

图 1-23 Windows 弹性云服务器-网络配置(2)

（6）单击"下一步：高级配置"按钮，进行高级配置。配置云服务器名称为自定义（建议设置为 ecs-win，以便后续区分），登录凭证为密码，用户名为 Administrator，密码为自定义（如 Xgj@Tcn%U9），如图 1-24 所示。

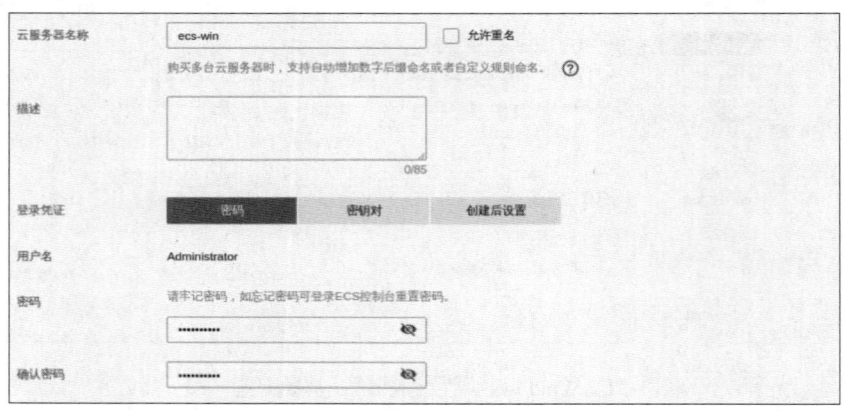

图 1-24　Windows 弹性云服务器-高级配置（1）

（7）配置云备份为暂不购买，云服务器组（可选）为默认，如图 1-25 所示。

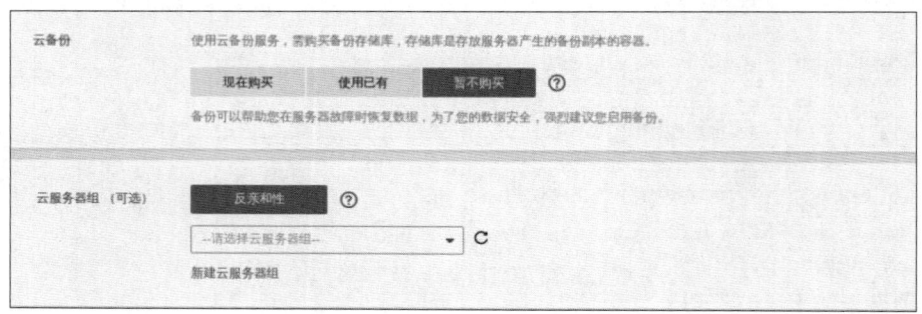

图 1-25　Windows 弹性云服务器-高级配置（2）

（8）单击"下一步：确认配置"按钮，进行确认配置。配置购买数量为 1，选中"我已经阅读并同意《镜像免责声明》"单选按钮。Windows 弹性云服务器的所有配置如图 1-26 所示。

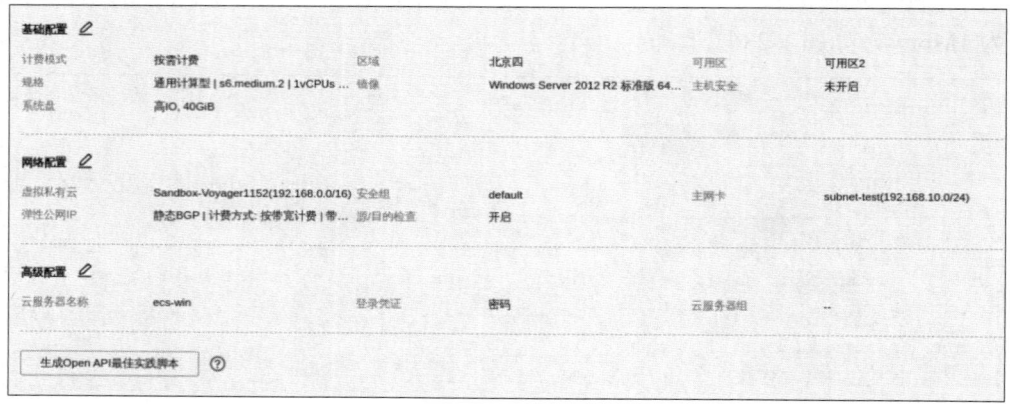

图 1-26　Windows 弹性云服务器的所有配置

（9）单击"立即购买"→"返回云服务器列表"按钮，弹性云服务器列表中此时有两台弹性云服务器，如图 1-27 所示。

图 1-27　弹性云服务器列表（2）

任务 1.3　登录 Windows 弹性云服务器并重置密码

1. 任务描述

本任务的目的是帮助读者学习如何登录华为公有云上弹性服务器并进行密码重置。本任务会使用华为云上实验室作为操作平台，详细地介绍云服务器的登录和密码重置流程。执行云服务器密码重置任务，可以解决密码遗忘或账号被锁定等问题，恢复对云服务器的访问权限，确保能够继续使用云服务。

2. 任务分析

在任务 1.2 的基础上，进行 Windows 弹性云服务器的远程登录，在弹性云服务器控制台中进行密码重置操作，配置新的密码，在重启云服务器后，新密码即可生效。

3. 任务实施

（1）在云服务器列表中单击 Windows 弹性云服务器右侧的"远程登录"按钮，如图 1-28 所示。

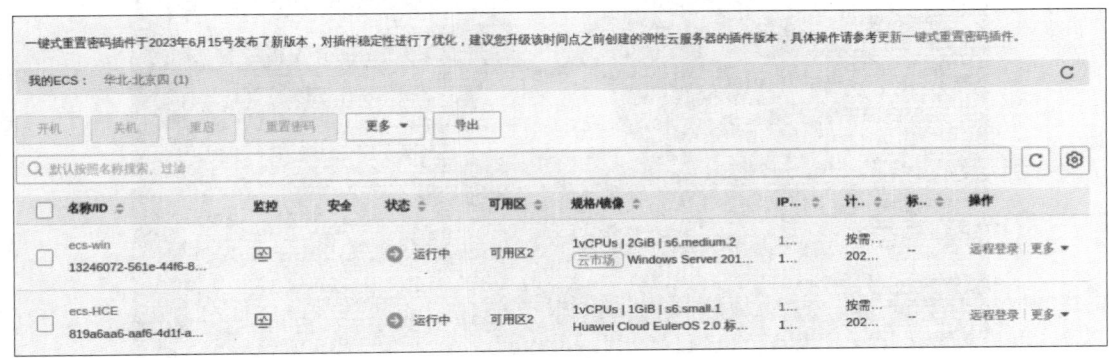

图 1-28　远程登录 Windows 弹性云服务器

（2）在弹出的"登录 Windows 弹性云服务器"对话框中，单击"立即登录"按钮，如图 1-29 所示。

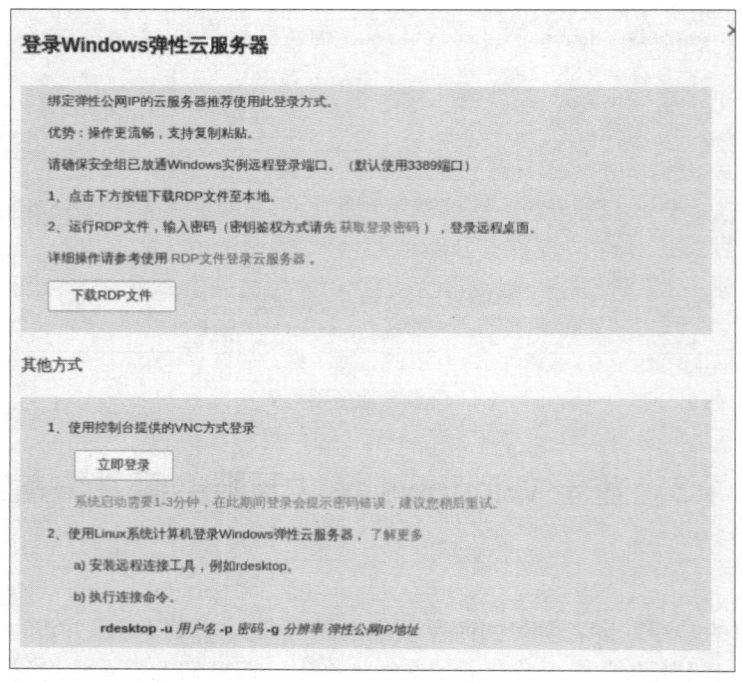

图 1-29　登录 Windows 弹性云服务器

（3）打开 Windows 弹性云服务器的操作页面，单击工具栏中的"Ctrl+Alt+Del"按钮，如图 1-30 所示。

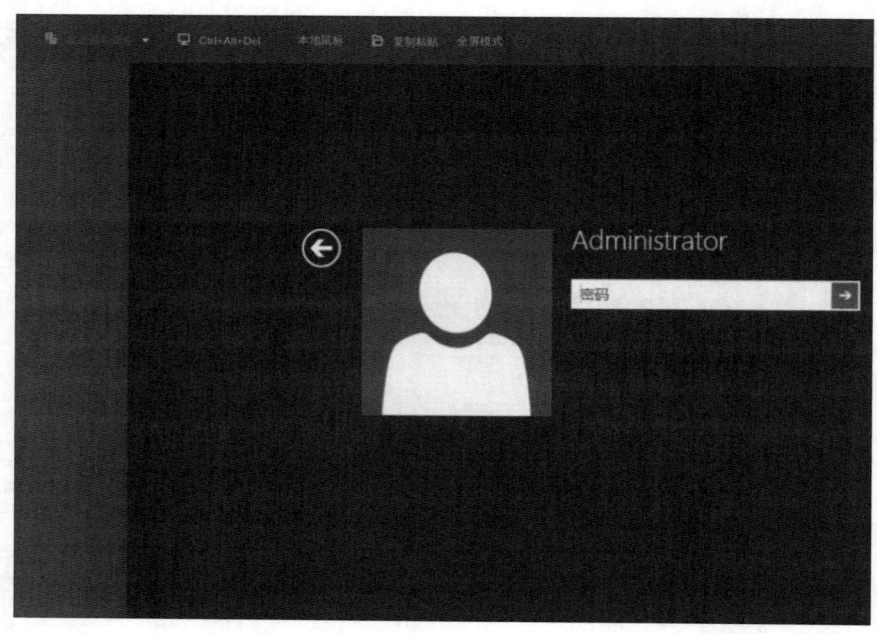

图 1-30　Windows 弹性云服务器的操作页面

（4）输入密码，登录成功如图 1-31 所示。

图 1-31　登录成功

（5）回到实验桌面，双击"Xfce 终端"图标，打开 Terminal 终端命令行窗口并输入以下命令，登录弹性云服务器，EIP 为 Linux 弹性云服务器的公网 IP。

```
LANG=en_us.UTF-8 ssh root@EIP
```

接收密钥并输入"yes"，按回车键，输入设置的密码。在输入密码时，命令行窗口不会显示密码。在输入完成后直接按回车键，即可成功登录云服务器，如图 1-32 所示。

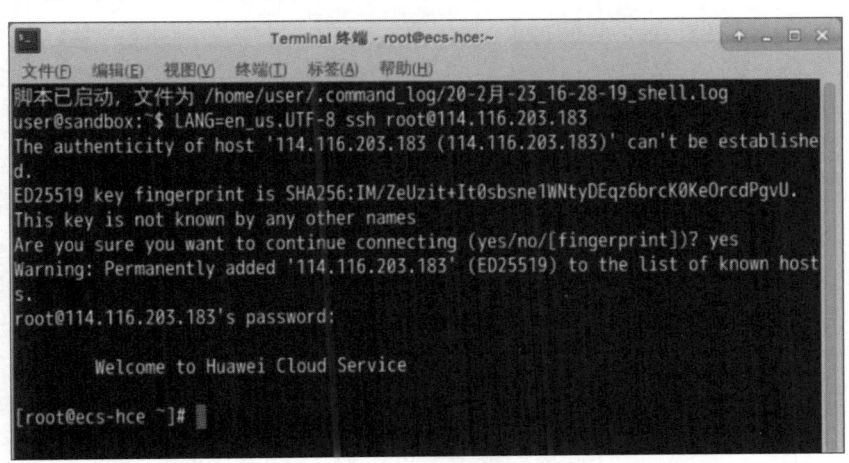

图 1-32　远程登录云服务器

（6）执行以下命令，查看云服务器的操作系统版本，如图 1-33 所示。

```
cat /etc/system-release
```

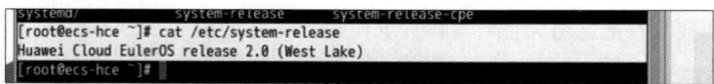

图 1-33 操作系统版本

（7）在弹性云服务器列表中选择任意一个弹性云服务器，单击"更多"下拉按钮，可以看到"重置密码"选项，如图 1-34 所示，选择该选项。

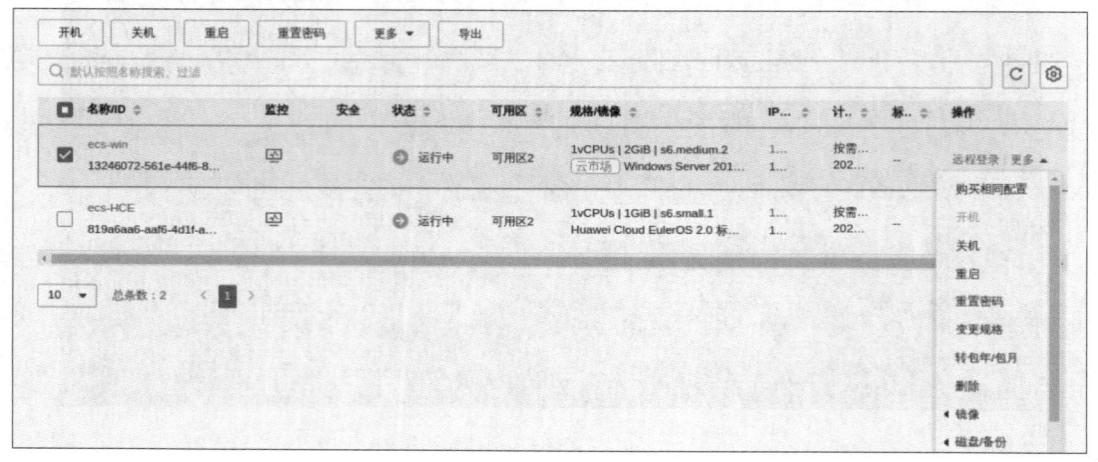

图 1-34 "重置密码"选项

（8）在"重置密码"对话框中修改密码，勾选"运行中的云服务器，需重启后新密码才可生效"复选框，如图 1-35 所示。如果在开机状态下重置密码，则需要手动重启云服务器使新密码生效；如果在关机状态下重置密码，则新密码待云服务器重新开机后生效。系统执行重置密码操作预计需要 10 分钟，请勿频繁执行。

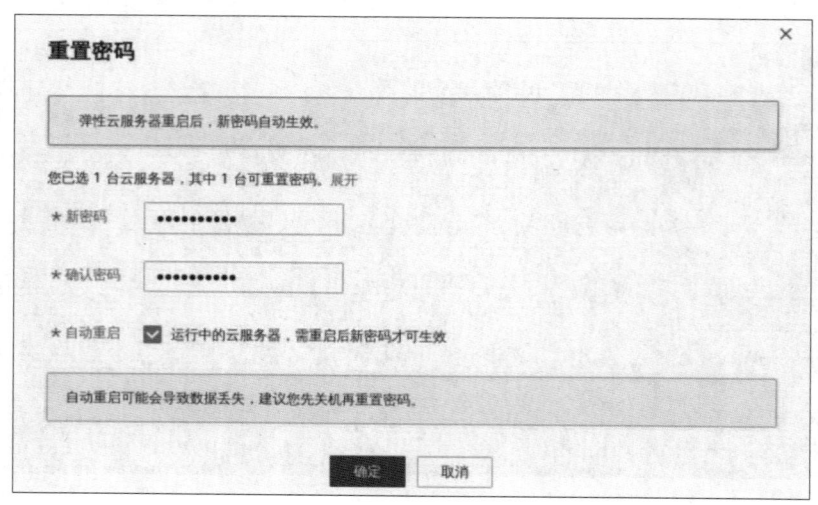

图 1-35 重置密码

（9）单击"确定"按钮。弹性云服务器的状态显示为"重启中"，待状态重新变为"运行中"，表示弹性云服务器的密码重置成功，如图 1-36 所示。

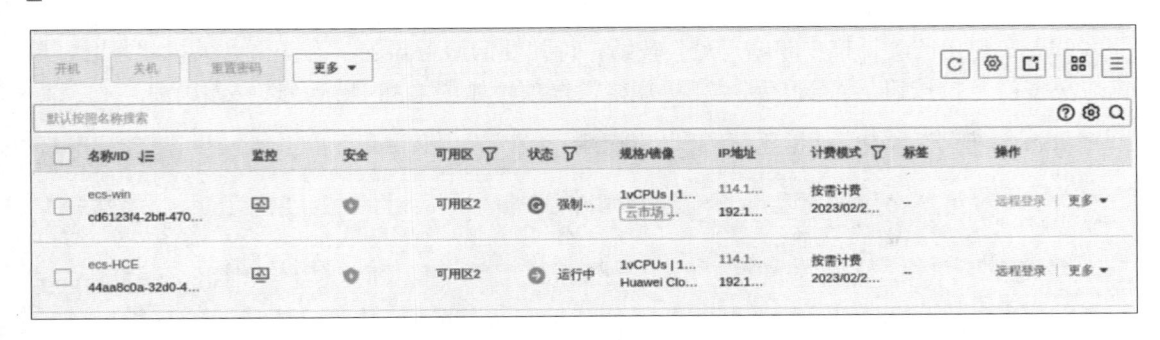

图 1-36　弹性云服务器的密码重置成功

任务 1.4　变更弹性云服务器的规格

1. 任务描述

本任务的目的是帮助读者学习如何对华为公有云上弹性服务器进行规格变更。本任务会使用华为云上实验室作为操作平台，详细地介绍弹性云服务器的变更流程。通过本任务，读者可以实现对弹性云服务器规格的灵活调整和优化，满足用户不断变化的需求，提高云服务的可用性和性能。

2. 任务分析

在任务 1.3 的基础上进行弹性云服务器的规格变更，首先对弹性云服务器进行关机操作，然后在弹性云服务器控制台中进行变更规格操作，提交申请。弹性云服务器的状态会变为变更规格，等待一分钟左右，变更规格完成，即可登录弹性云服务器查看规格变更情况。

3. 任务实施

（1）在实际环境中，当创建的弹性云服务器规格无法满足业务需要时，可以直接对规格进行扩充，而无须重新购买弹性云服务器，从而降低操作的复杂度并节省时间及成本。

（2）在弹性云服务器列表中查看待变更的弹性云服务器（esc-HCE）的状态，若不是关机状态，则勾选弹性云服务器前面的复选框并单击"关机"按钮，关闭弹性云服务器，如图 1-37 所示。

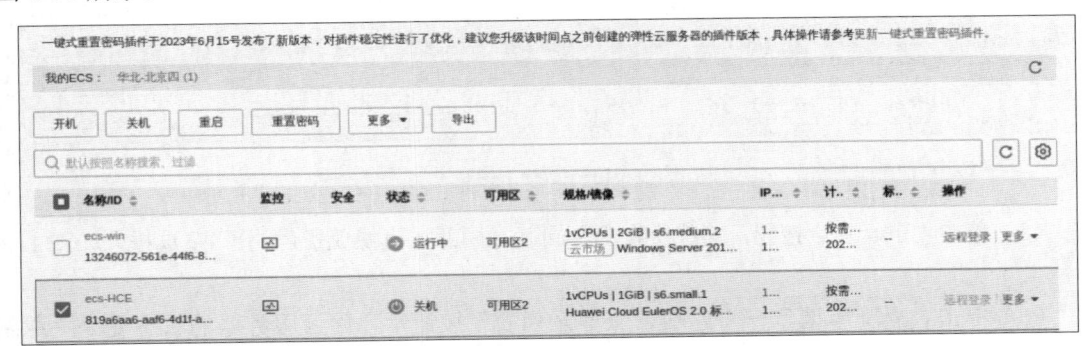

图 1-37　关闭弹性云服务器

（3）在弹出的对话框中单击"是"按钮，待弹性云服务器的状态变更为关机状态时，单击"更多"下拉按钮，可以看到"变更规格"选项，如图1-38所示，选择该选项。

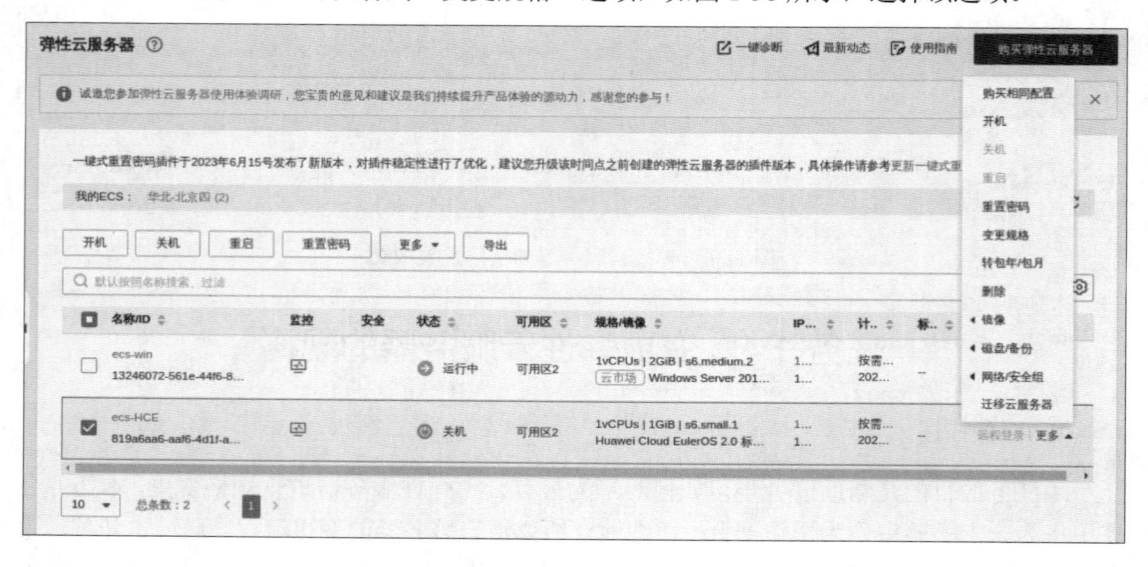

图1-38　"变更规格"选项

（4）在弹出的对话框中，配置规格为通用计算型 s6.medium.4（实验中的小规格，实际环境中根据需求设定），如图1-39所示。

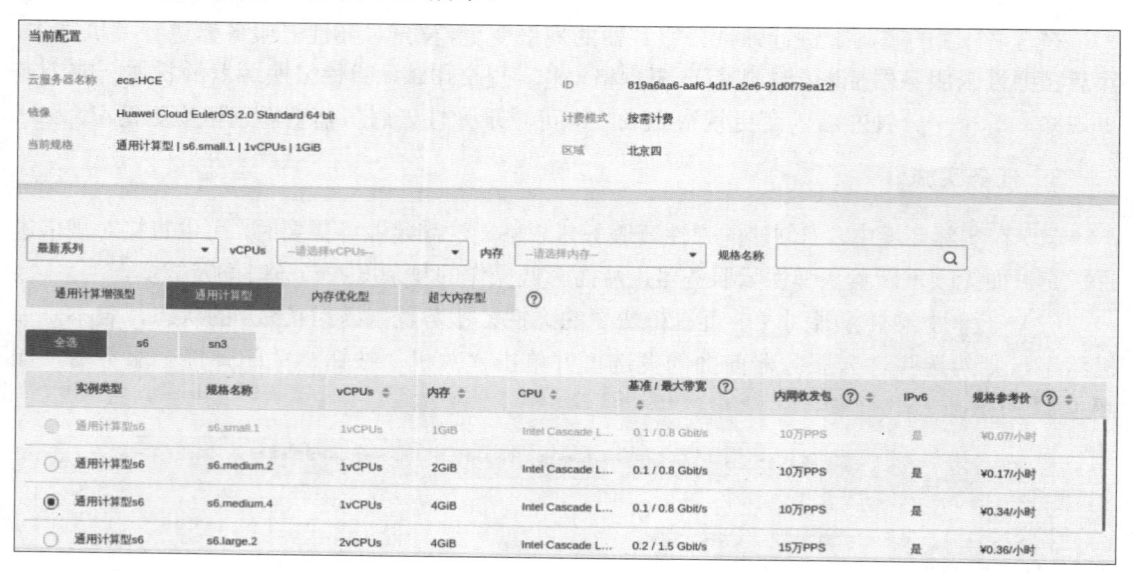

图1-39　变更规格

（5）单击"下一步"按钮，勾选"我已经阅读并同意《镜像免责声明》"复选框，如图1-40所示。

（6）单击"提交申请"→"返回云服务器列表"按钮，弹性云服务器的状态变为"更新规格中"，如图1-41所示。

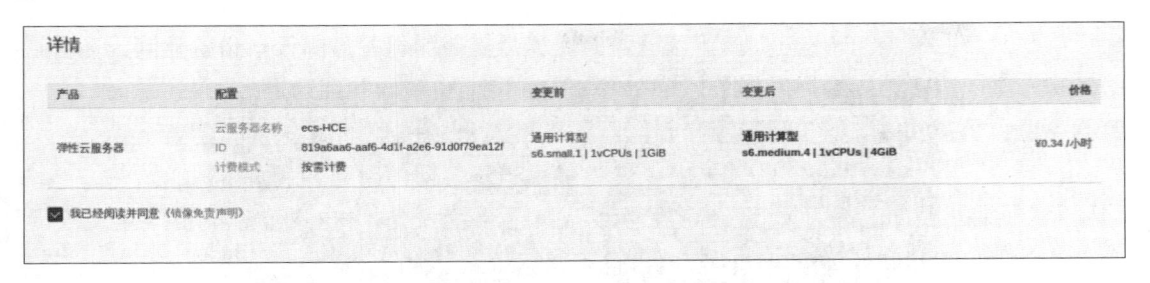

图1-40 勾选"阅读并同意《镜像免责声明》"复选框

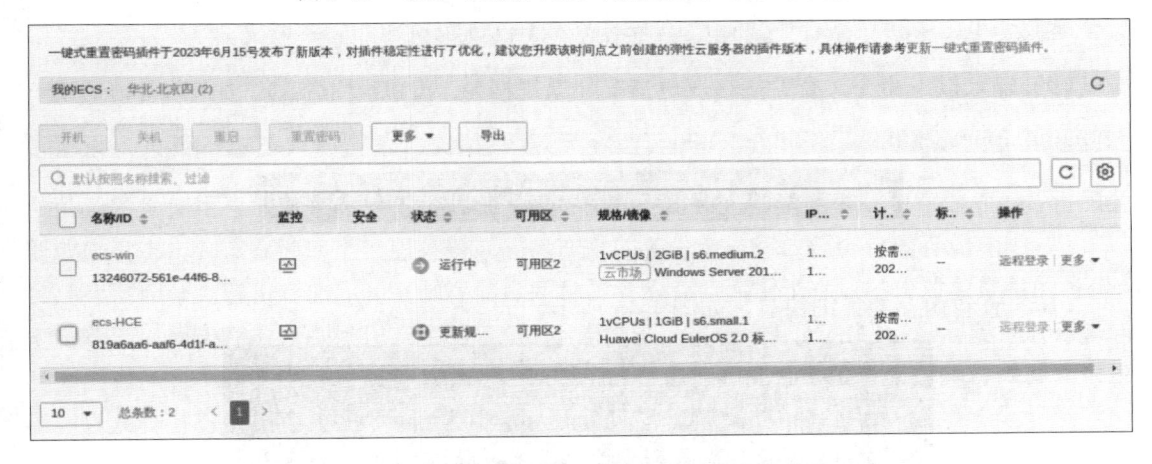

图1-41 弹性云服务器的状态变更为更新规格中

（7）在完成规格变更后，可以观察到该服务器的规格已变更。勾选 esc-HCE 前面的复选框，单击"开机"按钮，开启该服务器，如图1-42所示。

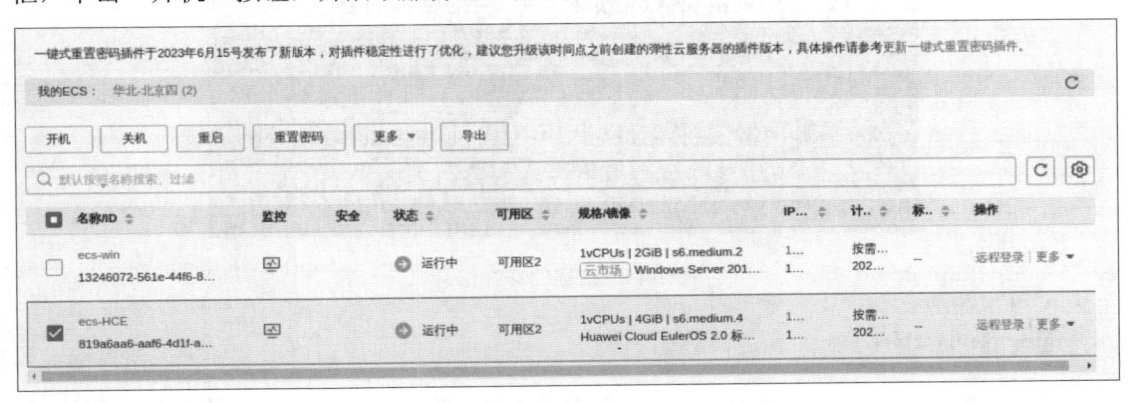

图1-42 开启弹性云服务器

（8）回到实验桌面，双击"Xfce 终端"图标，打开 Terminal 终端，输入以下命令，登录弹性云服务器。

```
LANG=en_us.UTF-8 ssh root@EIP
```

接收密钥并输入"yes"，按回车键，输入设置好的密码，即可远程登录弹性云服务器，如图1-43所示。

图 1-43　远程登录弹性云服务器

（9）输入以下命令，查看规格变更情况（原规格为 1vCPUs | 1GiB），如图 1-44 所示。

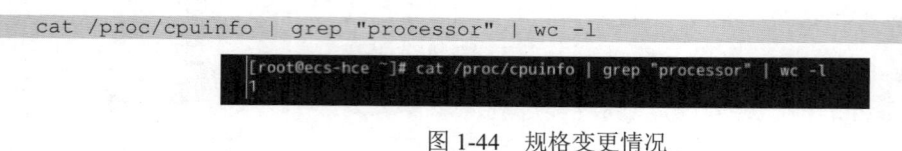

```
cat /proc/cpuinfo | grep "processor" | wc -l
```

图 1-44　规格变更情况

（10）查看内存的详细信息，如图 1-45 所示。

图 1-45　内存的详细信息

📓 本章小结

本章主要介绍了云计算的由来、云计算的商业模式和服务模式、云计算的核心技术、鲲鹏计算产业和生态体系等，首先介绍了云计算的概念和发展史，它可以让用户通过网络访问拥有强大算力的服务器，从而获取所需的各类服务器资源；其次介绍了云计算的特点，即按需自助服务、广泛的网络接入、资源池化、快速弹性伸缩、可计量服务；再次介绍了云计算的商业模式和服务模式，包括商业模式中的公有云、私有云、混合云、行业云，服务模式中的 IaaS、PaaS、SaaS；然后介绍了云计算的核心技术；最后对鲲鹏计算产业和生态体系进行了介绍，华为的鲲鹏计算是基于 ARM 架构开发的，所以要了解鲲鹏计算就要学习 ARM 架构、RISC 和 CISC 的内容。通过对本章的学习，读者可以了解云计算的概念和优势，掌握云计算的商业模式和服务模式，对鲲鹏计算产业有初步的认识，为后面的实践奠定基础。

本章练习

1．云计算是什么？
2．云计算的特点有哪些？
3．云计算的服务模式有哪些类型？

第 2 章　基础云服务实践

本章导读

本章将系统地介绍基础云服务的类型，包括计算类云服务、存储类云服务、网络类云服务，并选取 4 个典型的任务进行详细的讲解和演示。通过对本章的学习，读者能够对公有云上的基础云服务有一定的了解，包括计算类的弹性云服务器、镜像服务、弹性伸缩服务，存储类的云硬盘服务、对象存储服务、弹性文件服务，网络类的虚拟私有云服务、弹性负载均衡服务、虚拟专用网络服务、NAT 网关服务，本章的任务贴近实际的应用场景，能够帮助读者快速掌握基础云服务的应用与配置。

1. 知识目标

（1）了解基础云服务的类别
（2）掌握弹性云服务器的应用
（3）掌握 SNAT 的配置
（4）掌握按需伸缩的配置

2. 能力目标

（1）能够完成对 SNAT 的配置
（2）能够完成对云服务器数量的伸缩

3. 素养目标

（1）培养用科学的思维方式审视专业问题的能力
（2）培养实际动手操作与团队合作的能力

任务分解

本章旨在让读者掌握公有云上的基础云服务的类型与应用。为了方便读者学习，本章分为 4 个任务，涵盖云服务器的弹性伸缩、云硬盘的应用和 SNAT 的配置。任务分解如表 2-1 所示。

第 2 章 基础云服务实践

表 2-1 任务分解

任务名称	任务目标	安排课时
任务 2.1 创建私有镜像	能够掌握云上镜像的设置	4
任务 2.2 按需弹性伸缩弹性云服务器	能够自动对云服务器的数量进行增减	4
任务 2.3 挂载云硬盘	能够掌握块存储的原理	4
任务 2.4 配置 SNAT	能够掌握 SNAT 云服务	4
总计		16

📖 知识准备

1. 计算类云服务—鲲鹏弹性云服务器

1）弹性云服务器简介

弹性云服务器（Elastic Cloud Server，ECS）是由 CPU、内存、操作系统、云硬盘组成的基础的计算组件。在成功创建弹性云服务器后，用户可以像使用本地 PC 或物理服务器一样，在云上使用弹性云服务器。

弹性云服务器的开通是自助完成的，用户只需要指定 CPU、内存、操作系统、规格、登录鉴权方式即可，可以根据需求随时调整弹性云服务器的规格，打造可靠、安全、灵活、高效的计算环境。

通过和其他产品服务组合，弹性云服务器可以实现计算、存储、网络、镜像安装等功能，其产品架构如图 2-1 所示。

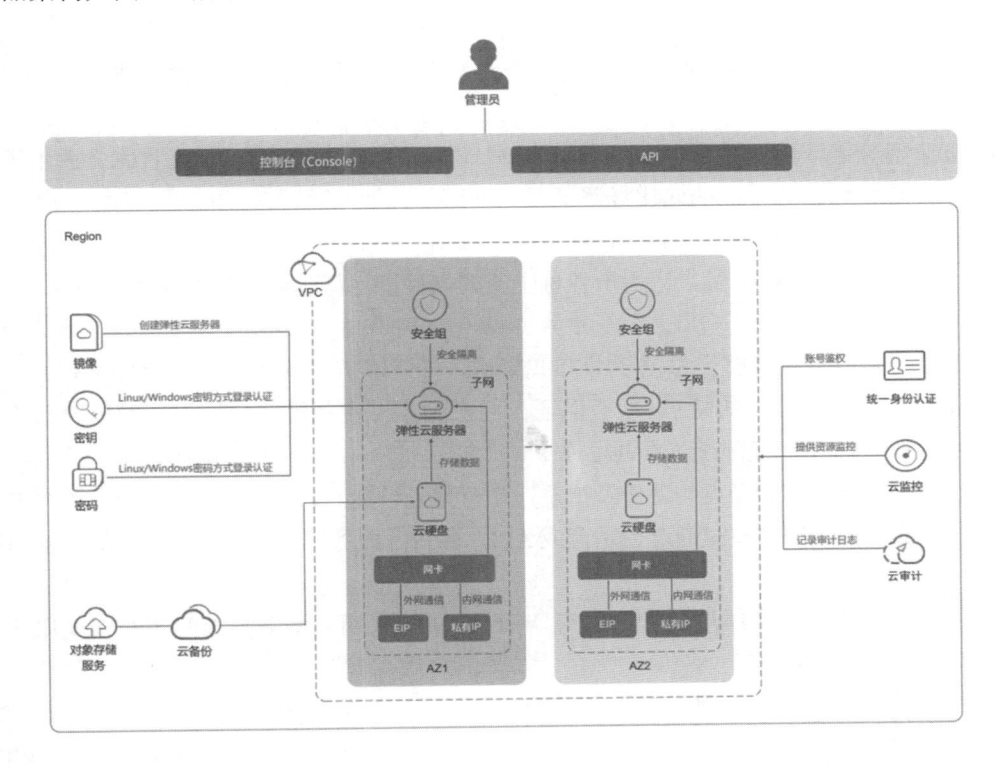

图 2-1 弹性云服务器产品架构

弹性云服务器被部署在不同的可用区（Availability Zone，AZ）中（在可用区之间通过内网连接），部分可用区发生故障不会影响同一个区域中的其他可用区。

用户可以通过虚拟私有云建立专属的网络环境，设置子网、安全组；通过弹性公网 IP 实现外网链接（需带宽支持）；通过镜像服务对弹性云服务器安装镜像；通过私有镜像批量创建弹性云服务器，实现快速的业务部署；通过云硬盘服务实现数据存储；通过云备份服务实现数据的备份和恢复。

云监控是保持弹性云服务器可靠性、可用性和性能的关键。通过云监控，用户可以观察弹性云服务器资源。

云备份（Cloud Backup and Recovery，CBR）可以提供对云硬盘和弹性云服务器的备份保护服务，并且支持基于快照技术的备份服务，以及利用备份数据恢复服务器和磁盘的数据。

2）弹性云服务器的优势

弹性云服务器可以根据业务需求和伸缩策略自动调整计算资源。用户可以根据需求自定义弹性云服务器的配置，灵活地选择内存、CPU、带宽等，从而打造可靠、安全、灵活、高效的应用环境。

① 自定义

弹性云服务器能够提供高 IO、通用型 SSD、超高 IO、极速型 SSD、通用型 SSD V2 类型的云硬盘，以满足云服务器不同业务场景需求。

- 高 IO 云硬盘：具有高性能、高扩展、高可靠性的特点，适用于对性能、读写速率要求高，有实时数据存储需求的应用场景。
- 通用型 SSD 云硬盘：具有高性价比的特点，适用于高吞吐、低时延的企业办公。
- 超高 IO 云硬盘：具有低时延、高性能的特点，适用于对性能、读写速率要求高，读写密集型的应用场景。
- 极速型 SSD 云硬盘：采用结合全新低时延拥塞控制算法的 RDMA 技术，适用于需要超大带宽和超低时延的应用场景。
- 通用型 SSD V2 云硬盘：支持容量与性能解耦，支持在容量固定的情况下，按需、灵活地调整 IOPS 和吞吐量，适用于各种主流的高性能、低延迟交互的应用场景。

② 可靠

- 高数据可靠性：能够提供基于分布式架构、可弹性扩展的虚拟块存储服务，具有高可靠性、高 I/O 吞吐量的特点；能够保证在任意副本发生故障时快速进行数据迁移恢复，避免单一硬件的故障造成数据丢失。
- 支持云服务器和云硬盘的备份及恢复：支持预先设置好自动备份策略，实现在线自动备份；支持根据需要随时通过控制台或 API，备份云服务器和云硬盘指定时间点的数据。

③ 安全

- 多种安全服务，多维度防护：具有 Web 应用防火墙、漏洞扫描等多种安全服务，能够提供多维度防护。
- 安全评估：能够提供对用户云环境的安全评估，帮助用户快速发现安全弱点和威胁，同时提供安全配置检查，并给出安全实践建议，从而有效避免或减少网络病毒和恶意攻击带来的损失。

④ 高效
- 智能化进程管理：能够提供智能的进程管理服务，基于可定制的白名单规则，自动禁止非法程序的执行，保障弹性云服务器的安全性。
- 漏洞扫描：支持通用 Web 漏洞检测、第三方应用漏洞检测、端口检测、指纹识别等扫描服务。
- 搭载专业的硬件设备：弹性云服务器搭载在专业的硬件设备上，能够深度进行虚拟化优化技术，用户无须自建机房。
- 随时获取虚拟化资源：用户可以随时从虚拟资源池中获取并独享资源，根据业务变化弹性扩展或收缩云服务器，像使用本地 PC 一样在云上使用弹性云服务器，确保应用环境可靠、安全、灵活、高效。
- 动态伸缩：基于伸缩组监控数据，随着应用运行状态的变化，动态增加或减少弹性云服务器实例。
- 定时伸缩：根据业务预期及运营计划等，制定定时及周期性策略，按时自动增加或减少弹性云服务器实例。

⑤ 灵活
- 灵活调整云服务器的配置：用户可以根据业务需求灵活调整云服务器的规格、带宽，从而高效匹配业务要求。
- 灵活的计费模式：支持包年/包月、按需计费、竞价计费的计费模式，以满足不同的应用场景，根据业务波动随时购买和释放资源。

3) 弹性云服务器的应用场景

① 网站应用

网站应用对 CPU、内存、硬盘空间和带宽无特殊要求，对安全性、可靠性要求高。服务一般只需要部署在一台或少量服务器上，一次投入成本少，后期维护成本低。网站应用包括网站开发测试环境、小型数据库应用等。

对于网站应用，推荐使用通用型弹性云服务器。该服务器主要提供均衡的计算、内存和网络资源，适用于业务负载压力适中的应用场景，以满足企业或个人普通业务搬迁上云的需求。

② 企业电商

企业电商对内存要求高，数据量大并且数据访问量大，要求服务器具有快速数据交换和处理的能力，如广告精准营销、电商、移动 App。

对于企业电商，推荐使用内存优化型弹性云服务器。该服务器可以提供高内存实例，同时配置超高 IO 的云硬盘和合适的带宽。

③ 图形渲染

图形渲染对图像、视频的质量要求高，要求服务器具有大内存、大量数据处理能力，以及 I/O 并发能力，可以完成快速的数据处理交换以及大量的 GPU 计算，如图形渲染、工程制图。

对于图形渲染，推荐使用 GPU 加速型弹性云服务器。该服务器基于 NVIDIA Tesla M60 硬件虚拟化技术，能够提供较为经济的图形加速能力，以及最大显存 1GiB、分辨率为 4096×2160 的图形图像处理能力，支持 DirectX、OpenGL。

④ 数据分析

数据分析的应用场景要求处理大容量数据，需要高 I/O 能力和快速的数据交换能力，如 MapReduce、Hadoop 计算密集型应用场景。

对于数据分析，推荐使用磁盘增强型弹性云服务器。该服务器主要适用于需要对本地存储极大型数据集进行高性能顺序读写访问的工作负载，如 Hadoop 分布式计算、大规模的并行数据处理和日志处理应用。应用于数据分析的弹性云服务器主要的数据存储是基于 HDD 存储介质的，默认配置最高 10GE 的网络能力，能够提供较高的 PPS 性能和网络低延迟，最大可支持 24 个本地磁盘、48 个 vCPU 和 384GiB 的内存。

⑤ 高性能计算

高性能计算是指高计算能力、高吞吐量的场景，如科学计算、基因工程、游戏动画、生物制药计算和存储系统。

对于高性能计算，推荐使用高性能计算型弹性云服务器。该服务器主要用于受计算限制的高性能处理器的应用程序，适合需要海量并行计算资源、高性能的基础设施服务，以及需要高性能计算和海量存储，并对渲染的效率有一定要求的场景。

2. 计算类云服务—鲲鹏镜像服务

1）镜像服务简介

镜像是一个服务器或磁盘模版，不仅包含软件及必要配置，还包含操作系统和业务数据，以及应用软件（如数据库软件）和私有软件。

镜像服务（Image Management Service）能够提供镜像的全生命周期管理能力。用户可以灵活地使用公共镜像、私有镜像或共享镜像申请弹性云服务器和裸金属服务器，还可以通过已有的云服务器或外部镜像文件创建私有镜像，实现业务上云或云上迁移。

镜像分为公共镜像、私有镜像、共享镜像、市场镜像。公共镜像是系统默认提供的镜像，私有镜像是用户自己创建的镜像，共享镜像是其他用户共享的私有镜像，市场镜像是提供预装操作系统、应用环境和各类软件的优质第三方镜像，如图 2-2 所示。

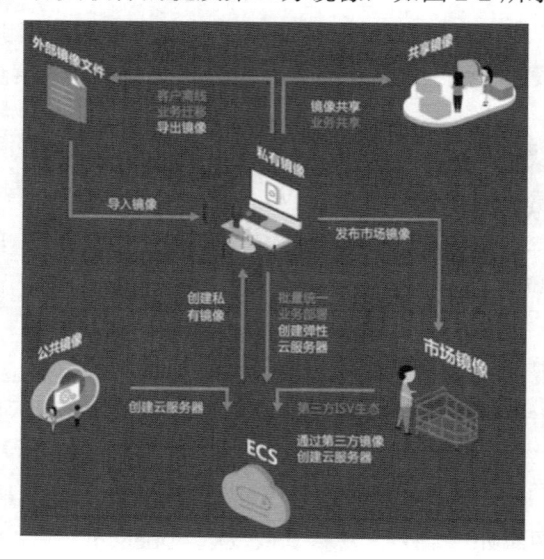

图 2-2　镜像类型

2）镜像服务的优势

镜像服务能够提供镜像的全生命周期管理能力，具有便捷、安全、灵活、统一的优势。镜像部署相比手动部署，在部署时长、复杂度、安全性等方面均有优势。

① 便捷
- 使用公共镜像、市场镜像或者用户自己创建的私有镜像均可批量创建云服务器，降低部署难度。
- 镜像服务支持通过多种方法创建私有镜像，如弹性云服务器、裸金属服务器、外部镜像文件。私有镜像可以覆盖系统盘、数据盘和整机镜像，满足用户多样的部署需求。
- 利用镜像服务提供的共享、复制、导出等功能，可以轻松实现私有镜像在不同账号、不同区域，甚至不同云平台间的迁移。

② 安全
- 公共镜像可以覆盖华为自研的 EulerOS 操作系统，以及 Windows Server、Ubuntu、CentOS 等多款主流操作系统，且皆为正版授权，经过严格测试，能够保证镜像安全、稳定。
- 镜像后端对应的镜像文件使用华为云对象存储服务进行多份冗余存储，具有高可靠性和持久性。
- 使用密钥管理服务（Key Management Service，KMS）提供的信封加密方式对私有镜像进行加密，能够确保数据的安全性。

③ 灵活
- 通过控制台或 API 均能完成镜像的全生命周期管理，用户可以按照需求灵活选择。
- 用户可以使用公共镜像部署基本的云服务器运行环境，也可以使用自建的私有镜像或依据成熟的市场镜像方案搭建个性化应用环境。
- 不管是服务器上云、服务器运行环境备份，还是云上迁移，镜像服务都能满足用户的需求。

④ 统一
- 镜像服务能够提供统一的镜像自助管理平台，降低维护的复杂度。
- 镜像服务能够实现应用系统的统一部署与升级，提高运维效率，保证应用环境的一致性。
- 公共镜像遵守业界统一规范，除了预装初始化组件，其内核能力均由第三方厂商提供，便于镜像在不同的云平台之间迁移。

3）镜像服务的应用场景
- 服务器上云或云上迁移：利用镜像导入功能，将已有的业务服务器制成镜像并导入到云平台（当前支持 VHD、VMDK、Qcow2、RAW 等多种格式）上，方便企业业务上云。使用镜像共享和镜像跨区域复制功能，能够实现云服务器在不同账号、不同地域之间的迁移。
- 部署特定的软件环境：使用共享镜像或者应用超市的市场镜像均可帮助企业快速搭建特定的软件环境，减少了自行配置环境、安装软件等耗时费力的工作，特别适合互联网初创型公司。
- 批量部署软件环境：将已经部署好的云服务器的操作系统、分区和软件等信息打包并制成私有镜像，使用该镜像批量创建云服务器实例，使新实例拥有一样的环境信息，从而达到批量部署的目的。
- 服务器运行环境备份：对一个云服务器实例制作镜像以备份环境。当该实例出现环境故障而无法正常运行时，可以使用镜像进行恢复。

4）私有镜像的生命周期

在用户成功创建私有镜像后，镜像的状态为"正常"，用户既可以使用该镜像创建实例或云硬盘，也可以将该镜像共享给其他账号或复制到其他区域中，如图2-3所示。

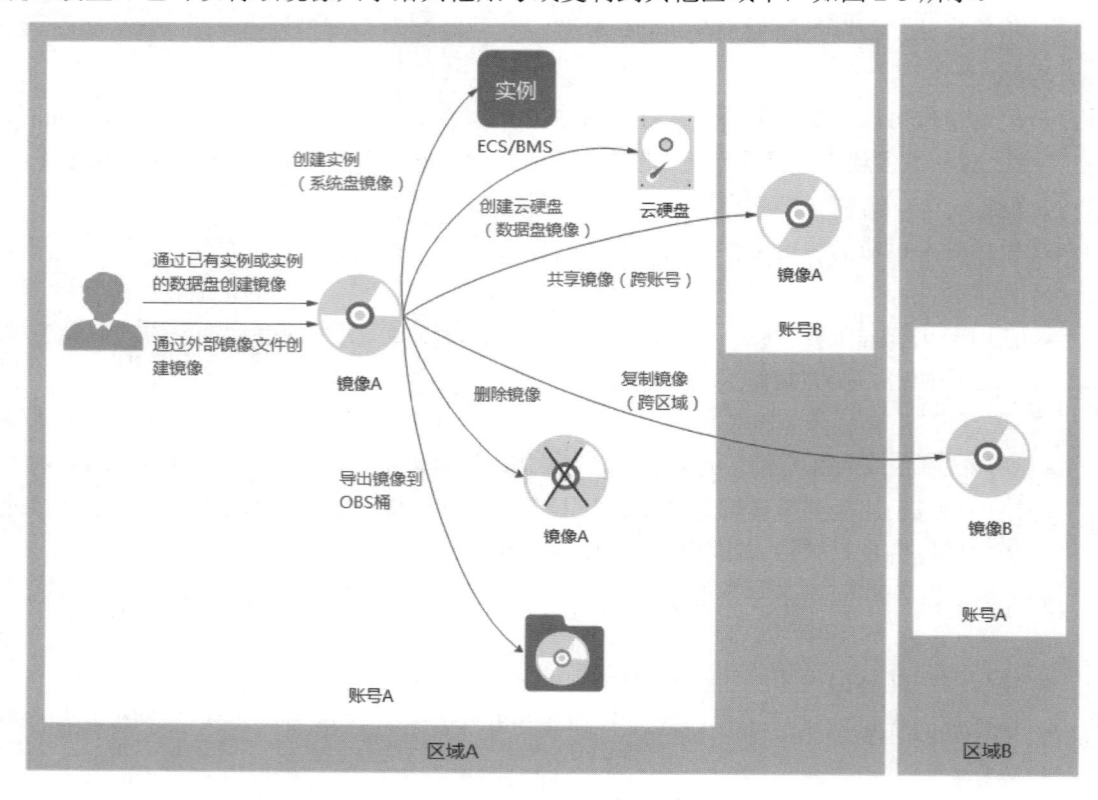

图2-3　私有镜像的生命周期

3. 计算类云服务—鲲鹏弹性伸缩服务

1）弹性伸缩服务简介

弹性伸缩（Auto Scaling，AS）是指根据用户的业务需求，通过设置伸缩规则来自动增加或缩减业务资源。当业务需求增长时，弹性伸缩服务会自动为用户增加弹性云服务器实例或带宽资源，以保证业务能力；当业务需求下降时，弹性伸缩服务会自动为用户缩减弹性云服务器实例或带宽资源，以节约成本。弹性伸缩服务支持自动调整弹性云服务器和带宽资源，其产品架构如图2-4所示。

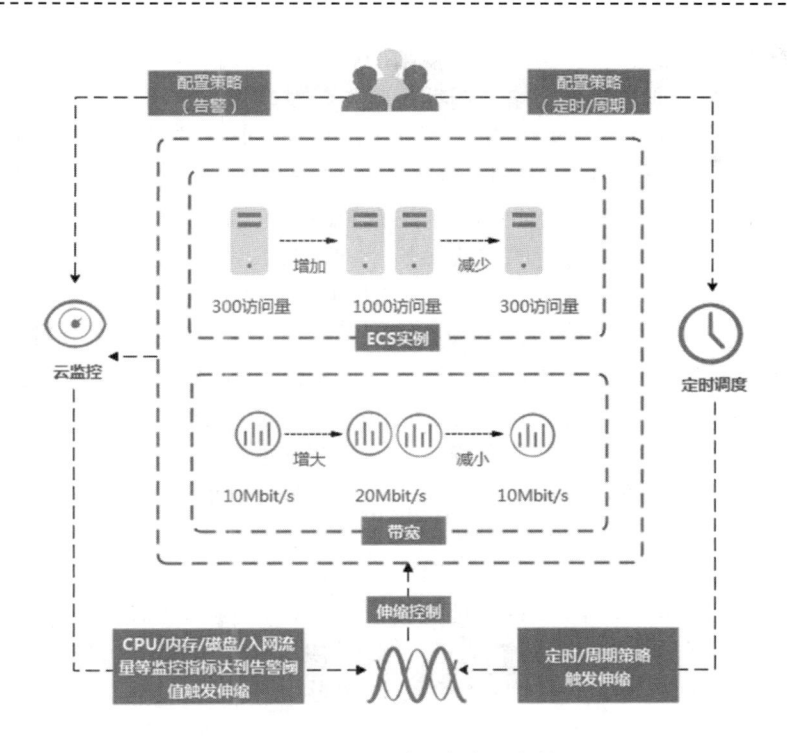

图 2-4　弹性伸缩服务产品架构

通过弹性伸缩可以实现弹性云服务器实例和带宽的伸缩，即通过配置策略设置告警阈值、伸缩活动执行的时间，通过云监控判断指标是否达到阈值，通过定时调度实现伸缩控制。

其中，配置策略是指根据业务需求，配置告警策略、定时策略、周期策略。

- 配置告警策略：配置 CPU、内存、磁盘、入网流量等监控指标。
- 配置定时策略：通过配置触发时间，配置定时策略。
- 配置周期策略：通过配置重复周期、触发时间、生效时间，配置周期策略。

云监控通过判断告警策略中的某些指标是否达到告警阈值，从而触发伸缩活动，调整弹性云服务器实例或带宽。当到达所配置的触发时间时，触发伸缩活动，实现弹性云服务器实例或带宽的伸缩。

2）弹性伸缩服务的优势

弹性伸缩服务可以根据用户的业务需求，通过策略自动调整其业务的资源。具有自动调整资源、节约成本开支、提高可用性和容错能力的优势。

在访问流量较大的论坛网站时，业务负载变化难以预测，需要根据实时监控到的弹性云服务器的 CPU 使用率、内存使用率等指标对弹性云服务器的数量进行动态调整。例如，电商网站在进行大型促销活动时，需要定时增加弹性云服务器的数量、增大带宽，以保证促销活动顺利进行；视频直播网站每天 14:00—16:00 播出热门节目，需要在该时段增加弹性云服务器的数量、增大带宽，以保证业务平稳运行。

① 自动调整资源

弹性伸缩服务能够实现应用系统自动按需调整资源，即在业务增长时自动增加弹性云服务器实例和增大带宽，以满足业务需求；在业务下降时实现应用系统自动缩容，以保证业务平稳运行从而加强应用系统的成本管理。调整资源主要包括以下几种方式。

- 动态调整资源：通过告警策略的触发来调整资源。
- 计划调整资源：通过定时策略或周期策略的触发来调整资源。
- 手动调整资源：通过修改期望实例数或手动移入、移出实例来调整资源。
- 按需调整带宽资源：弹性伸缩服务能够实现按需调整带宽，即在业务增长时增大带宽，在业务下降时减小带宽，从而加强应用系统的成本管理。

通过伸缩策略来按需调整带宽的方法如下。

- 告警策略：设置出网流量、出网带宽等告警触发条件，应用系统在检测到满足触发条件时会自动调整带宽。例如，视频直播网站在不同时间段的业务负载变化难以预测，需要根据出网流量、入网流量等指标在 10Mbit/s 到 30Mbit/s 之间动态调整带宽。弹性伸缩可以自动按需调整带宽，从而很好地解决这个问题。用户只需选择要调整的弹性公网 IP，同时创建两个告警策略：一个策略为在出网流量大于 XXXbyte 时，增大 2Mbit/s，限制值为 30Mbit/s；另一个策略为在出网流量小于 XXXbyte 时，减小 2Mbit/s，限制值为 10Mbit/s。
- 定时策略：根据定时策略，在固定的时间自动将带宽增大、减小或者调整到固定的值。
- 周期策略：根据周期策略，周期性地调整带宽，从而减少人工重复设置带宽的工作量。
- 按可用区均匀分配实例：尽可能地将实例均匀地分布在不同的可用区中，以降低电力、网络等可能出现的故障对整个系统稳定性的影响。

区域是指弹性云服务器云主机所在的物理位置。每个区域都包含许多不同的可用区中，即在同一个区域中，电力、网络隔离的物理区域与可用区通过内网互通，不同可用区之间物理隔离。每个可用区都被设计成不受其他可用区故障影响的模式，并提供低价、低延迟的网络连接，以连接同一个区域中的其他可用区。

弹性伸缩组可以包含来自同一个区域的一个或多个可用区的实例。在调整资源时，弹性伸缩会通过实例分配和再均衡两种方法，尽可能地将实例均匀分配到可用区中。

- 实例分配：弹性伸缩会尝试在为伸缩组使用的可用区之间均匀地分配实例，并向实例最少的可用区中移入新实例。例如，弹性伸缩组目前有 4 个实例均匀分布在两个可用区中，若该组在下一个伸缩活动中增加 4 个实例，则会在两个可用区中分别增加两个实例，以实现可用区之间均匀分配实例，如图 2-5 所示。

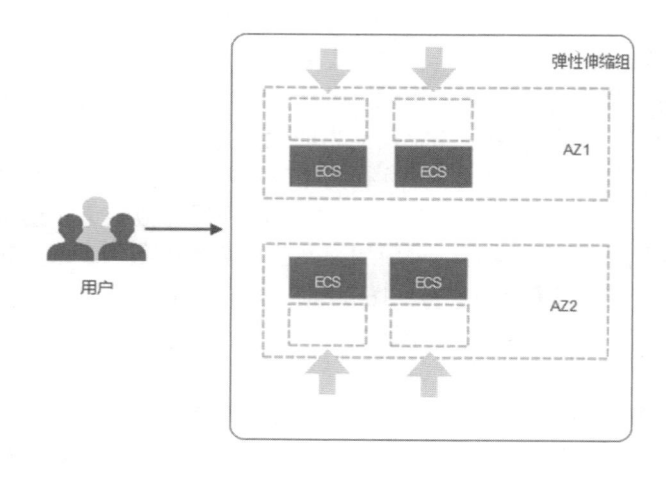

图 2-5 均匀分配实例

- 再均衡：在手动加入或移出实例后，如果弹性伸缩组中的实例没有均匀地分配在可用区中，则后续的伸缩活动会优先在该可用区中均匀地分配实例。例如，弹性伸缩组目前有 3 个实例分布在两个可用区中，若该组在下一个伸缩活动中增加 5 个实例，则会在有两个实例的可用区中增加两个实例，在有一个实例的可用区中增加 3 个实例，以实现可用区之间均匀分配实例，如图 2-6 所示。

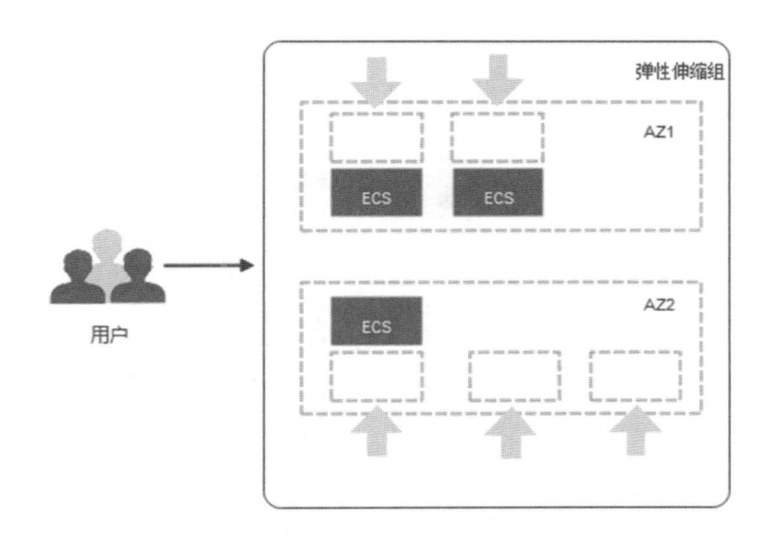

图 2-6　再次均匀分配实例

② 提高可用性

弹性伸缩服务可以确保应用系统始终拥有合适的容量以满足当前的流量需求。当用户使用弹性伸缩时，应用系统会在业务增长时自动扩容，在业务下降时自动缩容。此外，在弹性伸缩组添加和删除实例时，必须确保所有实例均可分配到应用程序的流量。弹性伸缩和负载均衡结合使用可以满足这个要求。

在使用负载均衡后，弹性伸缩组会自动为加入的实例绑定负载均衡监听器。访问流量将通过负载均衡监听器自动分发给弹性伸缩组中的所有实例，从而提高应用系统的可用性。若弹性伸缩组中的实例上部署了多个业务，则可以添加多个负载均衡监听器，同时监听多个业务，提高业务的可扩展性。

③ 提高容错能力

弹性伸缩服务可以检测到应用系统实例的运行状况，并启用新实例以替换运行状况不佳的实例。

4. 存储类云服务—鲲鹏云硬盘服务

1）云硬盘服务简介

云硬盘服务（Elastic Volume Service，EVS）可以为云服务器提供高可靠、高性能、规格丰富并且可弹性扩展的块存储服务，从而满足不同场景的业务需求；适用于分布式文件系统、开发测试、数据仓库及高性能计算等应用场景。云服务器包括弹性云服务器和裸金属服务器。

云硬盘类似 PC 中的硬盘，需要挂载至云服务器上使用，无法单独使用。用户可以对已挂载的云硬盘执行初始化、创建文件系统等操作，并把数据持久化地存储在云硬盘中。云硬盘简称磁盘，其产品架构如图 2-7 所示。

云备份中的云硬盘备份功能可以为云硬盘创建在线备份，用户无须关闭云服务器。针对由于病毒入侵、人为误删除、软硬件故障导致数据丢失或者损坏的场景，可以通过任意时刻的备份恢复数据，保证用户数据的正确性和安全性。

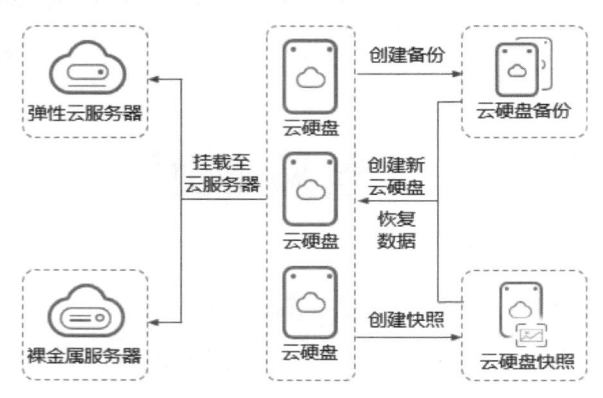

图 2-7 云硬盘产品架构

2）磁盘模式及其使用方法

根据是否支持高级的 SCSI 命令，磁盘模式分为虚拟块存储设备（Virtual Block Device，VBD）类型和小型计算机系统接口（Small Computer System Interface，SCSI）类型。

- VBD 类型：磁盘模式默认为 VBD 类型，只支持简单的 SCSI 读写命令。
- SCSI 类型：支持 SCSI 指令透传，允许云服务器操作系统直接访问底层存储介质。除了简单的 SCSI 读写命令，SCSI 类型的磁盘还可以支持更高级的 SCSI 命令。

SCSI 磁盘常见的应用场景和建议如下。

- SCSI 磁盘：BMS 仅支持将 SCSI 磁盘作为系统盘和数据盘。
- SCSI 共享盘：当使用共享盘时，需要结合分布式文件系统或集群软件使用。由于多数常见的集群需要使用 SCSI 锁，如 Windows MSCS 集群、Veritas VCS 集群和 CFS 集群，因此建议用户结合 SCSI 使用共享盘。

在将 SCSI 共享盘挂载至弹性云服务器上时，需要结合反亲和性云服务器组一同使用，SCSI 锁才会生效。在使用 SCSI 磁盘时，需要云服务器具有 SCSI 驱动。如果云服务器没有驱动，则需要为云服务器操作系统安装驱动。云服务器是否需要安装驱动，取决于云服务器的类型。云服务器的类型如下。

- 裸金属服务器（Bare Metal Server，BMS）：BMS 的 Windows 和 Linux 镜像操作系统已经预安装了使用 SCSI 磁盘所需的驱动，即 SDI 卡驱动，因此无须再安装。
- KVM ECS：当使用 SCSI 磁盘时，推荐用户配合虚拟化类型为 KVM 的 ECS 一同使用。因为 KVM ECS 的 Linux 操作系统内核中已经包含了驱动，Windows 操作系统中也包含了驱动，无须用户额外安装驱动，使用便捷。
- XEN ECS：由于驱动和操作系统的限制，不建议用户同时使用 SCSI 磁盘与虚拟化类型为 XEN 的 ECS。

3）共享云硬盘及其使用方法

共享云硬盘是一种支持多个云服务器并发读写访问的数据块级存储设备，具有多挂载点、高并发性、高性能、高可靠性等特点，主要应用于需要支持集群、高可用（High Available，HA）能力的关键企业应用场景。多个弹性云服务器可以同时访问一个共享云硬盘。

一块共享云硬盘最多可同时挂载至 16 台云服务器上，云服务器包括弹性云服务器和裸金属服务器。实现文件共享需要搭建共享文件系统或类似的集群系统，如 Windows MSCS、Veritas VCS 和 CFS。共享硬盘的应用场景如图 2-8 所示。

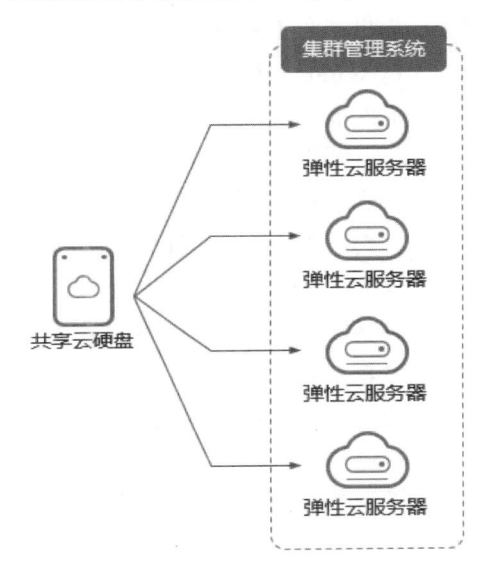

图 2-8 共享云硬盘的应用场景

由于多数常见的集群需要使用 SCSI 锁，如 Windows MSCS、Veritas VCS 和 CFS，因此建议用户结合 SCSI 使用共享云硬盘。若 SCSI 云硬盘挂载至虚拟化类型为 XEN 的 ECS 上，则需要安装驱动。

为了提升数据的安全性，建议用户结合反亲和性云服务器组一同使用 SCSI 锁，即将 SCSI 类型的共享云硬盘挂载至同一个反亲和性云服务器组内的 ECS 上。如果 ECS 不属于任何一个反亲和性云服务器组，则不建议用户为该 ECS 挂载 SCSI 类型的共享云硬盘，否则 SCSI 锁将无法正常使用，并且会导致数据面临风险。

- VBD 类型的共享云硬盘：创建的共享云硬盘默认为 VBD 类型，可以提供虚拟块存储设备，不支持 SCSI 锁。当用户部署的应用需要使用 SCSI 锁时，需要创建 SCSI 类型的共享云硬盘。
- SCSI 类型的共享云硬盘：SCSI 类型的共享云硬盘支持 SCSI 锁。

云服务器组的反亲和性是指在创建弹性云服务器时将其分散在不同的物理主机上，从而提高业务的可靠性。关于云服务器组，更多详情请参见管理云服务器组。

通过 SCSI Reservation 命令操作 SCSI 锁。如果一台弹性云服务器给云硬盘传输了一条

SCSI Reservation 命令，则这个云硬盘对于其他弹性云服务器处于锁定状态，可以避免多台弹性云服务器同时对云硬盘执行读写操作而导致数据被损坏。同一个云硬盘的 SCSI 锁无法区分单个物理主机上的多台弹性云服务器，因此只有当弹性云服务器位于不同物理主机上时才可以支持 SCSI 锁，建议结合云服务器组的反亲和性一起使用 SCSI 锁命令。

共享云硬盘的主要优势如下。

- 多挂载点：单个共享云硬盘最多可以同时挂载至 16 个云服务器上。
- 高性能：多台弹性云服务器并发访问超高 IO 共享云硬盘时，随机读写可高达 160000 IOPS。
- 高可靠性：共享云硬盘支持自动和手动备份功能，能够提供可靠的数据存储。
- 应用场景广泛：可以应用于只需要 VBD 类型的共享云硬盘的 Linux RHCS，也可以应用于需要支持 SCSI 指令的应用场景，如 Windows MSCS 和 Veritas VCS。

共享云硬盘的本质是将同一块云硬盘挂载至多台云服务器上，类似于将一块物理硬盘挂载至多台物理服务器上，每台服务器均可以对该硬盘任意区域的数据进行读取和写入。如果这些服务器之间没有相互约定读写数据的规则，如读写次序和读写意义，则会导致这些服务器在读写数据时相互干扰或者其他不可预知的错误。

共享云硬盘能够为弹性云服务器提供可共享访问的块存储设备，但其本身并不具备集群管理能力，因此需要用户自行部署集群系统来管理共享云硬盘，如企业应用中常见的 Windows MSCS、Linux RHCS、Veritas VCS 和 CFS 等。

4）云硬盘备份

用户可以通过云备份中的云硬盘备份功能为云硬盘创建在线备份，用户无须关闭弹性云服务器。云备份产品架构如图 2-9 所示。

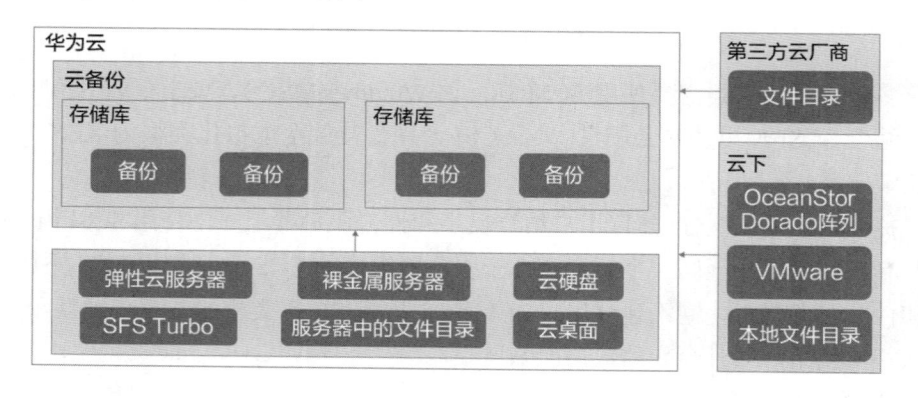

图 2-9 云备份产品架构

当前，普通 IO（上一代产品）、高 IO、通用型 SSD、超高 IO、极速型 SSD 云硬盘都能支持云备份。云备份由备份、存储库和策略组成。

① 备份

备份是指一个备份对象执行一次备份任务产生的备份数据，包括备份对象恢复所需的所有数据。云备份产生的备份可以分为以下几种类型。

- 云硬盘备份：云硬盘备份能够提供对云硬盘的基于快照技术的数据保护。
- 云服务器备份：云服务器备份能够提供对弹性云服务器和裸金属服务器的基于多云硬盘一致性快照技术的数据保护。未部署数据库等应用的服务器产生的备份为服务器备份，部署数据库等应用的服务器产生的备份为数据库服务器备份。
- SFS Turbo 备份：SFS Turbo 备份能够提供对 SFS Turbo 文件系统的数据保护。
- 混合云备份：混合云备份能够提供对线下备份存储 OceanStor Dorado 阵列中的备份数据以及 VMware 服务器备份的数据保护。
- 文件备份：文件备份能够提供对云上服务器或用户数据中心虚拟机中的单个或多个文件的数据保护，无须再以整机或整盘的形式进行备份。
- 云桌面备份：云桌面备份能够提供对云桌面的数据保护。

② 存储库

云备份使用存储库来存放备份。在创建备份前，需要先创建至少一个存储库，并将服务器或磁盘绑定到该存储库上。服务器或磁盘产生的备份会被存放至绑定的存储库中。

存储库分为备份存储库和复制存储库两种。备份存储库用于存放备份对象产生的备份，复制存储库用于存放复制操作产生的备份。不同类型的备份对象产生的备份需要存放在不同类型的存储库中。其中，云服务器备份、SFS Turbo 备份和混合云备份支持备份数据冗余策略，以及将备份数据存放在多个 AZ 中，从而保证备份数据的可靠性。

③ 策略

策略分为备份策略和复制策略。

- 备份策略：在对备份对象执行自动备份操作时，用户可以设置备份策略，即在策略中设置备份任务执行的时间、周期以及备份数据的保留规则，将备份存储库绑定到备份策略上，从而为存储库执行自动备份。
- 复制策略：在对备份或存储库执行自动复制操作时，用户可以设置复制策略，即在策略中设置复制任务执行的时间、周期以及备份数据的保留规则，将备份存储库绑定到复制策略上。复制产生的备份需要存放在复制存储库中。

5）云硬盘快照

① 云硬盘快照简介

云硬盘快照是指云硬盘数据在某个时刻的完整复制或镜像，是一种重要的数据容灾手段。当数据丢失时，用户可以通过快照将数据完整地恢复到快照创建点的状态。用户可以通过控制台或者 API 接口创建云硬盘快照（简称快照），从而快速保存指定时刻云硬盘的数据；还可以通过快照创建新的云硬盘，使云硬盘在初始状态下就具有快照中的数据。

快照和备份不同。备份是将数据在不同于云硬盘的存储系统中另存一份，而快照是建立一种快照与数据的关联关系。

② 云硬盘快照的原理

下面以通过云硬盘 v1 在不同时刻创建快照 s1 和 s2 为例介绍快照的原理，如图 2-10 所示。

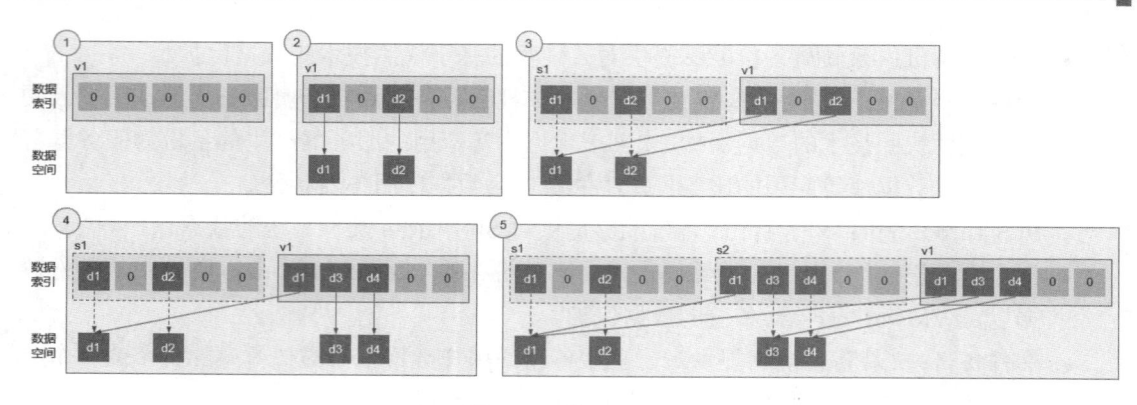

图 2-10 快照的原理

首先，创建一个全新的云硬盘 v1（没有任何数据），写入数据 d1 和 d2，此时会使用新的数据空间存储 d1 和 d2；其次，为写入数据后的云硬盘 v1 创建快照 s1，此时并不会另存一份数据 d1 和 d2，而是建立快照 s1 与数据 d1 和 d2 的关联关系；再次，在云硬盘 v1 中写入新数据 d3，并将数据 d2 修改成 d4，此时会使用新的数据空间存储 d3 和 d4，并不会覆盖原有的数据 d2（快照 s1 到数据 d1 和 d2 的关联关系仍然有效，因此若有需要，可以通过快照 s1 恢复原数据）；最后，为修改后的云硬盘 v1 创建另一个快照 s2，建立快照 s2 到数据 d1、d3 和 d4 的关联关系。

③ 云硬盘快照的功能

快照功能可以帮助用户实现以下需求。

- 日常备份数据：通过对云硬盘定期创建快照，实现数据的日常备份，可以应对由于误操作、病毒及黑客攻击等导致数据丢失或不一致的情况。
- 快速恢复数据：在进行应用软件升级或业务数据迁移等重大操作前，用户可以创建一个或多个快照，一旦升级或迁移过程中出现问题，就可以通过快照及时将业务恢复到快照创建点的数据状态了。例如，当由于弹性云服务器 A 的系统盘 A 发生故障而无法正常开机时，系统盘 A 已经故障，因此无法回滚快照数据。此时用户可以使用系统盘 A 已有的快照，新建一块云硬盘 B 并将其挂载至正常运行的弹性云服务器 B 上，使弹性云服务器 B 能够通过云硬盘 B 读取原系统盘 A 的数据。
- 快速部署多个业务：通过同一个快照可以快速创建出多个具有相同数据的云硬盘，从而同时为多种业务提供数据资源，如数据挖掘、报表查询和开发测试等业务。这种方式既保护了原始数据，又能通过快照新建的云硬盘快速部署其他业务，满足企业对业务数据的多元化需求。

6）云硬盘三副本技术

① 云硬盘三副本技术简介

云硬盘的存储系统采用三副本机制来保证数据的可靠性，即针对某份数据，默认将数据分为 1 MB 的数据块，每一个数据块都被复制为 3 个副本，并按照一定的分布式存储算法保存在集群中的不同节点上，如图 2-11 所示。

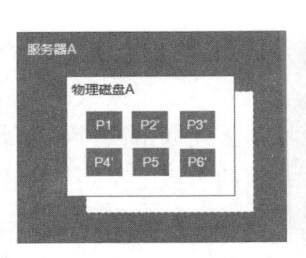

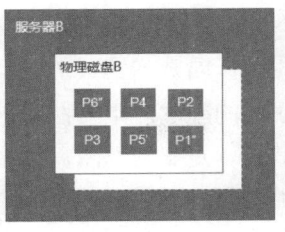

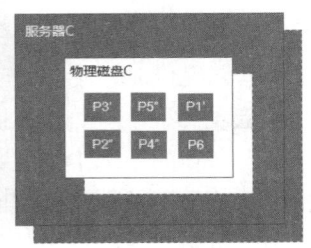

图 2-11　数据块存储示意图

② 云硬盘三副本技术的特点

存储系统能够自动确保数据的 3 个副本分布在不同的机柜、不同的服务器、不同的物理磁盘上，单个硬件设备的故障不会影响业务，并确保副本之间的数据强一致性。例如，对于服务器 A 的物理磁盘 A 上的数据块 P1，存储系统会将它的数据备份为服务器 B 的物理磁盘 B 上的 P1"和服务器 C 的物理磁盘 C 上的 P1'，P1、P1'和 P1"共同构成了同一个数据块的 3 个副本。若 P1 所在的物理磁盘发生故障，则 P1'和 P1"可以继续提供存储服务，确保业务不受影响。

数据一致性表示当应用成功写入一份数据到存储系统中时，存储系统中的 3 个副本必须一致。无论通过哪个副本再次读取这些数据，副本上的数据和之前写入的数据都是一致的。

③ 云硬盘三副本技术的原理

云硬盘三副本技术的原理如图 2-12 所示。

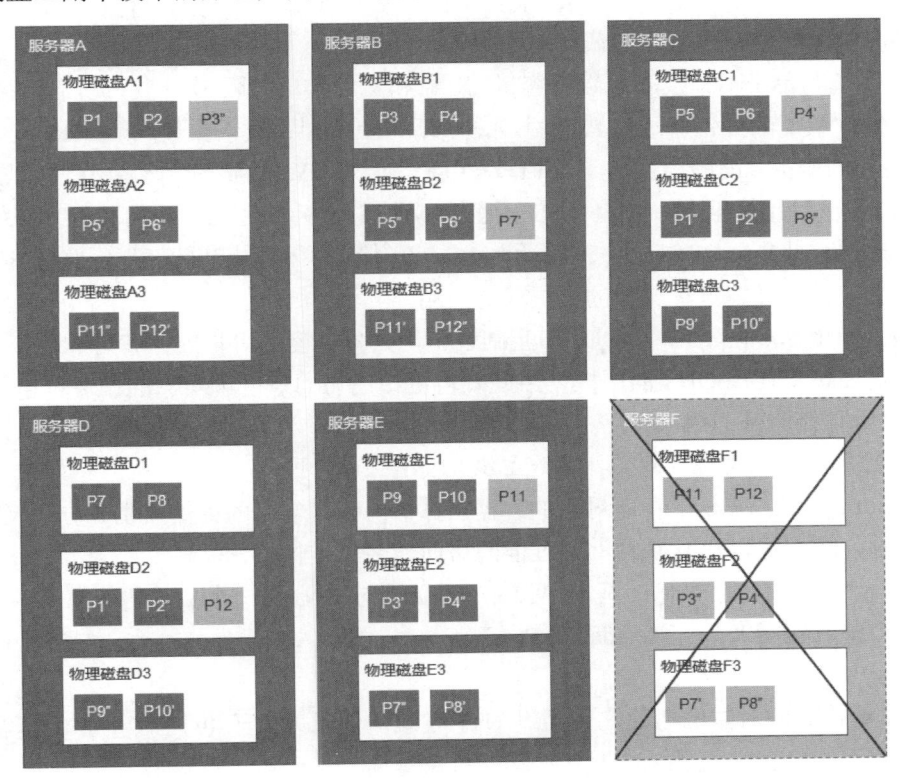

图 2-12　云硬盘三副本技术的原理

当应用写入数据时，存储系统会同步对 3 个副本执行写入数据的操作，并且只有当多个副本的数据都写入完成时，才会向应用返回数据写入成功的响应。当应用读数据失败时，存储系统会判断错误类型，自动修复损坏的副本。如果物理磁盘扇区读取错误，则存储系统会自动从其他节点保存的副本中读取数据，并在物理磁盘扇区错误的节点上重新写入数据，从而保证数据副本总数不减少及副本的数据一致性。

存储系统的每个物理磁盘上都保存了多个数据块，这些数据块的副本按照一定的策略分散存储在集群的不同节点上。当存储系统检测到硬件（服务器或物理磁盘）发生故障时，会自动启动数据修复。由于数据块的副本分散存储在不同的节点上，因此在进行数据修复时，存储系统会在不同的节点上同时启动数据重建，在每个节点上重建一小部分数据，多个节点并行工作，从而有效地避免单个节点重建大量数据所产生的性能瓶颈，将对上层业务的影响降到最小。

云硬盘三副本技术是云硬盘存储系统为了确保数据高可靠性而提供的技术，主要用来应对硬件设备故障导致的数据丢失或不一致的情况。云硬盘备份、快照不同于云硬盘三副本技术，主要应对人为误操作、病毒及黑客攻击等导致数据丢失或不一致的情况。建议用户在日常操作中使用云硬盘备份、快照，定期备份云硬盘中的数据。

5. 存储类云服务——鲲鹏对象存储服务

1）对象存储服务简介

对象存储服务（Object Storage Service，OBS）是一个基于对象的海量存储服务，能够为用户提供海量、安全、高可靠、低成本的数据存储能力。

OBS 系统和单个桶都没有总数据容量、对象和文件数量的限制，能够提供超大的存储容量并存放任意类型的文件，适合普通用户、网站、企业和开发人员使用。OBS 是一项面向 Internet 访问的服务，能够提供基于 HTTP/HTTPS 协议的 Web 服务接口。用户可以随时随地连接到 Internet 的计算机上，通过 OBS 管理控制台或各种 OBS 工具访问和管理存储在 OBS 系统中的数据。此外，OBS 支持 SDK 和 OBS API 接口，便于用户管理自己存储在 OBS 系统中的数据，以及开发多种类型的上层业务应用。

华为云在全球多区域部署了 OBS 基础设施，具备高度的可扩展性和可靠性，用户可以根据自身需要指定使用 OBS 的区域，由此获得更快的访问速度和实惠的服务价格。

2）对象存储服务的组成

OBS 的基本组成是桶和对象，其产品架构如图 2-13 所示。

桶（Bucket）是 OBS 中存储对象的容器，每个桶都有自己的存储类别、访问权限、所属区域等属性，用户可以在互联网上通过桶的访问域名来定位桶。

对象是 OBS 中数据存储的基本单位，一个对象实际上是一个文件的数据及其相关属性信息的集合体，包括 Key、Metadata、Data。

① Key

Key（键值）即对象的名称，为经过 UTF-8 编码的长度大于 0 且不超过 1024 的字符序列。一个桶里的所有对象都必须拥有唯一的对象键值。

② Metadata

Metadata（元数据）即对象的描述信息，包括系统元数据和用户元数据。这些元数据以键值对（Key-Value）的形式被上传到 OBS 中。

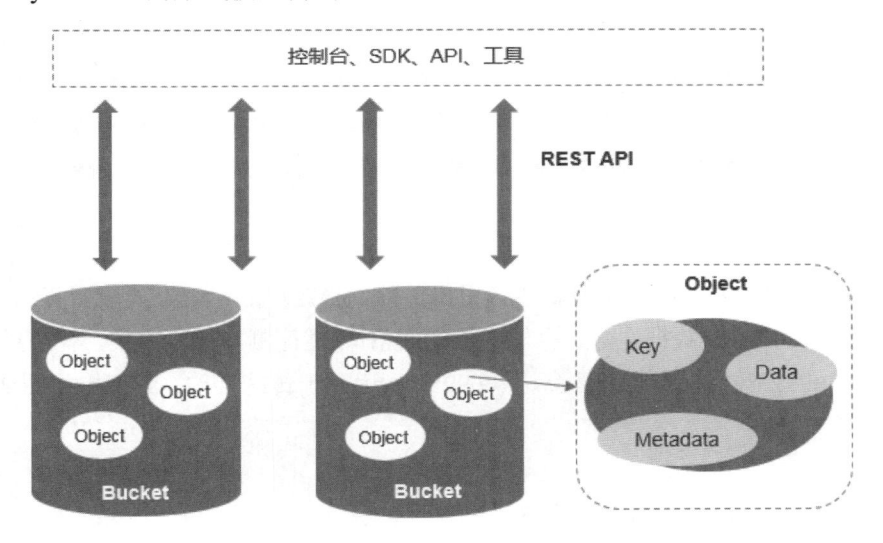

图 2-13　OBS 产品架构

系统元数据由 OBS 自动产生，在处理对象数据时使用，包括 Date、Content-length、Last-modify、ETag 等。用户元数据由用户在上传对象时指定，是用户自定义的对象描述信息。

③ Data

Data（数据）即文件的数据内容。

华为云针对 OBS 提供的 REST API 进行了二次开发，为用户提供了控制台、SDK 和各类工具，方便用户在不同的场景下轻松访问 OBS 桶及桶中的对象。当然，用户也可以利用 OBS 提供的 SDK 和 OBS API，根据业务的实际情况自行开发，以满足不同场景中海量数据存储的诉求。

3）对象存储服务的类型

OBS 提供了 4 种存储类型：标准存储、低频访问存储、归档存储、深度归档存储（受限公测中），从而满足用户业务对存储性能、成本的不同诉求。

① 标准存储

标准存储访问时延低和吞吐量高，适用于有大量热点文件（平均一个月访问多次）或小文件（小于 1MB），且需要频繁访问数据的业务场景，如大数据、移动应用、热点视频、社交图片等场景。

② 低频访问存储

低频访问存储适用于不需要频繁访问（平均一年访问少于 12 次），但要求快速访问数据的业务场景，如文件同步/共享、企业备份等场景。与标准存储相比，低频访问存储有相同的数据持久性、吞吐量及访问时延，且成本较低，但是可用性略低。

③ 归档存储

归档存储适用于很少访问数据（平均一年访问一次）的业务场景，如数据归档、长期备份等场景。归档存储安全、持久且成本极低,可以用来替代磁带库。为了保持成本低廉,数据取回时间可能长达数分钟到数小时。

④ 深度归档存储

深度归档存储适用于长期不访问数据(平均几年访问一次)的业务场景,其成本相比归档存储更低,但相应的数据取回时间更长,一般为数小时。在上传对象时,对象的存储类别会默认继承桶的存储类别。用户也可以重新指定对象的存储类别。在修改桶的存储类别后,桶内已有对象的存储类别不会修改,新上传对象时的默认存储类别会随之修改。

4) 对象存储服务的优势

① 数据稳定,业务可靠

OBS 能够支撑华为手机云相册和数亿用户访问,稳定可靠,通过跨区域复制、AZ 之间数据容灾、AZ 内设备和数据冗余、存储介质的慢盘/坏道检测等技术方案,保障数据持久性高达 99.9999999999%,业务连续性高达 99.995%,远高于传统架构,其架构如图 2-14 所示。

图 2-14 OBS 架构

② 多重防护,授权管理

OBS 通过可信云认证保证数据安全;通过支持多版本控制、敏感操作保护、服务端加密、防盗链、VPC 网络隔离、访问日志审计及细粒度的权限控制,保证数据安全可信。

③ 千亿对象,千万并发

OBS 通过智能调度和响应优化数据访问路径,并结合事件通知、传输加速、大数据垂直优化等,为各场景下用户的千亿对象提供千万级并发、超高带宽、稳定低时延的数据访问体验,其应用场景如图 2-15 所示。

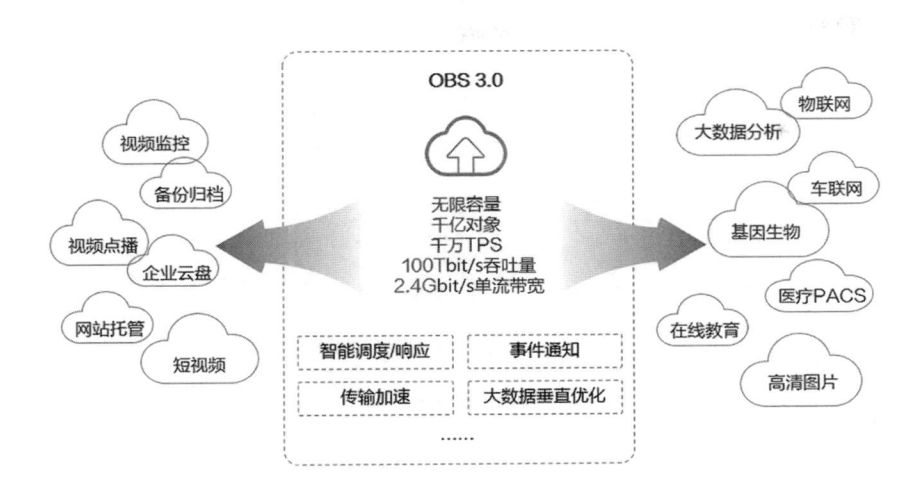

图 2-15 OBS 的应用场景

④ 简单易用，便于管理

OBS 支持标准 REST API、多版本 SDK 和数据迁移工具，可以让业务快速上云。用户无须事先规划存储容量或担心存储资源扩容、缩容问题，OBS 的存储资源和性能可以线性无限扩展。此外，OBS 支持在线升级、在线扩容，升级扩容由华为云实施，用户无感知，同时提供全新的 POSIX 语言系统，使应用接入更简便。

⑤ 数据分层，按需使用

OBS 能够提供按量计费和包年包月两种支付方式，支持标准、低频访问、归档数据、深度归档数据（受限公测中）独立计量计费，以降低存储成本。

5）对象存储服务的应用场景

OBS 提供的大数据解决方案主要面向海量数据存储分析、历史数据明细查询、海量行为日志分析和公共事务分析统计等场景，向用户提供低成本、高性能、不中断业务、无须扩容的解决方案。

① 海量数据存储分析的典型场景

OBS 能够提供 PB 级的数据存储、批量数据分析、毫秒级的数据详单查询等功能。

② 历史数据明细查询的典型场景

OBS 能够提供流水审计、设备历史能耗分析、轨迹回放、车辆驾驶行为分析、精细化监控等功能。

③ 海量行为日志分析的典型场景

OBS 能够提供学习习惯分析、运营日志分析、系统操作日志分析查询等功能。

④ 公共事务分析统计的典型场景

OBS 能够提供犯罪追踪、关联案件查询、交通拥堵分析、景点热度统计等功能。

用户可以先通过 DES 等迁移服务将海量数据迁移至 OBS 中，再基于华为云提供的 MapReduce 等大数据服务或开源的 Hadoop、Spark 等运算框架，对存储在 OBS 上的海量数据进行分析，最终将分析的结果呈现在 ECS 中的各类程序或应用上，建议搭配 MapReduce 服务（MRS）、弹性云服务器（ECS）、数据快递服务（DES）使用，如图 2-16 所示。

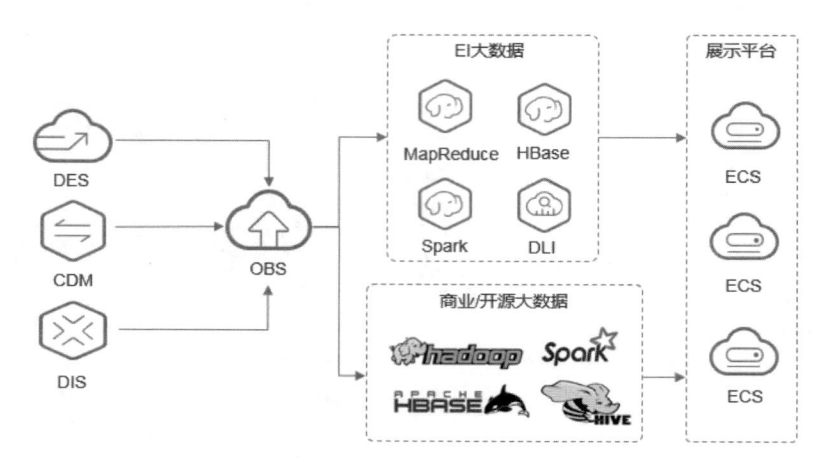

图 2-16　大数据分析

⑤ 静态网站托管

OBS 能够提供低成本、高可用、可根据流量需求自动扩展的网站托管解决方案，并结合内容分发网络 CDN 和弹性云服务器快速构建动静态分离的网站或应用系统。

终端用户浏览器和 App 上的动态数据能够直接与搭建在华为云上的业务系统进行交互，在将动态数据请求发往业务系统处理后直接返回给终端用户。静态数据保存在 OBS 中，业务系统通过内网对静态数据进行处理，终端用户通过就近高速节点，直接向 OBS 请求读取静态数据，建议搭配内容分发网络（CDN）、弹性云服务器（ECS）使用，如图 2-17 所示。

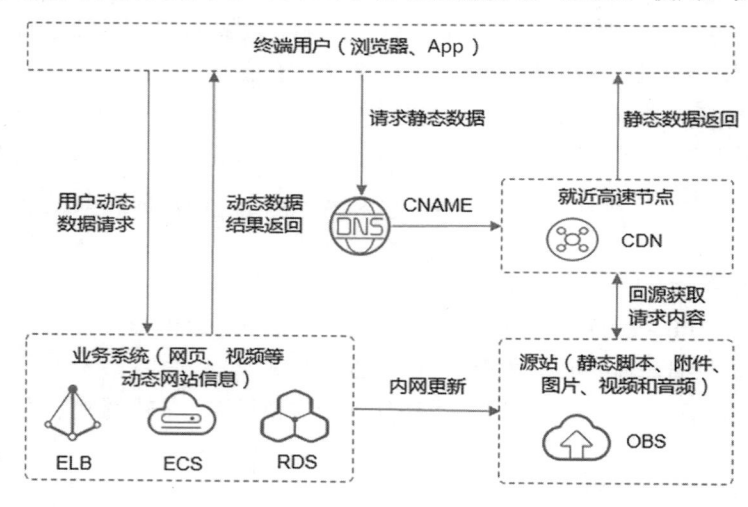

图 2-17　静态网站托管

⑥ 在线视频点播

OBS 能够提供高并发、高可靠、低时延、低成本的海量数据存储系统，并结合媒体处理（MPC）、内容审核（Moderation）和内容分发网络（CDN）快速搭建高速、安全、高可用的视频在线点播平台。

OBS 作为视频点播的源站，一般的互联网用户或专业的创作主体会在将各类视频文件上传至 OBS 后，通过 Moderation 对视频内容进行审核，并通过 MPC 对视频源文件进行转码，最终通过 CDN 回源加速在各类终端上进行点播，如图 2-18 所示。

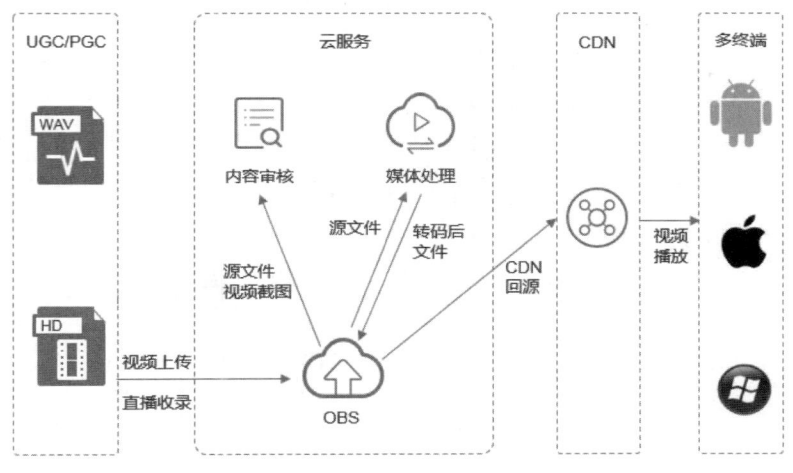

图 2-18　在线视频点播

⑦ 基因测序

OBS 能够提供高并发、高可靠、低时延、低成本的海量数据存储系统，并结合华为云计算服务快速搭建高扩展性、低成本、高可用的基因测序平台。

客户数据中心测序仪上的数据会通过云专线自动快速上传到华为云中，在经过 ECS、CCE、MRS、BMS 等服务搭建的计算集群的分析计算后，计算产生的数据和计算结果会被存储到 OBS 中。上传到华为云中的基因数据会自动转为低成本的归档对象，并被保存在 OBS 提供的归档存储中。计算得出的测序结果会通过公网在线分发到医院和科研机构。在基因测序的应用场景中，建议搭配使用弹性云服务器（ECS）、裸金属服务器（BMS）、MapReduce 服务（MRS）、云容器引擎（CCE）、云专线（DC），如图 2-19 所示。

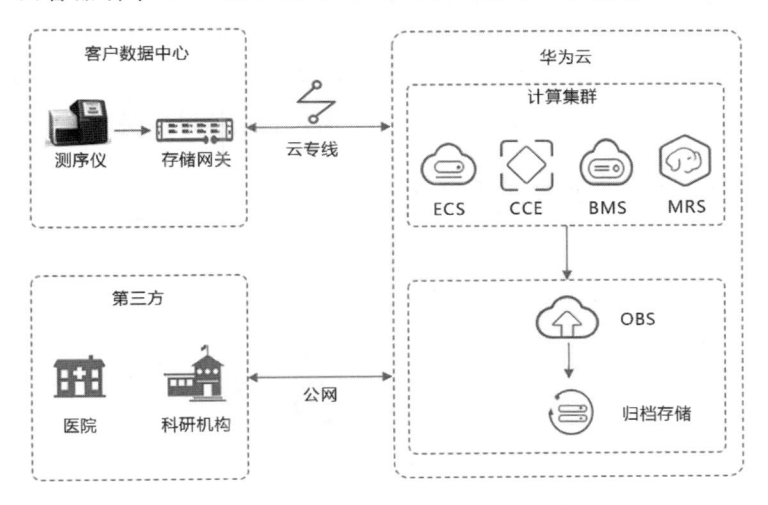

图 2-19　基因测序

⑧ 智能视频监控

OBS 能够为视频监控解决方案提供高性能、高可靠、低时延、低成本的海量数据存储空间，满足个人、企业等各类视频监控场景的需求，以及设备管理、视频监控及视频处理等多种能力的端到端解决方案。

摄像头拍摄的监控视频会通过公网或专网上传到华为云中，由弹性云服务器（ECS）和弹性负载均衡（ELB）组成的视频监控处理平台将视频切片并存入 OBS，后续可从 OBS 中下载历史视频对象并传输至观看视频的终端设备上。存放在 OBS 中的视频文件可以利用跨区域复制等功能进行备份，从而提升数据存储的安全性和可靠性，如图 2-20 所示。

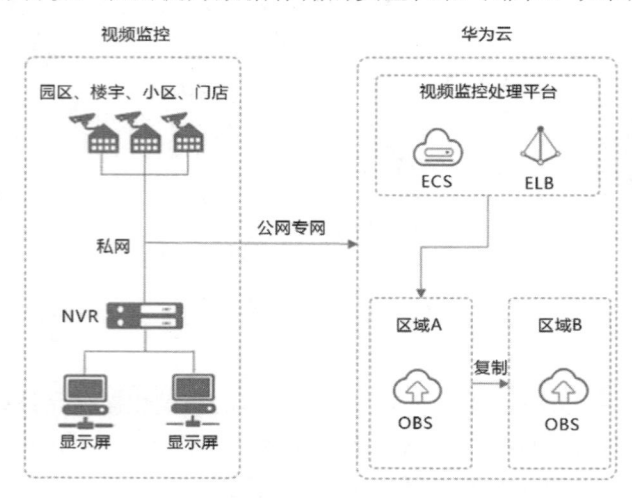

图 2-20 智能视频监控

⑨ 备份归档

OBS 能够提供高并发、高可靠、低时延、低成本的海量数据存储系统，以满足各种企业应用、数据库和非结构化数据的备份归档需求。

在备份归档的应用场景中，企业数据中心的各类数据会通过同步客户端（如 OBS Browser+、obsutil）、主流备份软件、云存储网关或数据快递服务（DES）备份至 OBS 中；OBS 会提供生命周期功能实现对象存储类别的自动转换，以降低存储成本，如图 2-21 所示。此外，用户可以将 OBS 中的数据恢复至云上的灾备主机或测试主机。

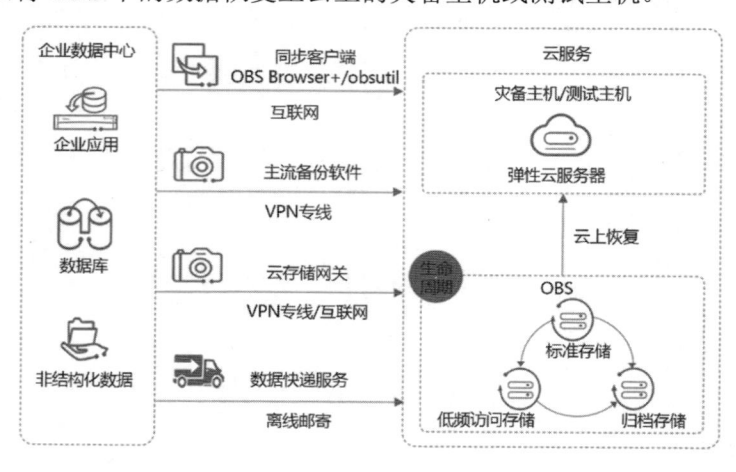

图 2-21 备份归档

- 同步客户端：适用于单数据库或程序的应用场景，采用手动备份，成本最低。
- 备份软件：适用于多应用、多主机的应用场景，采用自动备份，兼容性强。
- 云存储网关：可以无缝嵌入本地已有的备份系统。
- 数据快递服务：适用于海量数据归档的应用场景，离线邮寄上云。

⑩ 企业云盘

OBS 能够配合弹性云服务器（ECS）、弹性负载均衡（ELB）、关系数据库（RDS）和云硬盘备份（VBS）为企业云盘提供高并发、高可靠、低时延、低成本的存储系统，存储容量可以随用户数据量的增加而自动扩展。

在企业云盘的应用场景中，用户可以通过手机、计算机、Pad 等终端设备实现动态数据与搭建在华为云上的企业云盘业务系统的交互，在将动态数据请求发送给企业云盘业务系统处理后，结果会直接返回给终端设备；静态数据会被保存在 OBS 中，并通过内网交由业务系统处理；用户也可以直接向 OBS 请求和恢复静态数据；OBS 会为用户提供生命周期功能，实现不同对象存储类别之间的自动转换，以节省存储成本，如图 2-22 所示。

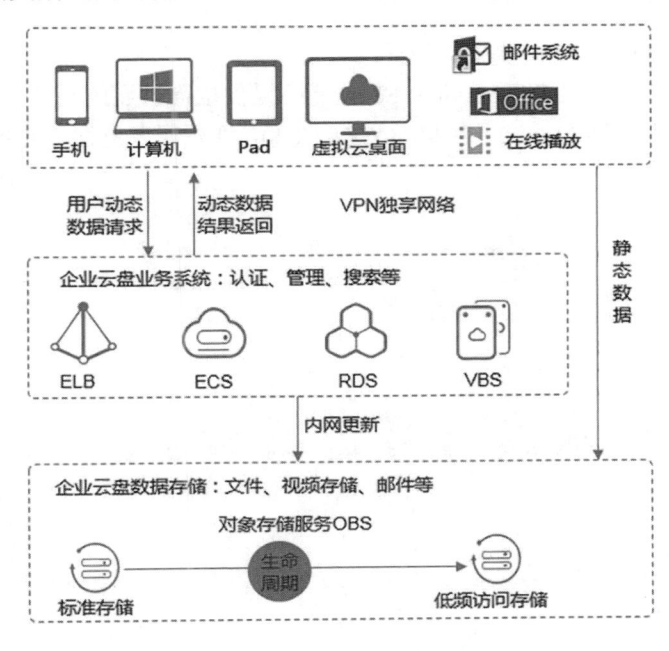

图 2-22 企业云盘

⑪ HPC

OBS 能够配合弹性云服务器（ECS）、弹性伸缩（AS）、云硬盘服务（EVS）、镜像服务（IMS）、统一身份认证服务（IAM）和云监控服务（CES），为 HPC 提供大容量、大单流带宽、安全、可靠的解决方案。

在 HPC 的应用场景中，企业用户的数据可以通过直接上传或数据快递服务上传至 OBS。同时，OBS 提供的文件语义和 HDFS 语义支持将 OBS 直接挂载至 HPC flavors 的节点及大数据分析&AI 的应用，为高性能计算的各个环节提供便捷、高效的数据读写和存储能力，如图 2-23 所示。

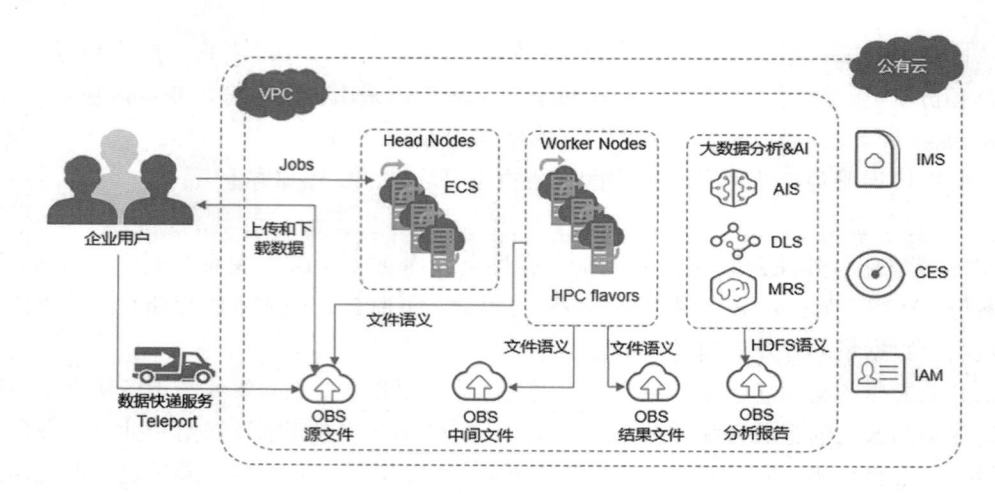

图 2-23　HPC

6. 存储类云服务——鲲鹏弹性文件服务

1）弹性文件服务简介

弹性文件服务（Scalable File Service，SFS）能够提供按需扩展的高性能文件存储（NAS），为云上多个弹性云服务器（ECS）、容器（CCE&CCI）、裸金属服务器（BMS）提供共享访问，如图 2-24 所示。

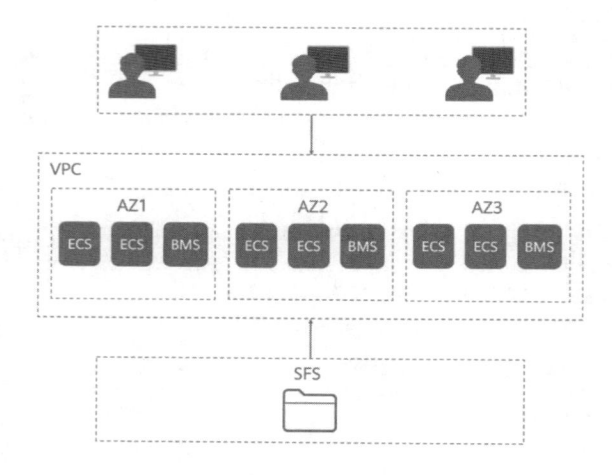

图 2-24　弹性文件服务

2）弹性文件服务的优势

与传统的文件共享存储相比，弹性文件服务具有以下优势。

- 文件共享：在同一个区域内跨多个可用区的云服务器可以访问同一个文件系统，实现多台云服务器共同访问和分享文件。
- 弹性扩展：弹性文件服务可以根据用户的使用需求，在不中断应用的情况下增加或缩减文件系统的容量，支持一键式操作，能够轻松完成用户的容量定制。
- 高性能、高可靠性：性能随容量的增加而提升，同时保障数据的高持久性，满足业务增长的需求。

- 存储底层包含 HDD 和 SSD 两种存储介质。
- 存储系统采用分布式存储架构、全模块架构冗余设计，无单一故障点。
- 无缝集成：弹性文件服务同时支持 NFS 和 CIFS 协议，通过标准协议访问数据，无缝适配主流应用程序进行数据读写，同时兼容 SMB 2.0/2.1/3.0 版本，Windows 客户端可以轻松访问共享空间。
- 操作简单、低成本：操作页面简单易用，用户可以轻松、快捷地创建和管理文件系统。

3）专属弹性文件服务

专属弹性文件服务（SFS Turbo）是面向企业、政府、金融等用户的，一个基于专属计算、专属存储资源池构建的共享文件存储系统，支持租户独享专属计算和专属资源池，与公共租户资源物理隔离；能够满足特定性能、应用及安全合规的要求，为用户提供可靠、便捷的云上"头等舱"，其架构如图 2-25 所示。

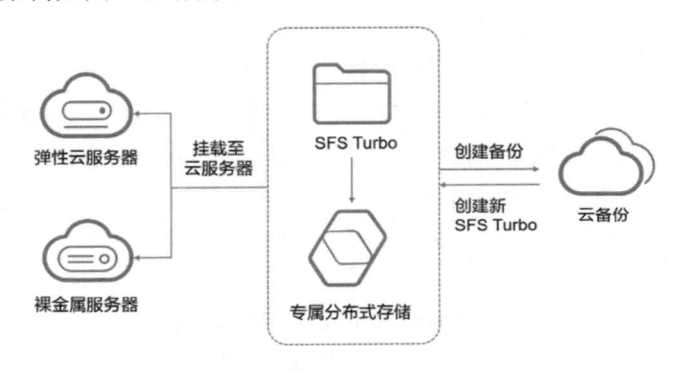

图 2-25　专属弹性文件服务架构

专属弹性文件服务具有以下优势。

① 规格丰富

专属弹性文件服务支持标准型、性能型、125MB/s/TiB、250MB/s/TiB 等，能够满足不同应用场景的性能诉求。

② 弹性扩展

容量按需扩展，性能线性增长。

③ 安全可靠

- 三副本冗余：存储数据持久度高达 99.9999999%。
- 数据加密：存储池支持数据加密，保护数据安全。
- VPC 网络隔离：安全可靠，租户间 100%隔离。
- 物理独享：存储池物理隔离，资源独享。

④ 备份恢复

专属弹性文件服务支持 CBR 备份，基于备份可以恢复文件存储系统。

⑤ 监控文件系统

专属弹性文件服务可以对接云监控，支持带宽、IOPS、容量等多种监控指标。

⑥ 审计文件系统

专属弹性文件服务支持通过云审计服务对资源的操作进行记录，便于用户查询、审计和回溯。

4）弹性文件服务的应用场景

① SFS 容量型/SFS 3.0 容量型

SFS 容量型文件系统能够为用户提供一个完全托管的共享文件存储系统；能够弹性伸缩至 PB 级规模；具备高可用性和持久性，能够为海量数据、高带宽型应用提供有力支持；适用于多种应用场景，包括 HPC、媒体处理、内容管理和 Web 服务、大数据和分析应用程序等。

- HPC：在仿真实验、生物制药、基因测序、图像处理、科学研究、气象预报等涉及用高性能计算解决大型计算问题的行业中，弹性文件服务能够为计算能力、存储效率、网络带宽及时延提供重要保障。
- 媒体处理：电视台、新媒体业务越来越多地被部署在云平台上，包括流媒体、归档、编辑、转码、内容分发、视频点播等业务。在此类应用场景中，众多工作站会参与到整个节目的制作流程中，它们可能使用不同的操作系统，需要基于文件系统共享素材。与此同时，HD、4K 已经成为广电媒体行业重要的趋势之一。以视频编辑为例，为提高观众的视听体验，高清编辑正在向 30～40 层编辑转型，单个编辑客户端要求文件系统能够提供高达数百兆的带宽。一部节目的制作往往需要使用多个编辑客户端，基于大量视频素材并行作业。这需要文件服务具备稳定、高带宽、低时延的性能表现。
- 内容管理和 Web 服务：文件服务可用于各种内容管理系统，为网站、主目录、在线发行、存档等各种应用提供共享文件存储系统。
- 大数据和分析应用程序：文件系统能够提供最高 10Gbit/s 的聚合带宽，可以及时处理诸如卫星影像等超大数据文件；同时具备高可靠性，可以避免系统失效影响业务的连续性。

② SFS Turbo 通用型

SFS Turbo 通用型文件系统能够为用户提供一个完全托管的共享文件存储系统；能够弹性伸缩至 320TB 规模；具备高可用性和持久性，能够为海量的小文件，低延迟、高 IOPS 的应用提供有力支持；适用于多种应用场景，包括高性能网站、日志存储、压缩解压、DevOps、企业办公、容器应用等。

- 高性能网站：对于 I/O 密集型的网站业务，SFS Turbo 通用型文件系统能够为多个 Web Server 提供共享的网站源码目录，以及低延迟、高 IOPS 的并发共享访问能力。
- 日志存储：为多个业务节点提供共享的日志输出目录，便于分布式应用的日志收集和管理。
- DevOps：将开发目录共享到多个 VM 或者容器中，简化配置过程，提升研发体验。
- 企业办公：存放企业或者组织的办公文档，提供高性能的共享访问能力。

③ SFS Turbo HPC 型

SFS Turbo HPC 型文件系统能够为用户提供一个完全托管的共享文件存储系统；能够弹性伸缩至 PB 级规模；具备高可用性和持久性，能够为海量的小文件，低延迟、高 IOPS 的应用提供有力支持；适用于影视渲染、泛 HPC、AI 训练、自动驾驶等应用场景。

- 影视渲染：提供百万 IOPS、几十 GB 的带宽性能，满足影视渲染的高性能需求，提高数据处理效率。

- 泛 HPC：提供高吞吐、高 IOPS 的能力，支持海量文件，满足气象分析、石油勘探、EDA 仿真、基因分析等场景的数据访问诉求。
- AI 训练：借助高性能文件系统，高效利用云上资源和大吞吐量数据，缩短人工智能训练的时间。

5）弹性文件服务的功能

在使用弹性文件服务前，要先了解 NFS、CIFS 等基本概念，以便更好地理解弹性文件服务的功能。

① NFS 协议

NFS（Network File System）即网络文件系统，是一种用于分散式文件系统的协议，通过网络让不同的机器、操作系统彼此分享数据。在将多台 ECS 安装到 NFS 客户端上后，将其挂载至文件系统，即可实现 ECS 间的文件共享。建议 Linux 客户端的用户使用 NFS 协议。

② CIFS 协议

CIFS（Common Internet File System）即通用 Internet 文件系统，是一种网络文件系统访问协议。使用 CIFS 协议可以实现 Windows 操作系统主机之间的网络文件共享。建议 Windows 客户端的用户使用 CIFS 协议。

③ 配置多 VPC 访问

用户可以为文件系统配置多个 VPC，只要所属的 VPC 被添加到文件系统的 VPC 列表中，或云服务器被添加到 VPC 的授权地址中，实际上归属于不同 VPC 的云服务器就能共享同一个文件系统了。

④ 配置多账号访问

只要将其他账号使用的 VPC 的 VPC ID 添加到文件系统的 VPC 列表中，将云服务器 IP 地址或地址段添加到授权地址中，实际上属于不同账号且归属于不同 VPC 的云服务器就能共享同一个文件系统了。

⑤ 备份文件系统

备份是文件系统在某个时间点的完整备份，记录了该时刻文件系统的所有配置数据和业务数据。当用户的文件系统出现故障或文件系统中的数据发生逻辑错误等时，可以快速使用备份恢复数据。

⑥ 加密文件系统

该功能后续会做详细介绍。

⑦ 监控文件系统

云监控服务能够为用户提供一个针对资源的立体化监控平台。通过云监控，用户可以全面了解文件系统的使用情况、业务的运行状况，及时收到异常告警并做出反应，从而保证业务顺畅运行。

⑧ 审计文件系统

弹性文件服务支持通过云审计服务对资源的操作进行记录，便于用户查询、审计和回溯。

6）文件系统加密

当用户由于业务需求而需要对存储在文件系统中的数据进行加密时，弹性文件服务会为用户提供加密功能，用户可以对新建的文件系统进行加密。

文件系统加密使用的是密钥管理服务（KMS）提供的密钥，安全便捷。用户无须自行构建或维护密钥管理基础设施。当用户希望使用自己的密钥材料时，可以通过 KMS 管理控制台的导入密钥功能创建密钥材料为空的自定义密钥，并将自己的密钥材料导入该自定义密钥。当用户需要使用文件系统加密功能时，若创建 SFS 容量型文件系统，则需要授权访问 KMS；若创建 SFS Turbo 通用型文件系统，则不需要授权。

SFS 容量型文件系统加密使用 KMS 提供的密钥，包括默认密钥和自定义密钥。

- 默认密钥：系统会为用户创建默认密钥，名称为"sfs/default"。默认密钥不支持禁用、计划删除等操作。
- 自定义密钥：用户已有的密钥或者新创建的密钥，具体请参见《数据加密服务用户指南》中的"创建密钥"章节。

如果文件系统加密使用的自定义密钥被执行禁用或计划删除操作，则在操作生效后，使用该自定义密钥加密的文件系统仅可以在一段时间内（默认为30s）正常使用。请谨慎操作。

SFS Turbo 通用型文件系统没有默认密钥，用户可以使用已有的密钥或者创建新的密钥。SFS 3.0 容量型文件系统暂不支持文件系统加密。

7. 网络类云服务—鲲鹏虚拟私有云服务

1）虚拟私有云简介

虚拟私有云（Virtual Private Cloud，VPC）能够为云服务器、云容器、云数据库等云上资源构建隔离、私密的虚拟网络环境。VPC 丰富的功能能够帮助用户灵活管理云上网络，包括创建子网、设置安全组和网络 ACL、管理路由表、申请弹性公网 IP 和带宽等。此外，用户还可以通过云专线、VPN 等服务将 VPC 与传统的数据中心互联互通，灵活整合资源，构建混合云网络。

VPC 使用网络虚拟化技术，通过链路冗余、分布式网关集群、多 AZ 部署等技术，保障网络的安全、稳定、高可用。VPC 产品架构可以划分为 VPC 的基本组成、安全、VPC 连接，如图 2-26 所示。

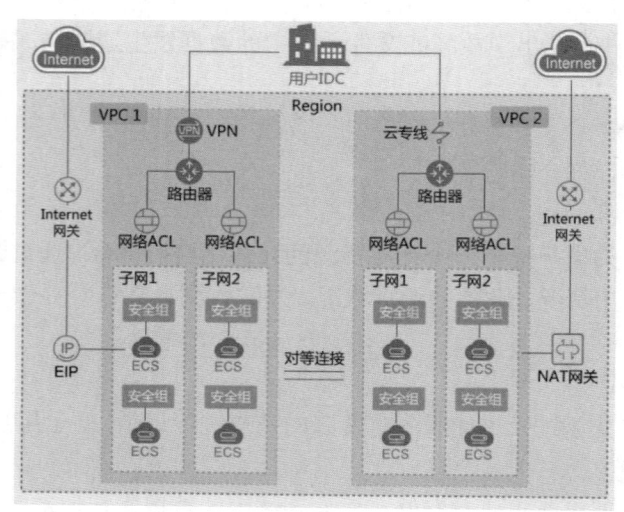

图 2-26　VPC 产品架构

① VPC 的基本组成

每个 VPC 都由一个私网网段、路由表和至少一个子网组成。
- 私网网段：用户在创建 VPC 时，需要指定 VPC 使用的私网网段。当前 VPC 支持的网段有 10.0.0.0/8～24、172.16.0.0/12～24 和 192.168.0.0/16～24。
- 路由表：在创建 VPC 时，系统会自动生成默认路由表。默认路由表的作用是保证 VPC 下的所有子网互通。当默认路由表中的路由策略无法满足应用（如未绑定弹性公网 IP 的云服务器需要访问外网）时，用户可以通过创建自定义路由表来解决该问题。更多信息请参考 VPC 内自定义路由示例和 VPC 外自定义路由示例。
- 子网：云资源（如云服务器、云数据库等）必须被部署在子网内。所以，在创建 VPC 后，用户需要为 VPC 划分一个或多个子网，且子网网段必须在私网网段内。

② 安全

安全组与访问控制列表（Access Control List，ACL）用于保障 VPC 内部署的云资源的安全。安全组类似于虚拟防火墙，能够为同一个 VPC 内具有相同安全保护需求并相互信任的云资源提供访问策略，更多信息请参考安全组简介。用户可以将具有相同网络流量控制的子网关联到同一个网络 ACL 上，并通过设置出方向和入方向规则，对进出子网的流量进行精确控制。更多信息请参考网络 ACL 简介。

③ VPC 连接

华为云提供了多种 VPC 连接方案，以满足用户在不同场景下的诉求。
- 通过 VPC 对等连接功能，实现同一个区域内不同 VPC 下的私网 IP 互通。
- 通过 EIP 或 NAT 网关，使得 VPC 内的云服务器可以与 Internet 互通。
- 通过 VPN、云连接、云专线及 VPC 二层连接网关功能，将 VPC 和用户的数据中心连通。

2）虚拟私有云服务的优势

① 灵活配置

虚拟私有云服务允许用户自定义虚拟私有网络，按需划分子网，配置 IP 地址段、DHCP、路由表等服务，支持跨可用区部署弹性云服务器。

② 安全可靠

VPC 之间通过隧道技术进行 100%逻辑隔离，不同的 VPC 之间默认不能通信。网络 ACL 用于对子网进行防护，安全组用于对弹性云服务器进行防护，拥有多重防护的网络更安全，如图 2-27 所示。

③ 互联互通

在默认情况下，VPC 与公网是不能通信访问的，但可以使用弹性公网 IP、弹性负载均衡、NAT 网关、虚拟专用网络、云专线等多种方式连接公网。两个 VPC 之间也是不能通信访问的，但可以通过对等连接的方式，使用私有 IP 地址在两个 VPC 之间进行通信。

对于云上和云下网络二层互通的问题，企业交换机支持二层连接网关功能，允许用户在不改变子网、IP 规划的前提下，将数据中心或私有云主机业务部分迁移上云。

此外，虚拟私有云服务能够提供多种连接选择，满足企业云上多业务的需求，让用户轻松部署企业应用，降低企业 IT 运维成本，如图 2-28 所示。

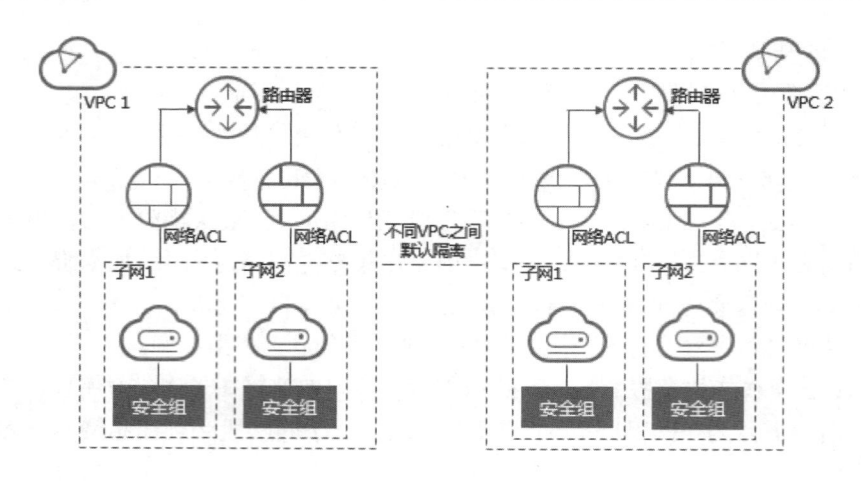

图 2-27 虚拟私有云服务安全可靠的优势

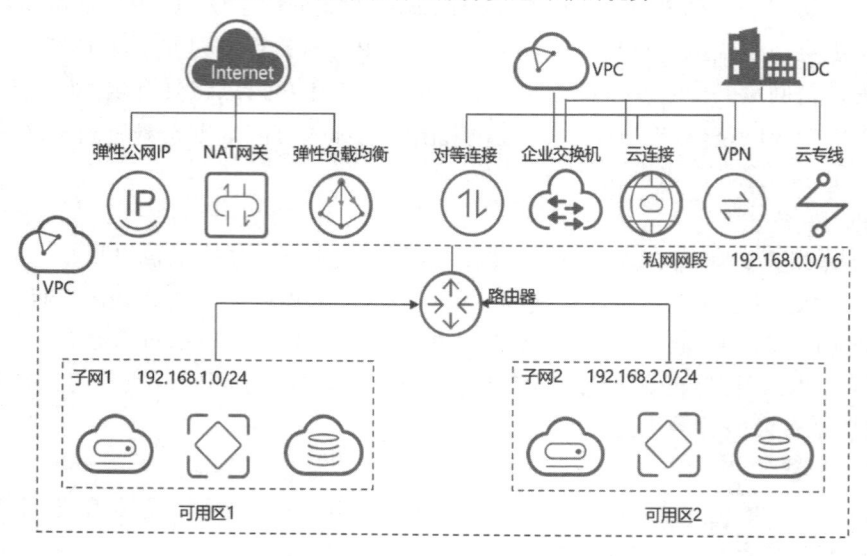

图 2-28 虚拟私有云服务互联互通的优势

④ 高速访问

虚拟私有云服务使用全动态 BGP 接入多个运营商，可以支持 20 多条线路，并根据设定的寻路协议实时自动故障切换，从而保证网络稳定，降低网络时延，使云上业务的访问更流畅。

8. 网络类云服务——鲲鹏弹性负载均衡服务

1）弹性负载均衡简介

弹性负载均衡（Elastic Load Balance，ELB）是指将访问流量根据分配策略分发到后端多台服务器上，可以通过流量分发扩展应用系统对外的能力，同时通过消除单点故障提升应用系统的可用性。

在图 2-29 中，弹性负载均衡会将访问流量分发到后端 3 台应用服务器上，每台应用服务器只需分担三分之一的访问请求；同时，结合健康检查功能，流量只能被分发到后端正常工作的服务器上，从而提升应用系统的可用性。

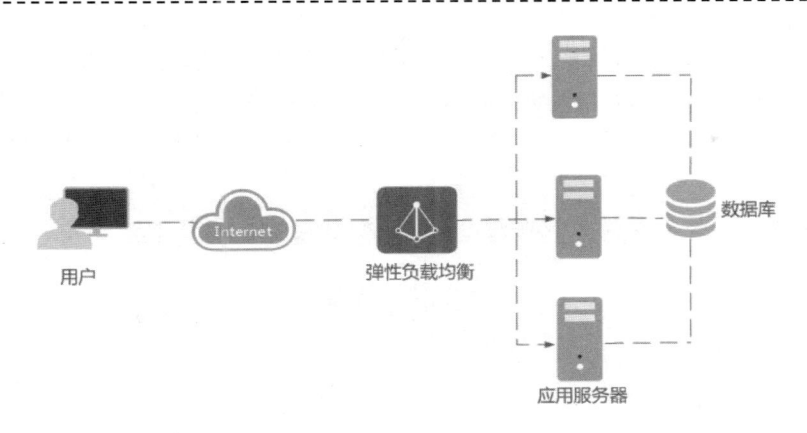

图 2-29 弹性负载均衡实例

弹性负载均衡由 3 个部分组成，其产品架构如图 2-30 所示。

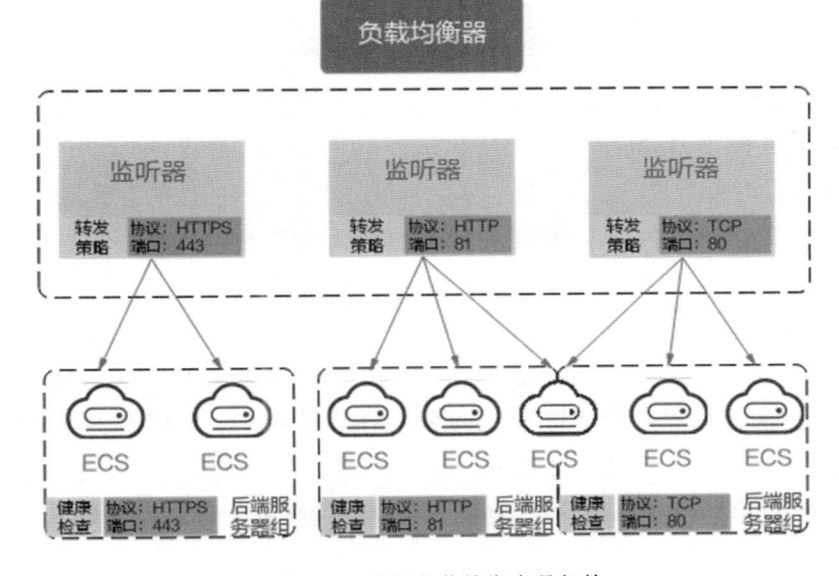

图 2-30 弹性负载均衡产品架构

① 负载均衡器

负载均衡器用于接收来自客户端的传入流量并将请求转发到一个或多个可用区的后端服务器中。

② 监听器

用户可以向用户的负载均衡器中添加一个或多个监听器。监听器使用配置的协议和端口检查来自客户端的连接请求，并根据用户定义的分配策略和转发策略，将请求转发到一个后端服务器组的后端服务器中。

③ 后端服务器组

每个监听器都会绑定一个后端服务器组，后端服务器组中可以添加一个或多个后端服务器。后端服务器组使用用户指定的协议和端口号将请求转发到一个或多个后端服务器中，从而为后端服务器配置流量转发权重，但不能为自身配置权重。

用户可以开启健康检查功能,对每个后端服务器组都配置运行状况检查。当后端某台服务器的健康检查出现异常时,弹性负载均衡会自动将新的请求分发到其他健康检查正常的后端服务器中,当该后端服务器恢复正常运行时,弹性负载均衡会将其自动恢复到弹性负载均衡中。

弹性负载均衡支持独享型负载均衡、共享型负载均衡,如图2-31所示。

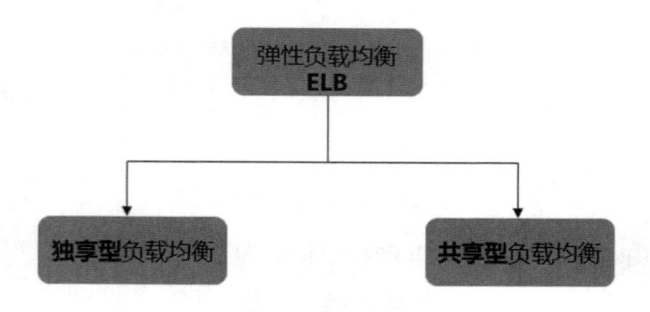

图2-31 弹性负载均衡的类型

- 独享型负载均衡:实例资源独享,实例的性能不受其他实例的影响,用户可以根据业务需要选择不同规格的实例。
- 共享型负载均衡:属于集群部署,实例资源共享,实例的性能会受其他实例的影响,不支持选择实例规格。共享型负载均衡就是原增强型负载均衡。

2)独享型负载均衡的优势

① 超高性能

利用独享型负载均衡可以实现性能独享、资源隔离。单实例单AZ最高支持2千万并发连接,可以满足用户的海量业务访问需求。此外,在选择多个可用区后,对应的最高性能规格(新建连接数、并发连接数等)会加倍。例如,单实例单AZ最高支持2千万并发连接,那么单实例双AZ最高支持4千万并发连接。

② 高可用

独享型负载均衡支持多可用区的同城多活容灾、无缝实时切换;具有完善的健康检查机制,可以保障业务实时在线。

③ 超安全

独享型负载均衡支持TLS 1.3,能够提供全链路HTTPS数据传输,支持多种安全策略及创建的自定义安全策略,用户可以根据业务不同安全要求灵活选择安全策略。

④ 多协议

独享型负载均衡支持TCP、UDP、HTTP、HTTPS、QUIC等协议,可以满足不同协议的接入需求。

⑤ 更灵活

独享型负载均衡支持请求方法、HEADER、URL、PATH、源IP等不同应用特征,并且可以对流量进行转发、重定向、固定返回码等操作。

⑥ 无边界

独享型负载均衡能够提供混合负载均衡能力（跨 VPC 后端），对云上、云下和多云之间的资源进行统一负载。

⑦ 简单易用

独享型负载均衡能够快速部署 ELB 并实时生效，支持多种协议和调度算法，用户可以高效地管理和调整分发策略。

3）共享型负载均衡的优势

① 高性能

共享型负载均衡支持性能保障模式，能够提供 5 万并发连接数、5000 每秒新建连接数、5000 每秒查询数的保障能力。

② 高可用

共享型负载均衡采用集群化部署，支持多可用区的同城双活容灾、无缝实时切换；具有完善的健康检查机制，可以保障业务实时在线，如图 2-32 所示。

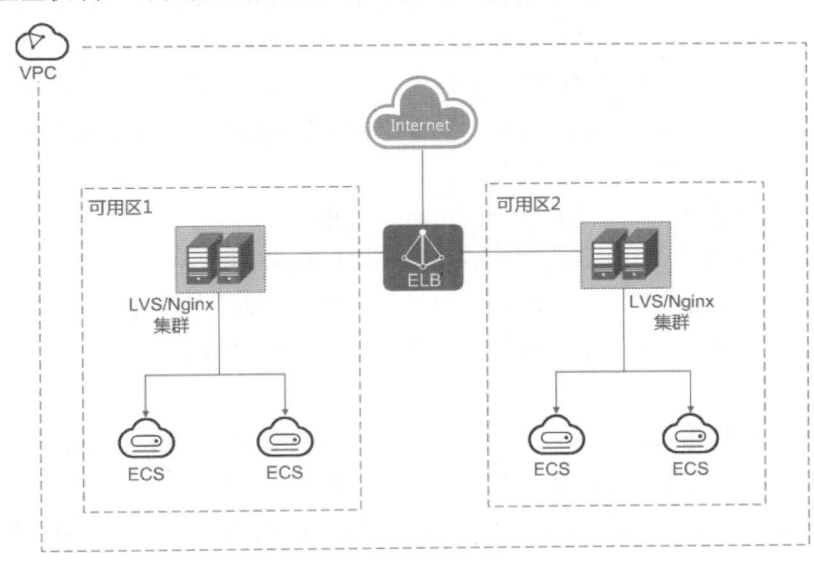

图 2-32　共享型负载均衡高可用的优势

③ 多协议

共享型负载均衡支持 TCP、UDP、HTTP、HTTPS 等协议，可以满足不同协议接入需求。

④ 简单易用

共享型负载均衡能够快速部署 ELB 并实时生效，支持多种协议和调度算法，用户可以高效地管理和调整分发策略。

⑤ 可靠性

共享型负载均衡支持跨可用区双活容灾，流量分发更均衡。

（4）弹性负载均衡的原理

弹性负载均衡的原理如图 2-33 所示。

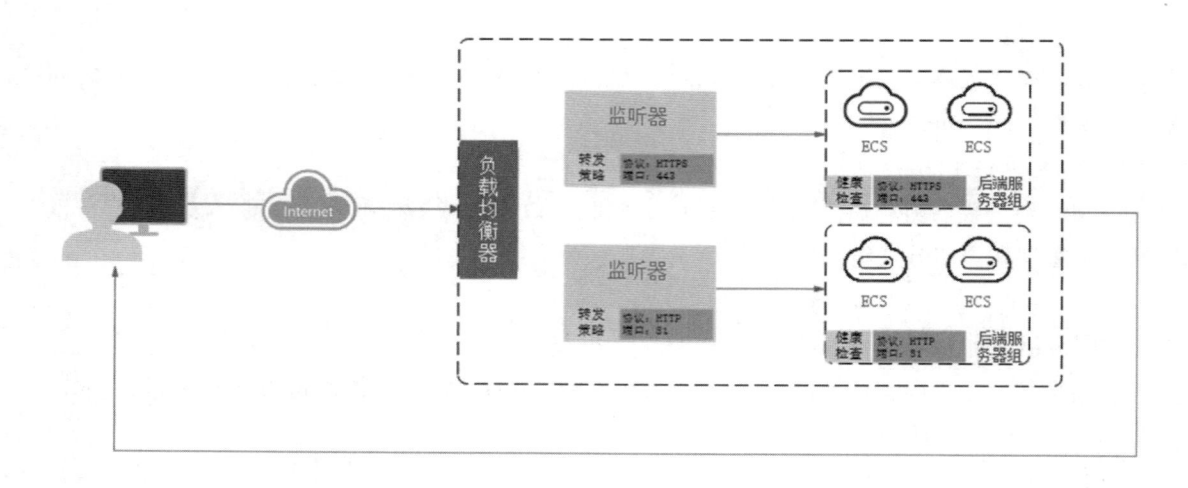

图 2-33 弹性负载均衡的原理

客户端向用户的应用程序发出请求。负载均衡器中的监听器接收用户配置的协议和端口匹配的请求，并根据用户的配置将请求转发至相应的后端服务器组中。如果用户配置了转发策略，则监听器会根据该策略评估传入的请求。如果匹配，则将请求转发至相应的后端服务器组中。在后端服务器组中，健康检查正常的后端服务器将根据分配策略和用户在监听器中配置的转发策略的路由规则接收、处理流量并将其返回客户端。请求的流量分发与监听器配置的转发策略和后端服务器组配置的分配策略类型相关。

5）分配策略类型

独享型负载均衡支持加权轮询算法、加权最少连接算法、源 IP 算法、连接 ID 算法，共享型负载均衡支持加权轮询算法、加权最少连接算法、源 IP 算法。

① 加权轮询算法

加权轮询算法是指根据后端服务器的权重，按顺序依次将请求分发给不同的后端服务器。该算法会用相应的权重表示后端服务器的处理性能，并按照权重的高低及轮询方式将请求分配给各后端服务器。权重高的后端服务器被分配到请求的概率高，权重相同的后端服务器处理数目相同的连接。加权轮询算法常用于短连接服务，如 HTTP 等服务。

在弹性负载均衡器中使用加权轮询算法，其流量分发流程如图 2-34 所示。

② 加权最少连接算法

加权最少连接算法是一种通过当前活跃的连接数来估计服务器负载情况的动态调度算法。该算法可以在最少连接的基础上，根据服务器不同的处理能力，给每个服务器分配不同的权重，使其能够接收相应权重的请求。该算法常用于长连接服务，如数据库连接等服务。

在弹性负载均衡器中使用加权最少连接算法，其流量分发流程如图 2-35 所示。假设可用区内有两台权重相同的后端服务器，ECS 01 已有 100 个连接，ECS 02 已有 50 个连接，则新请求会被优先分配到 ECS 02 中。

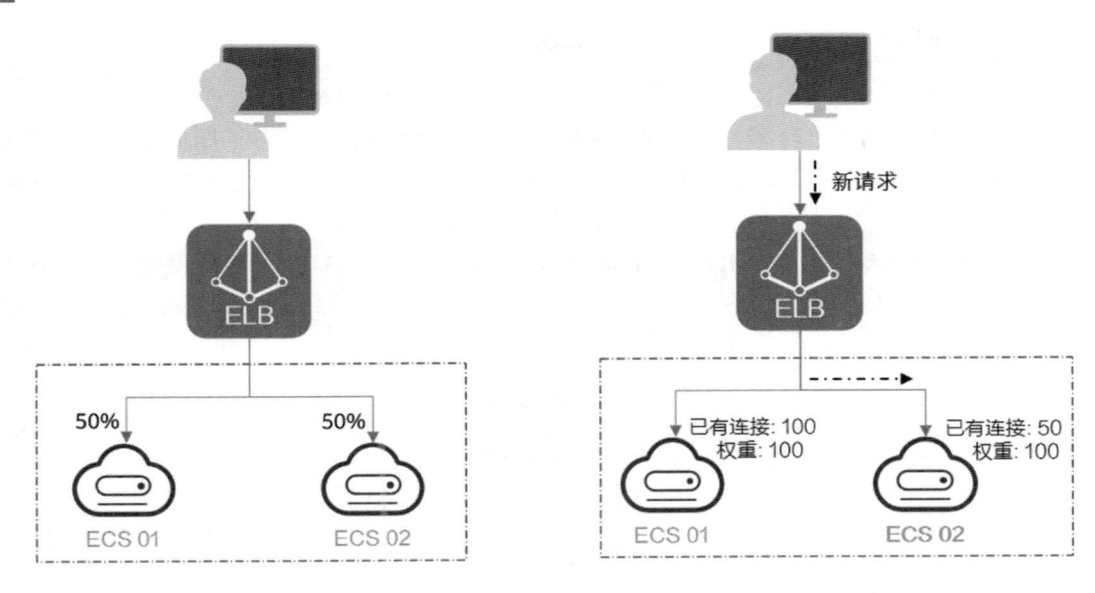

图 2-34　加权轮询算法的流量分发流程

图 2-35　加权最少连接算法的流量分发流程

③ 源 IP 算法

源 IP 算法是指对请求的源 IP 地址进行一致性 Hash 运算，得到一个具体的数值，同时对后端服务器进行编号，按照运算结果将请求分发到对应编号的服务器中。该算法可以对不同源 IP 地址的访问进行负载分发，同时使同一个客户端 IP 的请求始终被派发至某台特定的服务器中，适合负载均衡无 Cookie 功能的 TCP。

在弹性负载均衡器中使用源 IP 算法，其流量分发流程如图 2-36 所示。假设可用区内有两台权重相同的后端服务器，ECS 01 已经处理了一个 IP-A 的请求，则 IP-A 新发起的请求会被自动分配到 ECS 01 中。

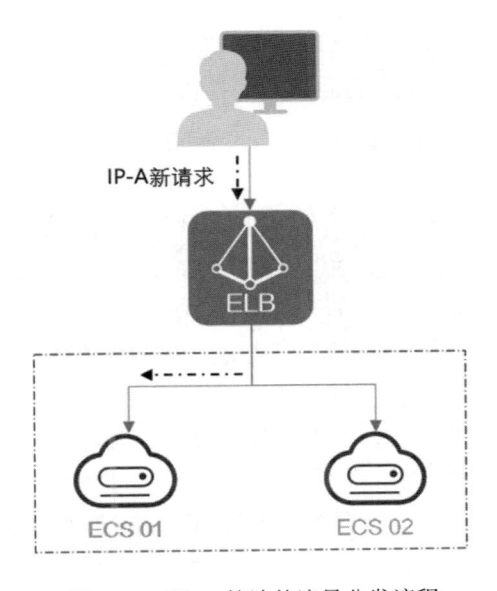

图 2-36　源 IP 算法的流量分发流程

④ 连接 ID 算法

连接 ID 算法是指利用报文里的连接 ID 字段进行一致性 Hash 运算，得到一个具体的数值，同时对后端服务器进行编号，按照运算结果将请求分发到对应编号的服务器上。该算法可以对不同连接 ID 的访问进行负载分发，同时使得同一个连接 ID 的请求始终被派发至某台特定的服务器，适合负载均衡 QUIC 协议应用的报文流。

弹性负载均衡器使用连接 ID 算法，其流量分发流程如图 2-37 所示。假设可用区内有两台权重相同的后端服务器，ECS 01 已经处理了一个客户端 A 的请求，则客户端 A 新发起的请求会被自动分配到 ECS 01 中。

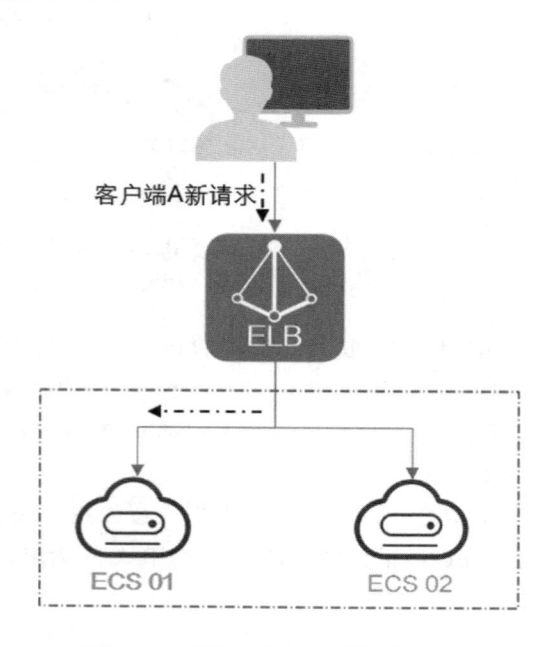

图 2-37　连接 ID 算法的流量分发流程

在一般情况下，影响负载均衡分配的因素包括分配策略、会话保持、长连接、权重等。换言之，负载均衡最终能否均匀分配不仅与分配策略相关，还与使用的长连接、后端的性能负载等因素相关。

假设可用区内有两台权重相同且不为 0 的后端服务器，流量分配策略为加权最少连接算法，未开启会话保持，ECS 01 已有 100 个连接，ECS 02 已有 50 个连接。如果客户端 A 使用长连接访问 ECS 01，则在长连接未断开期间，客户端 A 的业务流量将持续转发到 ECS 01 中，其他客户端的业务流量将根据分配策略被优先分配给 ECS 02。

6）公网和私网负载均衡器

负载均衡器按照支持的网络类型的不同分为公网负载均衡器和私网负载均衡器。

① 公网负载均衡器

公网负载均衡器通过给负载均衡器绑定弹性公网 IP 来使其支持转发公网流量请求，即通过公网 IP 对外提供服务，将来自公网的客户端请求按照指定的负载均衡策略分发到后端服务器中进行处理，如图 2-38 所示。

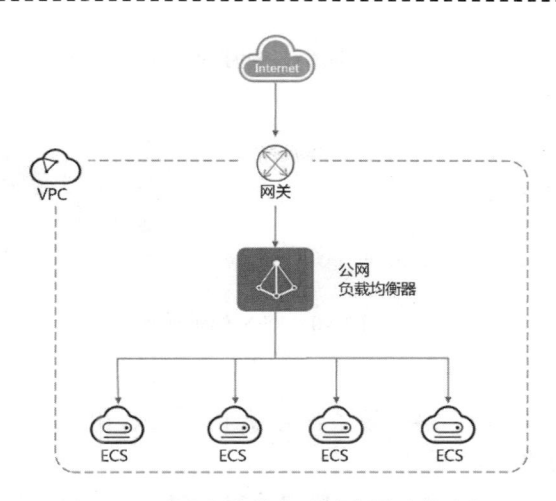

图 2-38　公网负载均衡器的流量分发流程

② 私网负载均衡器

私网负载均衡器通过给负载均衡器绑定弹性私网 IP 来使其支持转发私网流量请求，即通过私网 IP 对外提供服务，将来自同一个 VPC 的客户端请求按照指定的负载均衡策略分发到后端服务器中进行处理，如图 2-39 所示。

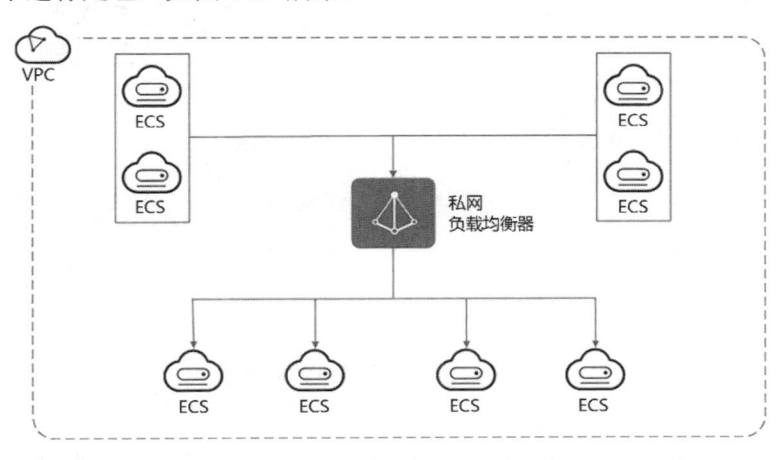

图 2-39　私网负载均衡器的流量分发流程

9. 网络类云服务—鲲鹏虚拟专用网络服务

1）虚拟专用网络服务简介

虚拟专用网络（Virtual Private Network，VPN）用于在远端用户和虚拟私有云之间建立一条安全加密的公网通信隧道。当用户需要访问 VPC 的业务资源时，可以通过 VPN 连通 VPC。在默认情况下，VPC 中的弹性云服务器无法与用户数据中心或私有网络进行通信。综上所述，如果用户需要将 VPC 中的弹性云服务器与数据中心或私有网络连通，则可以启用 VPN 功能。

VPN 由 VPN 网关和 VPN 连接两部分组成，如图 2-40 所示。VPN 网关提供了 VPC 的公网出口，与本地数据中心的远端网关对应。VPN 连接通过公网加密技术，将 VPN 网关与远端网关关联，使本地数据中心与 VPC 通信，能够更快速、安全地构建混合云环境。

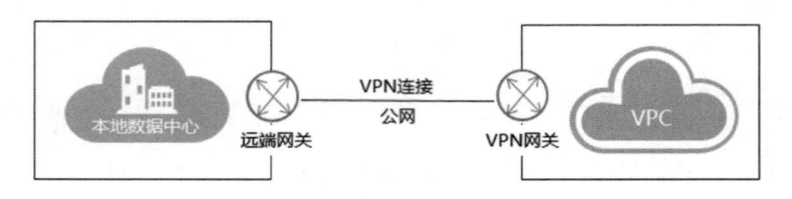

图 2-40　VPN 的组成

① VPN 网关

VPN 网关是 VPC 中的出口网关设备，可以建立 VPC 和本地数据中心及其他区域 VPC 之间的安全可靠的加密通信。

VPN 网关需要与本地数据中心的远端网关配合使用，一个本地数据中心绑定一个远端网关，一个 VPC 绑定一个 VPN 网关。VPN 支持点到点或点到多点连接，因此 VPN 网关与远端网关是一对一或一对多的关系，组网拓扑实例如图 2-41 所示。

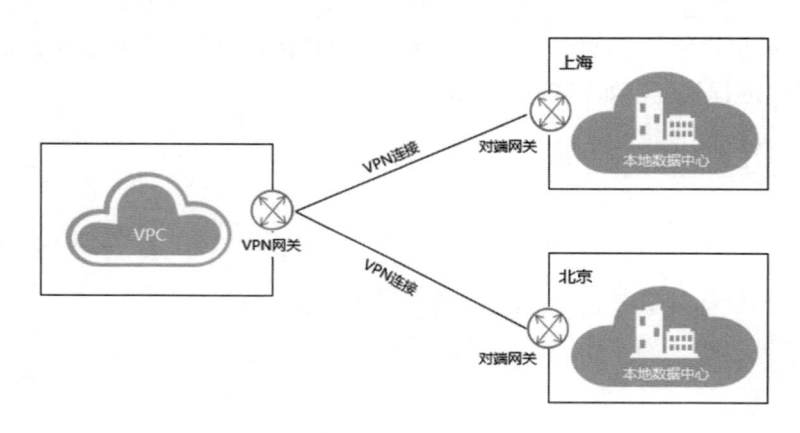

图 2-41　组网拓扑实例

② VPN 连接

VPN 连接是一种基于 Internet 的 IPsec 加密技术，能够帮助用户快速构建 VPN 网关与本地数据中心的远端网关之间的安全、可靠的加密通道。当前 VPN 连接支持 IPsecVPN 协议；使用 IKE 和 IPsec 协议对传输数据进行加密，以保证数据安全可靠；使用公网技术，更加节约成本。

通过 VPN 在传统数据中心与 VPC 之间建立的通信隧道，用户可以方便地使用云平台的云服务器、块存储等资源；将应用程序转移到云中，启动额外的 Web 服务器，增加网络的计算容量，从而实现企业的混合云架构，在降低企业 IT 运维成本的同时避免企业核心数据的扩散。

2）虚拟专用网络服务的应用场景

① 混合云部署

通过 VPN，将用户数据中心和云上 VPC 互联，利用云上弹性和快速伸缩能力，扩展应用计算能力，如图 2-42 所示。

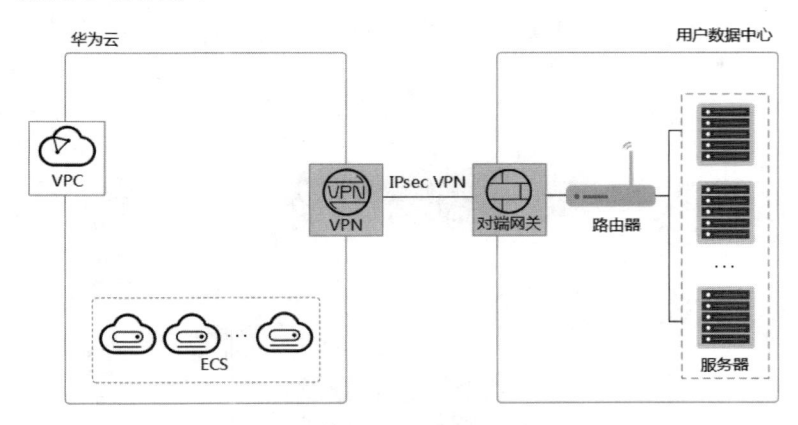

图 2-42 混合云部署

② 跨地域互联

通过 VPN，将云上不同 Region 的 VPC 连接，使得用户的数据和服务在不同地域能够互联互通，如图 2-43 所示。

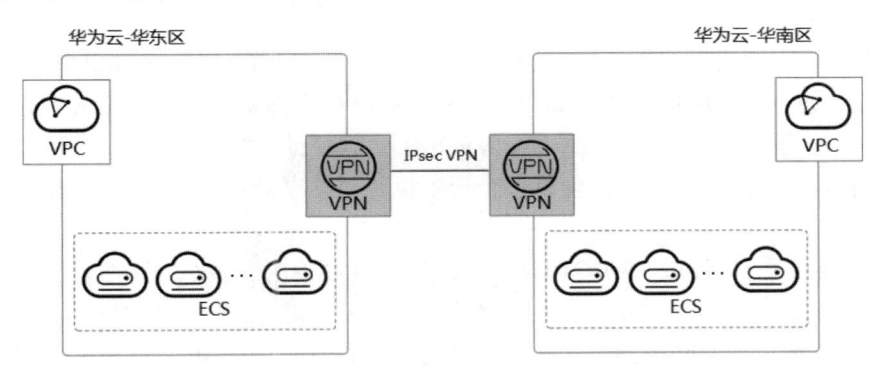

图 2-43 跨地域互联

③ 多企业分支互联

通过 VPN Hub 实现企业分支间的互访，避免两两分支间配置 VPN 连接，如图 2-44 所示。

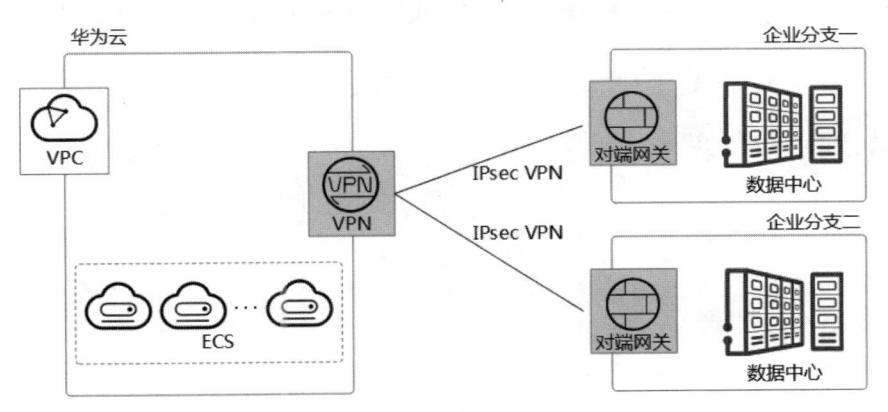

图 2-44 多企业分支互联

④ VPN 和专线互备

用户数据中心与云上 VPC 通过专线连接，同时建立 VPN 连接实现备份，提高可靠性，如图 2-45 所示。

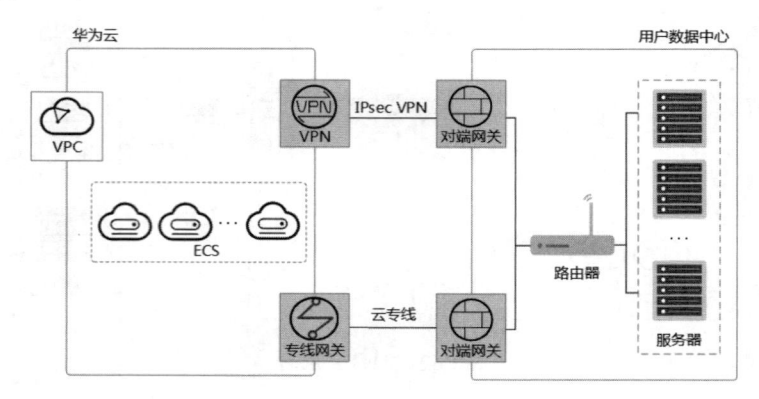

图 2-45　VPN 和专线互备

10．网络类云服务——鲲鹏 NAT 网关服务

1）NAT 网关简介

NAT 网关可以提供网络地址转换服务，分为公网 NAT 网关和私网 NAT 网关。

公网 NAT 网关（Public NAT Gateway）能够为 VPC 内的云主机（弹性云服务器云主机、裸金属服务器物理机）或者通过云专线、VPN 接入 VPC 的本地数据中心的服务器，提供最高 20Gbit/s 的网络地址转换服务，使得多个云主机可以共享弹性公网 IP 访问 Internet 或提供互联网服务。

私网 NAT 网关（Private NAT Gateway）能够为 VPC 内的云主机（弹性云服务器云主机、裸金属服务器物理机）提供私网地址转换服务。用户可以在私网 NAT 网关上配置 SNAT、DNAT 规则，将源、目的网段地址转换为中转 IP，通过使用中转 IP 实现 VPC 内的云主机与其他 VPC、云下 IDC 互访。

2）NAT 网关的功能

① 私网 NAT 网关的功能

私网 NAT 网关具备 SNAT 和 DNAT 两个功能，如图 2-46 所示。

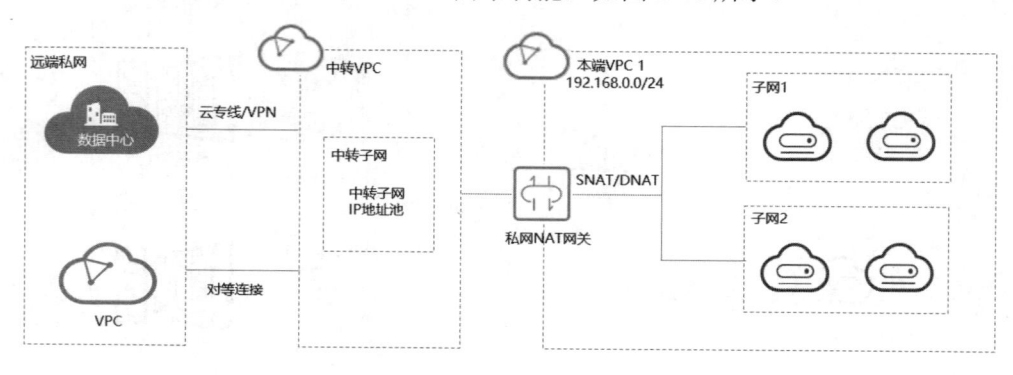

图 2-46　私网 NAT 网关的功能

- SNAT：通过绑定中转 IP，实现 VPC 内跨可用区的多台云主机共享中转 IP，访问外部数据中心及其他 VPC。
- DNAT：通过绑定中转 IP，实现 IP 映射或端口映射，使 VPC 内跨可用区的多台云主机共享中转 IP，为外部私网提供服务。

其中，中转子网相当于一个中转网络，是中转 IP 所属的子网；中转 IP 可以在中转子网中创建私网 IP，使本端 VPC 中的云主机通过共享该私网 IP（中转 IP）来访问用户 IDC 或其他远端 VPC；中转 VPC 是中转子网所在的 VPC。

② 公网 NAT 网关的功能

公网 NAT 网关具备 SNAT 和 DNAT 两个功能。

- SNAT：通过绑定弹性公网 IP 实现私有 IP 向公有 IP 的转换，可以实现 VPC 内跨可用区的多台云主机共享弹性公网 IP，安全、高效地访问互联网，其产品架构如图 2-47 所示。
- DNAT：通过绑定弹性公网 IP，采用 IP 映射或端口映射两种方式，实现 VPC 内跨可用区的多台云主机共享弹性公网 IP，为互联网提供服务，其产品架构如图 2-48 所示。

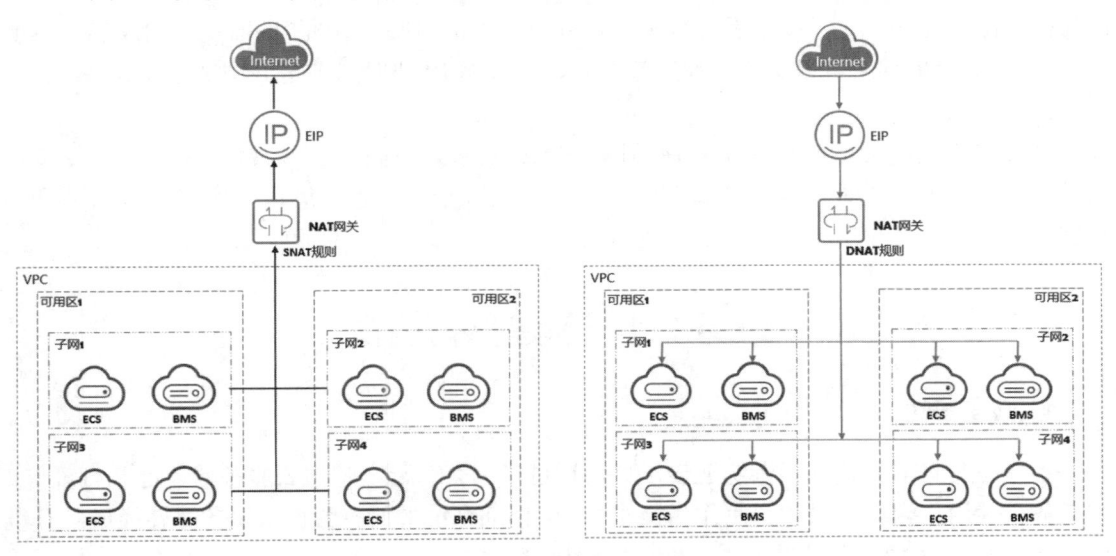

图 2-47　SNAT 产品架构　　　　　图 2-48　DNAT 产品架构

3）公网 NAT 网关的优势

① 灵活部署

公网 NAT 网关支持跨子网部署和跨可用区部署，可用性高。单个可用区的任何故障都不会影响公网 NAT 网关的业务连续性。公网 NAT 网关的规格、弹性公网 IP 均可以随时调整。

② 多样易用

公网 NAT 网关有多种规格供用户选择，在进行简单配置后即可使用，具有运维简单、快速发放、即开即用、运行稳定可靠的特点。

③ 降低成本

公网 NAT 网关支持多台云主机共享弹性公网 IP。当用户的私有 IP 通过公网 NAT 网关发送数据，或用户的应用面向互联网提供服务时，公网 NAT 网关会对私有 IP 和公有 IP 进行转换。用户无须为云主机访问 Internet 购买多余的弹性公网 IP 和带宽资源，多台云主机共享弹性公网 IP，从而有效降低成本。

4）私网 NAT 网关的优势

① 简化规划

大企业不同部门间存在大量重叠网段，上云后无法互通，需要在上云前重新规划企业网络的。华为云首创的私网 NAT 网关服务支持重叠网段通信，使用户可以保留原有组网上云，无须重新规划，极大简化了 IDC 上云的网络规划。

② 易运维管理

由于组织层级、分权分域、安全隔离等因素，大型企业内不同归属的部门存在分级组网，需要映射至大网才能彼此通信。私网 NAT 网关支持私网的 IP 地址映射，各部门的网段可以映射至统一的 VPC 大网地址上进行统一管理，让复杂组网的管理更加简易。

③ 高安全

针对企业各部门不同的保密等级，私网 NAT 网关支持暴露限定网段的 IP 和端口，隔离高保密等级的业务。由于安全受限等因素，行业监管部门要求各机构和单位按指定 IP 地址接入，私网 NAT 网关可以满足行业监管要求，将私网 IP 映射为指定 IP 进行接入。

④ 零冲突

企业多部门间业务隔离通常会使用同一个私网网段，迁移上云后极易冲突。私网 NAT 网关具有大小网映射的功能，支持云上的重叠网段互通，可以帮助用户实现上云后网络零冲突。

任务 2.1　创建私有镜像

1. 任务描述

本任务的目的是帮助读者快速学习如何通过华为公有云上弹性云服务器创建私有镜像。本任务会使用华为公有云实验室作为操作平台，详细介绍如何将弹性云服务器转换成私有镜像，并对 IMS 镜像服务的其他类型做一定的讲解。

2. 任务分析

镜像服务提供了私有镜像的全生命周期管理能力，主要包括创建、复制、共享、导出私有镜像等操作。用户可以根据实际场景选择合适的方法，并结合弹性云服务器、对象存储等周边服务完成业务上云或迁移。

如果已经创建了一台云服务器，并根据业务需要进行了自定义配置，如安装软件、部署应用环境等，则可以为更新后的云服务器创建系统盘镜像。使用该镜像创建的云服务器包含已配置的自定义项，可以省去重复配置的时间。

3. 任务实施

（1）登录华为云控制台，选择"服务列表"→"计算"→"弹性云服务器"ECS 选项。

(2)在云服务器列表中选择需要创建镜像的云服务器,单击"远程登录"按钮。

(3)执行以下检查工作。

将云服务器中的敏感数据删除,避免造成数据安全隐患。

检查云服务器的网络配置,确保网卡属性为 DHCP 方式,按需开启远程桌面连接功能。选中"自动获得 IP 地址"和"自动获得 DNS 服务器地址"单选按钮,如图 2-49 所示。

图 2-49　设置网卡属性为 DHCP

检查云服务器是否已安装驱动。有些云服务器的正常运行或者高级功能依赖某些驱动,如 GPU 加速型云服务器依赖 Tesla 驱动和 GRID/vGPU 驱动,因此需要提前安装特殊驱动。详情参考"安装 Windows 特殊驱动"。

检查云服务器是否已安装一键式重置密码插件,保证镜像创建的新云服务器可以使用控制台的"重置密码"功能进行密码重置。

检查云服务器是否已安装 Cloudbase-Init 工具,保证镜像创建的新云服务器可以使用控制台的"用户数据注入"功能注入初始化自定义信息(如为云服务器设置登录密码)。详情参考"安装并配置 Cloudbase-Init 工具"。

检查是否已安装 PV driver 和 UVP VMTools 驱动,保证镜像创建的新云服务器同时支持 KVM 虚拟化和 XEN 虚拟化,从而提升云服务器的网络性能。详情参考"安装 PV driver"和"安装 UVP VMTools"。

执行 Sysprep 操作,确保镜像创建的新云服务器加入域后 SID 唯一。对于集群部署场景,SID 要是唯一的。详情参考"执行 Sysprep"。

（4）选择需要创建镜像的弹性云服务器，在"更多"下拉列表中选择"创建镜像"选项，跳转至创建私有镜像页面。

（5）在"镜像类型和来源"选区中，设置镜像的创建方式为系统盘镜像。

（6）在"配置信息"选区中，填写镜像的基本信息，如镜像名称、所属企业项目、标签等，单击"立即创建"按钮。

（7）根据页面提示确认镜像参数。阅读《镜像制作承诺书》和《华为镜像免责声明》并勾选对应的复选框，单击"提交申请"按钮。

（8）返回私有镜像列表，查看镜像状态。

说明：镜像创建时间不仅与镜像文件大小有关，还与网络状态、并发任务数有关，请耐心等待。当镜像的状态为"正常"时，表示创建完成。

任务 2.2　按需弹性伸缩弹性云服务器

1. 任务描述

通过华为公有云上的弹性伸缩（AS）服务可以实现将云服务器的数量根据业务的情况或者特定时间进行伸缩，从而更加合理地利用云上资源。（系统会自动进行云服务器的伸缩配置。）

当业务需求增长时，AS 服务会自动为用户增加弹性云服务器实例或带宽资源，以保证业务能力；当业务需求下降时，AS 服务会自动为用户缩减弹性云服务器实例或带宽资源，以节约成本。AS 服务支持自动调整弹性云服务器和带宽资源。

2. 任务分析

使用华为公有云上的弹性伸缩服务，可以进行云服务器数量的伸缩。在控制台中配置弹性伸缩，创建弹性伸缩组，设置弹性伸缩策略和伸缩的实例数量，完成之后按照设置的策略触发伸缩规则，查看结果。

本任务以定时伸缩为例对 AS 服务使用的方法进行介绍，满足定时扩容云服务器的需求。

3. 任务实施

（1）登录华为云控制台，选择"服务列表"→"计算"→"弹性伸缩 AS"选项，进入弹性伸缩控制台。

（2）单击"创建伸缩配置"按钮，在配置完参数后，单击"立即创建"按钮。

（3）单击"创建弹性伸缩组"按钮，在参数配置完成后，如图 2-50 所示，单击"立即创建"按钮。

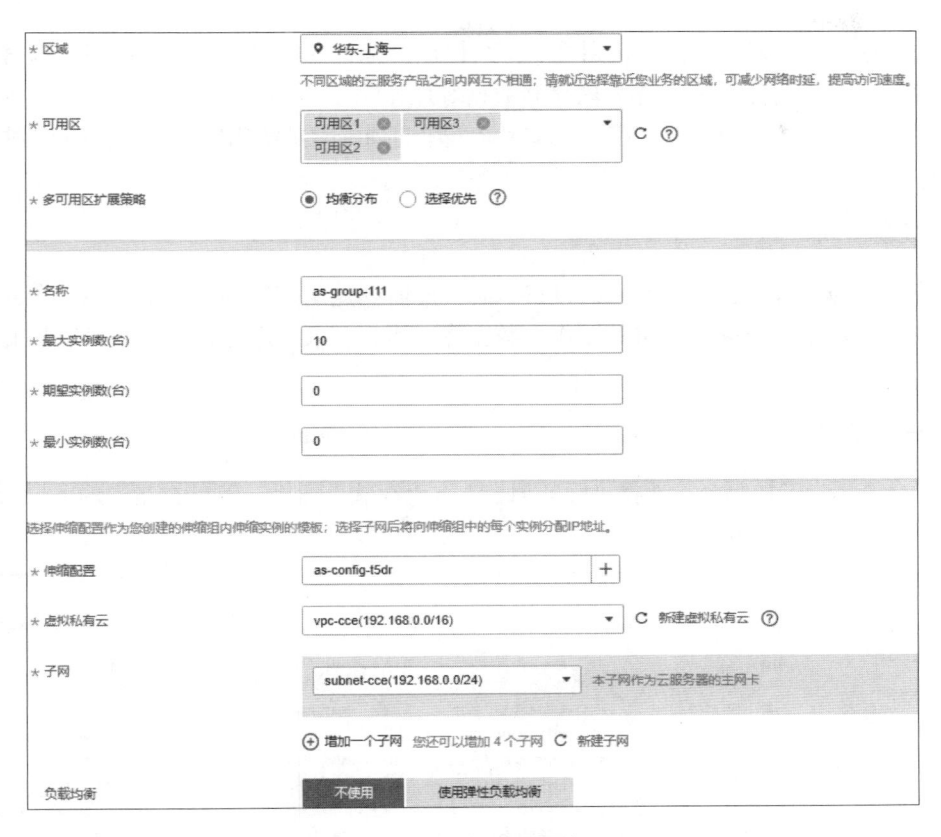

图 2-50　配置弹性伸缩组

（4）单击伸缩组名称，打开"伸缩策略"页面，单击"添加伸缩策略"按钮。

（5）根据任务描述，即在该日零点前定时增加弹性云服务器，设置策略类型为定时策略。

（6）根据任务描述，即伸缩活动触发时间为前一日 23：30 左右，设置触发时间，用户需要根据实际场景设置具体的时间。

（7）增加两个实例，冷却时间可以保持系统默认。在配置完参数后，单击"确定"按钮。

（8）单击伸缩组名称，打开"伸缩实例"页面，单击"移入伸缩组"按钮，选择需要移入的伸缩实例，单击"确定"按钮。

（9）如果未触发伸缩活动，则伸缩组仅有两个实例，当前实例数为 2，期望实例数为 2；

如果已触发伸缩活动，则根据伸缩策略设置的执行动作，伸缩活动会自动向伸缩组中增加两个实例，当前实例数为 4，期望实例数为 4。

至此，我们实现了任务描述中的要求：向应用系统中增加两台弹性云服务器，同时使用 4 台弹性云服务器处理业务，从而满足高峰期的业务需求。

任务 2.3　挂载云硬盘

1．任务描述

云硬盘服务是一种为 ECS、BMS 等计算服务提供持久性块存储的服务，通过数据冗余和缓存加速等多项技术，提供高可用性、持久性以及稳定的低时延性能。用户可以对云硬盘进行格式化、创建文件系统、持久化存储数据等操作。

本任务主要介绍如何在公有云上创建块存储，即如何实现使用云上存储资源、挂载云硬盘等操作。

2. 任务分析

要使用华为公有云上资源申请云硬盘，需要提前创建所需的弹性云服务器，在云上申请 EVS 资源，将云硬盘挂载至云服务器作为数据盘；然后登录云服务器，进行云硬盘的初始化和数据存储。

3. 任务实施

（1）登录华为云控制台，选择"服务列表"→"存储"→"云硬盘 EVS"选项，如图 2-51 所示，进入云硬盘控制台。

图 2-51　服务列表

（2）单击"购买磁盘"按钮，如图 2-52 所示。

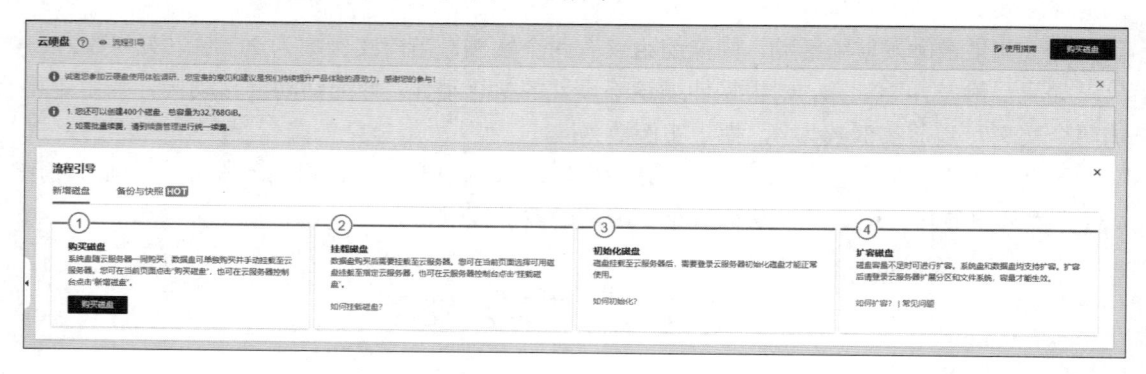

图 2-52　购买磁盘

（3）根据页面提示，配置云硬盘的基本信息。设置区域为华北-北京四，可用区为可用区

1，计费模式为按需计费，磁盘规格为通用型 SSD，磁盘大小为 20GB，云备份为暂不购买，磁盘名称为 volume-windows，购买量为 1，如图 2-53 所示。

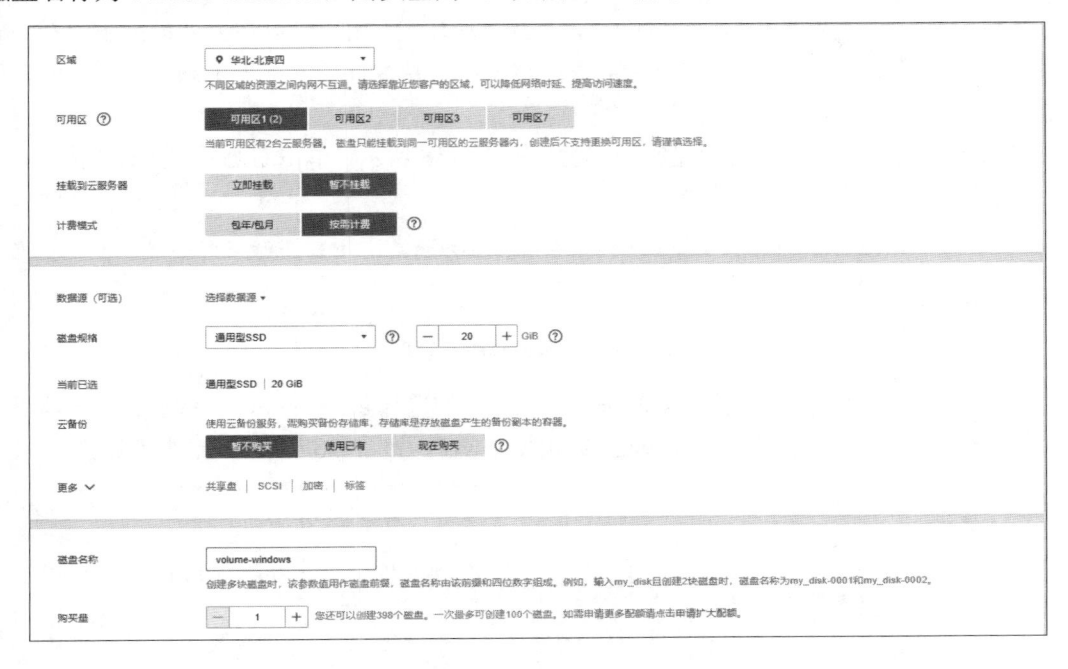

图 2-53　配置云硬盘的基础信息

（4）单击"立即购买"按钮。在"详情"页面中，用户可以再次核对云硬盘的配置信息，如图 2-54 所示，并在确认无误后单击"提交"按钮，开始创建云硬盘。如果还需要修改，则单击"上一步"按钮，修改配置信息。

（5）返回云硬盘列表，查看云硬盘的状态，待其变为"可用"时，表示创建成功，如图 2-55 所示。

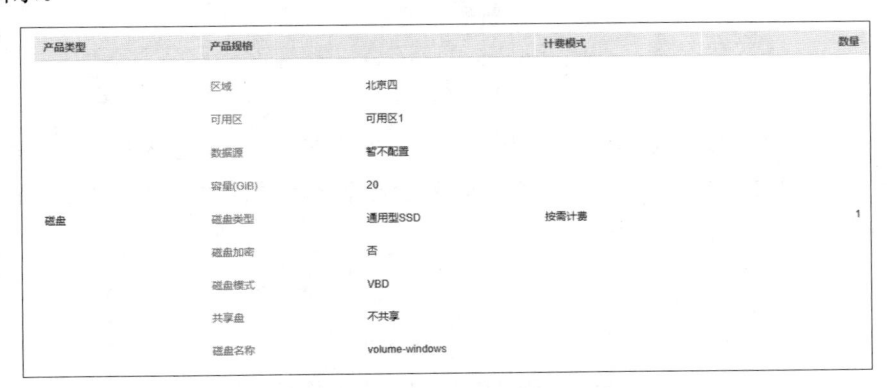

图 2-54　确认配置信息

图 2-55　云硬盘创建成功

（6）单独购买的磁盘为数据盘，用户可以在云硬盘列表中看到磁盘属性为"数据盘"，状态为"可用"。此时需要将该数据盘挂载给弹性云服务器使用。

系统盘必须和弹性云服务器一同购买，并且自动挂载。用户可以在云硬盘列表中看到磁盘属性为"系统盘"，状态为"正在使用"。在将系统盘从弹性云服务器上卸载后，系统盘的磁盘属性会变为"启动盘"，状态变为"可用"。

在云硬盘列表中找到我们创建的云硬盘，如图2-56所示，单击右侧的"挂载"按钮，弹出"挂载磁盘"对话框。

图2-56　找到创建的云硬盘

（7）选择云硬盘待挂载的弹性云服务器，此处我们选择ecs-windows。弹性云服务器必须与云硬盘位于同一个可用分区中，选择挂载点为数据盘，如图2-57所示，单击"确定"按钮。

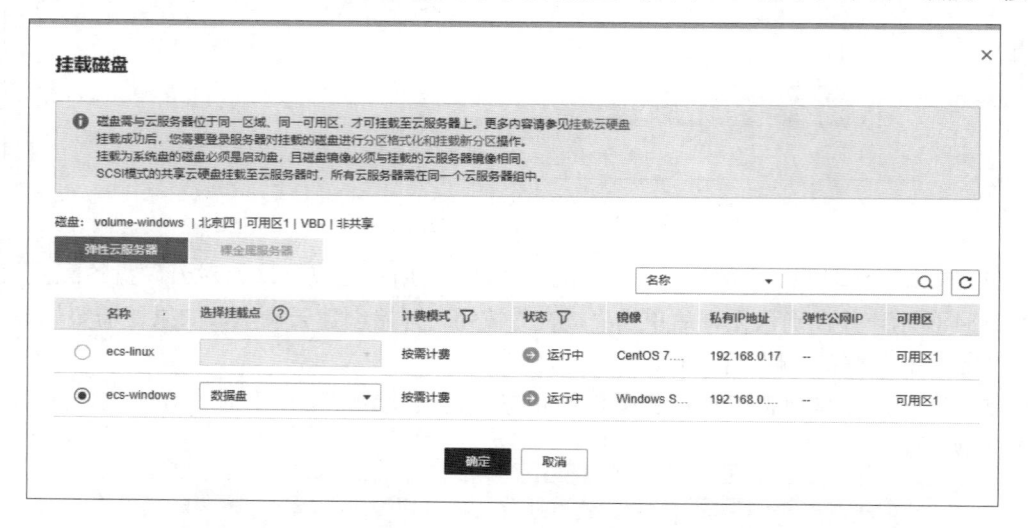

图2-57　选择挂载点

（8）返回云硬盘列表，此时云硬盘状态为"正在挂载"，表示云硬盘正在挂载至弹性云服务器上。当云硬盘状态为"正在使用"时，表示挂载至弹性云服务器成功，需要进行初始化才能正常使用，如图2-58所示。

图2-58　云硬盘挂载至弹性云服务器成功

（9）在将云硬盘挂载至弹性云服务器上后，需要登录弹性云服务器并初始化云硬盘，即格式化云硬盘，之后才能正常使用云硬盘。

选择"服务列表"→"弹性云服务器ECS"选项，在云服务器列表中选择相应的Windows弹性云服务器，如图2-59所示，单击"远程登录"按钮。

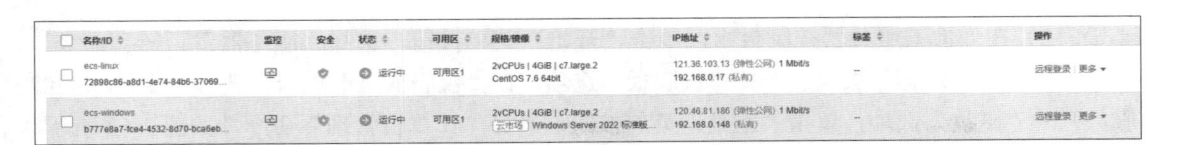

图 2-59 云服务器列表

（10）使用 VNC 方式登录 Windows 弹性云服务器，单击"立即登录"按钮，如图 2-60 所示。

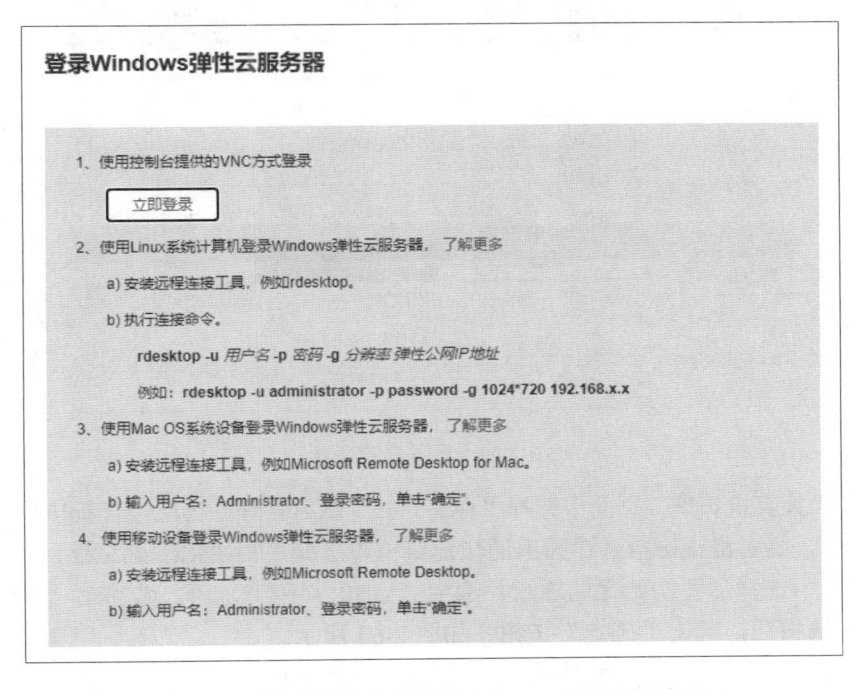

图 2-60 使用 VNC 方式登录 Windows 弹性云服务器

（11）进入 VNC 登录页面，单击左上角的"Ctrl+Alt+Del"按钮，输入密码登录 Windows 弹性云服务器，如图 2-61 所示。

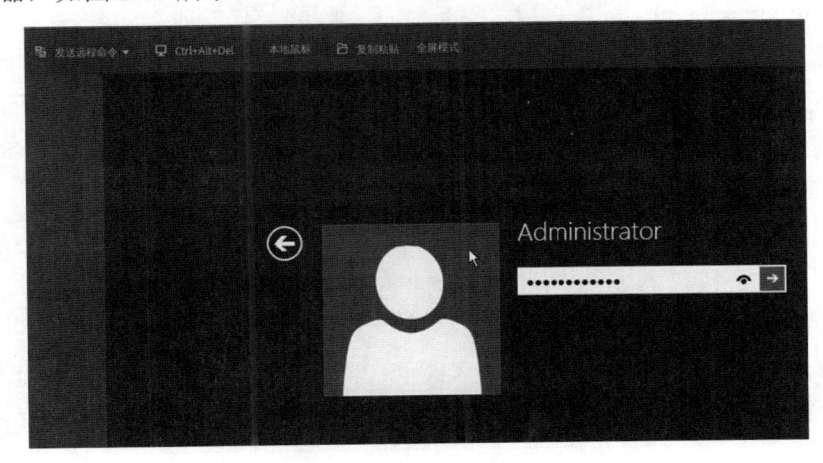

图 2-61 VNC 登录页面

（12）在弹性云服务器控制台中，单击"开始"菜单按钮，选择"服务器管理器"命令，打开"服务器管理器"页面。选择"仪表板"选项，在"仪表板"选项卡中选择"文件和存储服务"→"磁盘"选项，单击"工具"菜单按钮，选择"计算机管理"命令，如图2-62所示。

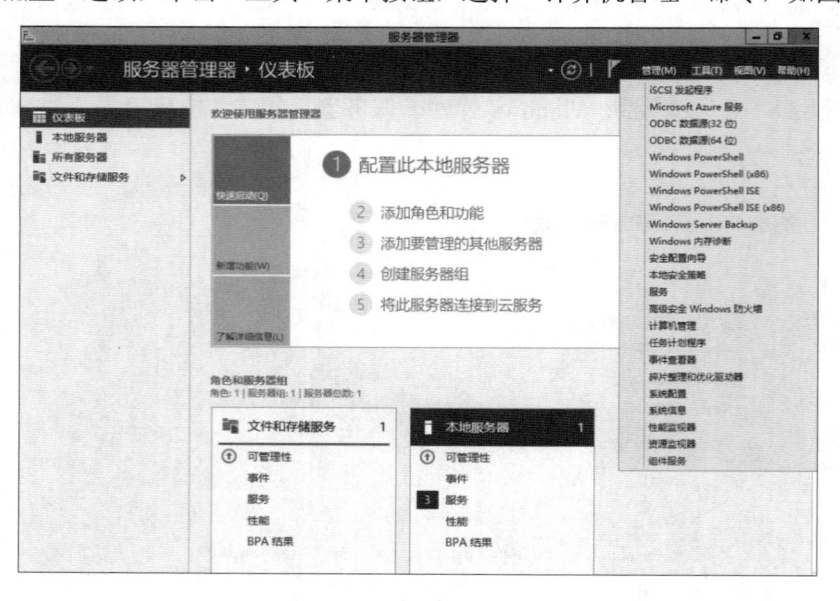

图2-62 服务器管理器

（13）在"计算机管理"页面中选择"存储"→"磁盘管理"选项。若新挂载磁盘显示为"没有初始化"，则右击该磁盘，在弹出的快捷菜单中选择"初始化磁盘"命令。在"初始化磁盘"对话框中选择需要初始化的磁盘，选中"MBR（主启动记录）"或者"GPT （GUID 分区表）"单选按钮，单击"确定"按钮，如图2-63所示。

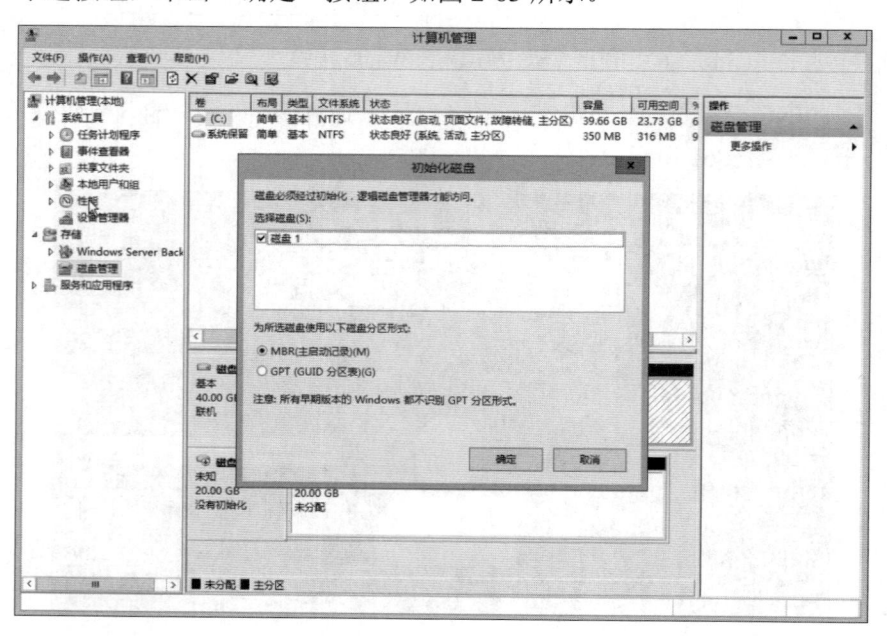

图2-63 初始化磁盘

（14）若新挂载磁盘显示为"脱机"，则在磁盘 1 区域右击，在弹出的快捷菜单中选择"联机"命令，进行联机。右击磁盘上未分配的区域，在弹出的快捷菜单中选择"新建简单卷"命令，如图 2-64 所示。

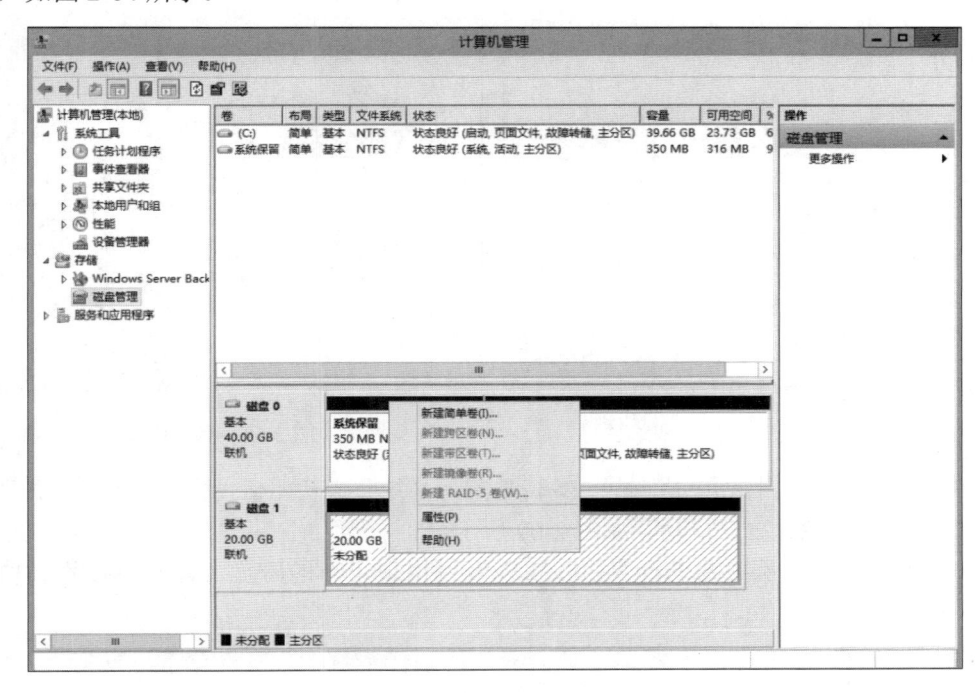

图 2-64　新建简单卷

（15）弹出"新建简单卷向导"对话框，根据提示单击"下一步"按钮，如图 2-65 所示。
（16）根据需要指定卷大小，默认为最大值，单击"下一步"按钮，如图 2-66 所示。

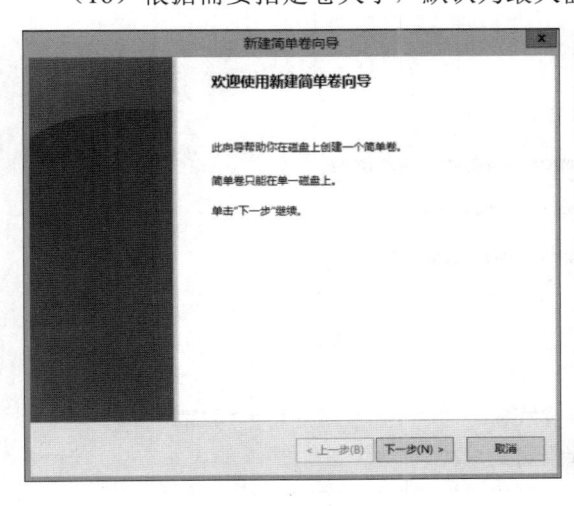

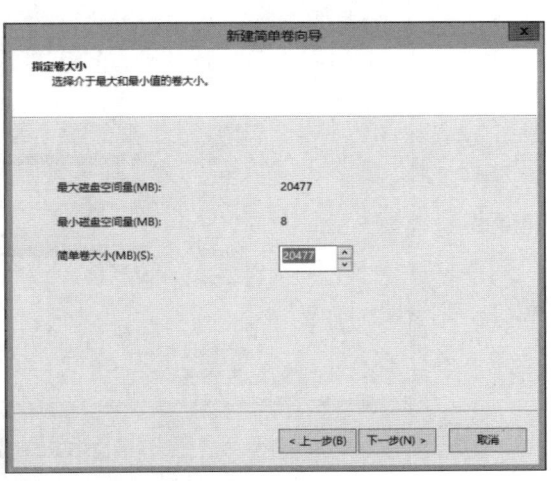

图 2-65　新建简单卷向导　　　　　　　　　图 2-66　指定卷大小

（17）分配驱动器号和路径，单击"下一步"按钮，如图 2-67 所示。
（18）选中"按下列设置格式化这个卷"单选按钮，并根据实际情况设置参数，格式化新分区,单击"下一步"按钮完成分区创建,如图 2-68 所示。

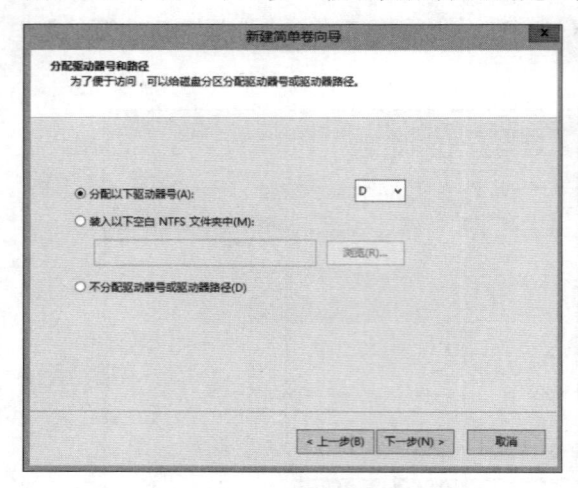

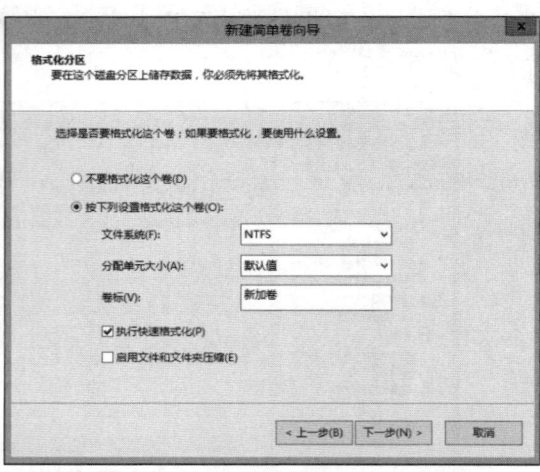

图 2-67　分配驱动器号和路径　　　　　　图 2-68　格式化分区

(19) 单击"完成"按钮完成向导。等待片刻让系统完成初始化操作,当卷显示为"状态良好"时,表示初始化磁盘成功,如图 2-69 所示。

(20) 进入弹性云服务器的计算机,可以看到出现了新的磁盘,说明已挂载成功,如图 2-70 所示。

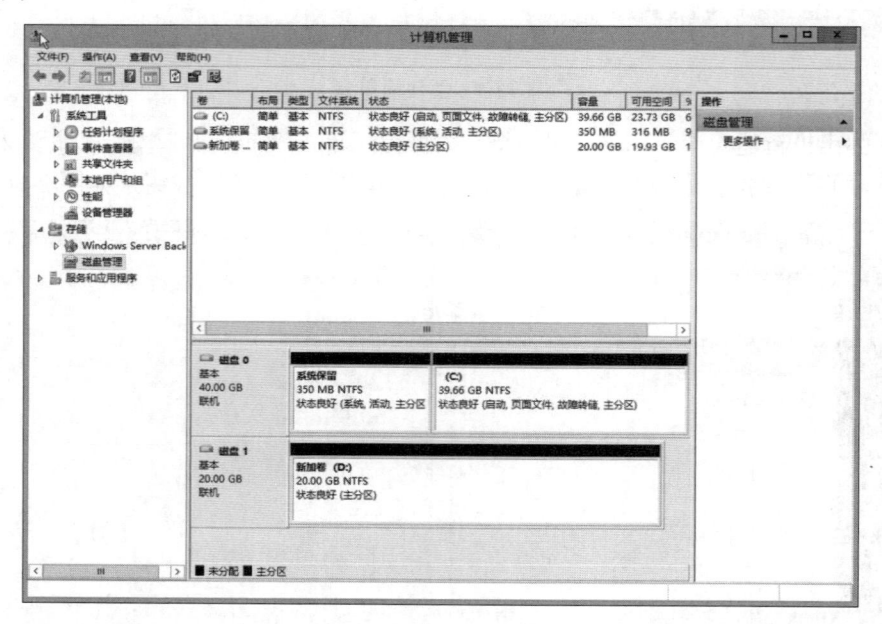

图 2-69　初始化磁盘成功

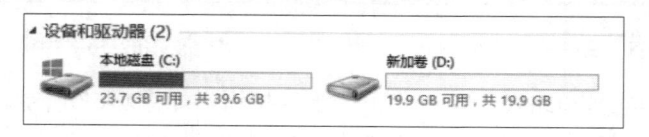

图 2-70　云硬盘挂载成功

任务 2.4　配置 SNAT

1. 任务描述

本任务主要帮助读者更好地掌握 NAT 网关的使用、公网 NAT 的配置、SNAT 规则的添加，并通过理论与实践相结合的方式快速掌握 NAT 的配置。使用 SNAT 功能，通过绑定弹性公网 IP 实现私有 IP 向公有 IP 的转换，进而实现 VPC 内跨可用区的多台云主机共享弹性公网 IP，使用户安全、高效地访问互联网。

2. 任务分析

当多台云主机在没有绑定弹性公网 IP 的情况下需要访问公网时，为了节省弹性公网 IP 资源并避免云主机 IP 直接暴露在公网上，可以通过公网 NAT 网关共享弹性公网 IP 的方式访问公网，实现无弹性公网 IP 的云主机访问公网。

在配置 NAT 网关前，需要提前在云上申请云服务器资源，配置 1vCPUs/ 2GiB 内存和 40GiB 硬盘，公共镜像为 CentOS 7.6，虚拟私有云网段为 192.168.100.0/24，配置弹性公网 IP，按带宽计费。

3. 任务实施

（1）登录华为云控制台，选择"服务列表"→"网络"→"NAT 网关 NAT"选项，进入公网 NAT 网关控制台。单击"购买公网 NAT 网关"按钮，进入"购买公网 NAT 网关"页面。根据页面提示，配置公网 NAT 网关的基本信息，如图 2-71 所示。

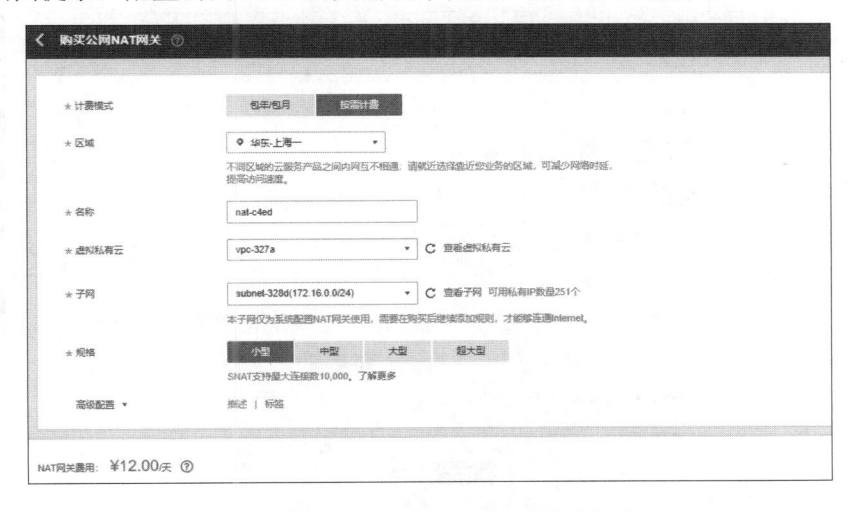

图 2-71　配置公网 NAT 网关的基本信息

（2）单击"立即购买"按钮，在"规格确认"页面中再次核对公网 NAT 网关的信息，并在确认无误后单击"提交"按钮，开始创建公网 NAT 网关。公网 NAT 网关的创建过程一般需要 1～5 分钟。

（3）在公网 NAT 网关列表中查看公网 NAT 网关的状态。

（4）在公网 NAT 网关创建成功后，查看该网关所在的 VPC 的默认路由表下是否存在

0.0.0.0/0 的默认路由，如果不存在，则在默认路由表中添加一条指向该网关的路由，或者创建一个自定义路由表，并在自定义路由表中添加 0.0.0.0/0 的默认路由指向该网关。

（5）登录华为云控制台，选择"服务列表"→"网络"→"虚拟私有云 VPC"选项，进入虚拟私有云控制台。选择"路由表"选项，单击"创建路由表"按钮。在自定义路由表创建成功后，单击"自定义路由表名称"按钮，进入"自定义路由表基本信息"页面。

（6）单击"添加路由"按钮，配置目的地址为 0.0.0.0/0，下一跳类型为 NAT 网关，下一跳选择已创建的 NAT 网关，如图 2-72 所示。

图 2-72　配置路由

（7）返回公网 NAT 网关控制台，单击需要添加 SNAT 规则的 NAT 网关名称。在"SNAT 规则"页面中，单击"添加 SNAT 规则"按钮，配置 SNAT 规则，如图 2-73 所示。

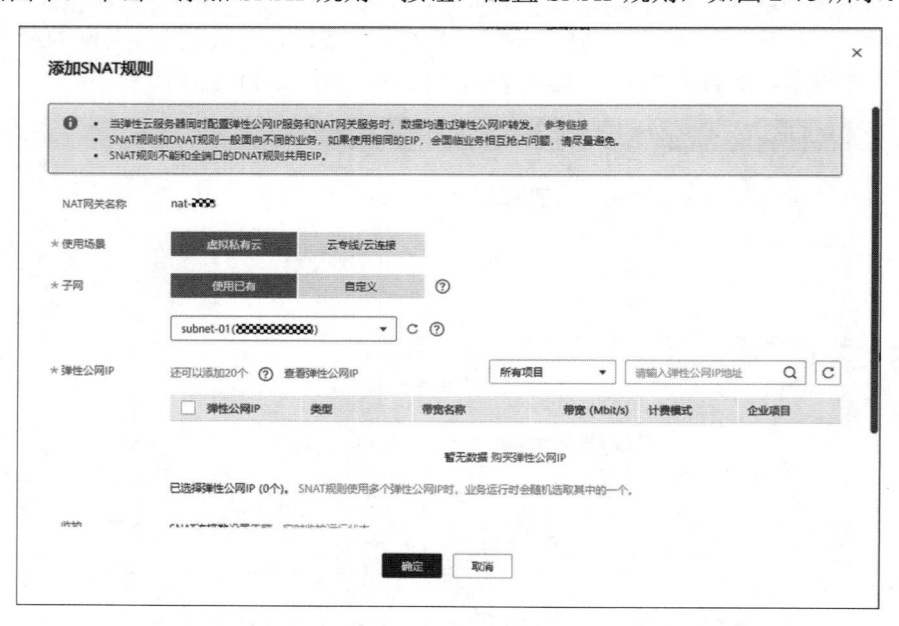

图 2-73　配置 SNAT 规则

（8）在配置完成后，单击"确定"按钮，完成 SNAT 规则的添加。在公网 NAT 网关控制台中，单击目标公网 NAT 网关的名称，在"SNAT 规则"页面的 SNAT 规则列表中，可以看到 SNAT 规则的详细信息。若 SNAT 规则显示为"运行中"，则表示添加成功，如图 2-74 所示。

图 2-74 SNAT 规则添加成功

（9）登录需要验证的服务器，验证服务器是否可以访问外网，如图 2-75 所示。

图 2-75 验证服务器是否可以访问外网

📓 本章小结

本章主要介绍了华为云服务中的计算类云服务、存储类云服务、网络类云服务，包括计算类云服务中的弹性云服务器、镜像服务、弹性伸缩服务，存储类云服务中的云硬盘服务、对象存储服务、弹性文件服务，网络类云服务中的虚拟私有云服务、弹性负载均衡服务、虚拟专用网络服务、NAT 网关服务。通过对本章的学习，读者可以对计算、存储、网络的相关云服务有全新的认识，并对华为云服务有全新的了解。

✈ 本章练习

1. IMS 有哪些产品类型？
2. SFS 的功能特点是什么？
3. 什么是 VPC？

第 3 章　鲲鹏云服务器部署 Discuz!论坛项目

本章导读

　　Discuz!是一个通用的社区论坛软件，用户不需要具有编程的基础，只需通过简单的设置和安装，即可在互联网上搭建具备完善功能、强负载能力和可高度定制的论坛服务。Discuz!的使用范围非常广泛，不仅在国内，而且在全球范围内被广泛应用。许多网站、社区和企业都选择 Discuz!作为论坛平台。Discuz!可以用于多种场合，如社交网络、技术论坛、学术交流等。本章主要介绍 Apache 服务的安装和部署、MariaDB 数据库的安装和部署、Discuz!论坛的安装和部署。

1. 知识目标

（1）了解 Apache 服务
（2）了解 MariaDB 数据库
（3）掌握 Discuz!论坛的部署与使用

2. 能力目标

（1）能够掌握 Apache 服务的安装
（2）能够进行 Discuz!论坛的部署

3. 素养目标

（1）培养用科学的思维方式审视专业问题的能力
（2）培养实际动手操作与团队合作的能力

任务分解

　　本章旨在让读者掌握 Discuz!论坛的安装与部署，为了方便学习，本章拆分成 3 个任务。任务分解如表 3-1 所示。

表 3-1 任务分解

任务名称	任务目标	安排课时
任务 3.1 安装并部署 Apache 服务	能进行 Apache 服务的安装和部署	2
任务 3.2 安装并部署 MariaDB 数据库	能进行 MariaDB 数据库的安装和部署	2
任务 3.3 安装并部署 Discuz!论坛	能进行 Discuz!论坛的安装和部署	4
总计		8

知识准备

1. Apache 服务

1）Apache 简介

Apache HTTP Server（Apache 网页服务器，简称 Apache）是 Apache 软件基金会的一个开放源码的网页服务器，可以在大多数计算机操作系统中运行。Apache 凭借其多平台和安全性被广泛使用，是最流行的 Web 服务器端软件之一。此外，Apache 具有快速、可靠的特点，可以通过简单的 API 扩展，将 Perl、Python 等解释器编译到服务器中。

Apache 是一个模块化的服务器，源于 NCSA HTTP 服务器，经过了多次修改，成为世界上排名前列的 Web 服务器软件，可以运行在几乎所有广泛使用的计算机平台上。Apache 取自"A Patchy Server"，意思是充满补丁的服务器，因为它是自由软件，所以不断有人为它开发新的功能、特性，以及修改原来的缺陷。

Apache 本来只用于小型或试验 Internet 网络，后来逐步扩充到各种 UNIX 操作系统中，尤其对 Linux 操作系统的支持相当完美。Apache 有多种产品，可以支持 SSL 技术和多台虚拟主机。Apache 的结构以进程为基础，进程要比线程消耗更多的系统开支，不太适合多处理器环境。因此在对一个 Apache Web 站点进行扩容时，通常是增加服务器或扩充群集节点，而不是增加处理器。目前 Apache 仍然是世界上最流行的 Web 服务器之一，市场占有率达 60%左右，很多著名的网站如 Amazon、Yahoo、W3 Consortium、Financial Times 等都是 Apache 的产物。Apache 的成功之处主要源于源代码开放、有一支开放的开发队伍、支持跨平台的应用（可以运行在几乎所有的 UNIX、Windows、Linux 操作系统上）及可移植性等方面。

Apache 的诞生极富戏剧性。在 NCSAWWW 服务器项目暂停后，NCSAWWW 服务器的用户开始交换用于该服务器的补丁程序，他们很快认识到成立管理这些补丁程序的论坛是必要的，就这样 Apache Group 诞生了，后来这个团体在 NCSAWWW 服务器的基础上创建了 Apache。

Apache 起初由伊利诺伊大学厄巴纳-香槟分校的国家超级计算机应用中心（NCSA）开发。此后，Apache httpd 被开放源代码团体的成员不断地发展和加强。Apache httpd 网站服务器拥有牢靠、可信的美誉，已经被用在全球超过半数的网站中，几乎所有热门和访问量大的网站都是使用 Apache 的，如维基百科网站。

2）Apache 的主要特点

Apache 在功能、性能和安全性等方面的表现比较突出，可以较好地满足 Web 服务器用户的应用需求，其主要特点包括以下几个方面。

① 开放源代码

开放源代码是 Apache 的重要特点之一，也是其他特点的基础。Apache 服务程序由全世界的众多开发人员共同维护，任何人都可以自由使用，这充分体现了开源软件的精神。

② 跨平台应用

这个特点得益于 Apache 的开放源代码。Apache 可以运行在绝大多数软、硬件平台上，包括所有 UNIX 操作系统，甚至可以良好地运行在大多数 Windows 操作系统中。Apache 跨平台应用的特点使其具有被广泛使用的条件。

③ 支持各种 Web 编程语言

Apache 可以支持的 Web 编程语言包括 Perl、PHP、Python、Java 等，甚至是微软的 ASP 技术。支持各种常用的 Web 编程语言使 Apache 具有更广泛的应用场景。

④ 模块化设计

Apache 并没有将所有的功能都集中在单一的服务程序内部，而是尽可能地通过标准的模块实现专有的功能，从而保证良好的扩展性。软件开发商可以编写标准的模块，为 Apache 添加本身并不具有的其他功能。

⑤ 运行非常稳定

Apache 可以用于构建具有大负载访问量的 Web 站点，很多知名的企业网站都使用 Apache 作为 Web 服务软件。

⑥ 良好的安全性

Apache 具有相对较好的安全性，这是开源软件共有的特性。此外，Apache 的维护团队会及时对已发现的漏洞提供修补程序，为 Apache 的所有使用者提供尽可能安全的服务器程序。

3）Apache 的工作模式

① prefork

prefork 是 Apache 默认的工作模式，采用多进程，因此相对来说是最稳定的一种工作模式。相对于多进程多线程，prefork 的进程中只存在一个线程，所以不会出现像多进程多线程中一个线程崩溃而导致整个进程崩溃的情况，这是它稳定的原因。

在使用 prefork 时，系统会先创建一个父进程，然后将其"fork"成与 StartServers 等效的子进程。为了满足 MinSpareServers 的设置，需要先创建一个进程，等待 1s；再创建两个进程，等待 1s，继续创建 4 个进程，如此指数级增加创建的进程，最多每秒创建 32 个进程，直到满足 MinSpareServers 的设置值。这就是预派生（prefork）的由来。在 prefork 模式下，不必在请求到来时产生新的进程，从而减小系统开销、增强服务器的性能。

prefork 模式的优、缺点如下。

- 优点：成熟，兼容所有新、老模块；进程之间完全独立，性能非常稳定；用户不需要担心线程安全的问题；常用的 mod_php——PHP 的拓展不需要支持线程安全。
- 缺点：进程相对于线程会占用更多的系统资源，消耗更多的内存。此外，prefork 并不擅长处理高并发请求，在这种场景下，它会将请求放入队列，一直等到有可用进程，请求才会被处理。

② worker

相对于 prefork，worker 采用的是多进程多线程的工作模式。由于创建线程的开销比创建进程的开销更小，所以在支持更多访问量或者想要更快的响应速度的时候，worker 模式要比 prefork 模式更具优势，但是多线程也同样造成了服务的不稳定，这是其劣势所在。

worker 模式的工作原理是，由主控制进程生成与 StartServers 等效的子进程，每个子进程都包含固定的 ThreadsPerChild 线程数，各个线程独立地处理请求。同样地，为了不在请求到来时才生成线程，MinSpareThreads 和 MaxSpareThreads 限制了最少和最多的空闲线程数，MaxClients 限制了所有子进程中的线程总数。如果现有子进程中的线程总数不能满足负载，则控制进程将派生新的子进程。

worker 模式的优、缺点如下。
- 优点：占据更少的内存，在高并发场景下表现更优秀。
- 缺点：必须考虑线程安全的问题，因为多个子线程共享父进程的内存地址。如果使用 keep-alive 的长连接方式，也许中间几乎没有请求，这时就会发生阻塞，导致线程被挂起，需要一直等待到超时才会被释放。如果过多的线程被这样占用，则会导致在高并发场景下无服务线程可用。

③ event

event 是 Apache 最新的工作模式，它和 worker 模式很像，不同的是它解决了 keep-alive 长连接时占用线程导致的资源浪费问题（某些线程因为被 keep-alive，在挂起等待时几乎没有请求，一直等待到超时）。在 event 模式下，会有一些专门的线程来管理这些 keep-alive 类型的线程，当有真实请求时，将请求传递给服务器的线程，执行完毕时释放线程。这样，一个线程就能处理多个请求了，实现了异步非阻塞，增强了在高并发场景下的请求处理能力。

4）Apache 主配置文件

在 Apache 主配置文件中，存在全局配置和区域配置两个部分。全局配置是在配置文件中的配置，而局部配置是在配置文件中，在类似 xml 格式括号内部的配置。全局配置通常用于定义 Apache 服务的整体参数，局部配置通常用于定义某个目录的权限等局部参数。

Apache 主配置文件中常用的参数及其含义如下。

① ServerRoot

ServerRoot 用于指定 Apache 的服务目录，默认是/etc/httpd。

② User

User 用于指定运行 Apache 的用户，如果 Apache 使用 YUM 的方式安装，则默认是 apache，并且在安装时创建系统用户 apache；如果 Apache 使用源码的方式安装，则需要手动创建相应的系统用户。

③ Group

Group 用于指定运行 Apache 的组，与 User 类似。

④ ServerName

ServerName 用于指定 Apache 的域名，默认是 www.***.com，用户可以将其手动修改为网站的域名。

⑤ DocumentRoot

DocumentRoot 用于指定网站的根目录。

⑥ Listen

Listen 用于指定 Apache 的监听端口。

⑦ DirectoryIndex

DirectoryIndex 用于指定默认的索引页面，在该参数后面可以配置多个文件，Apache 会依次查找，直到找到相应的文件。如果没有找到，则使用 YUM 方式安装的 Apache 会显示测试页面，使用源码方式安装的 Apache 会显示 404 错误页面。

⑧ TimeOut

TimeOut 用于指定网站超时时间，默认为 300s。

5）Apache 软件基金会

Apache 软件基金会（Apache Software Foundation，ASF）是专门为支持开源软件项目而办的一个非营利性组织。它所支持的 Apache 项目及其子项目发行的软件产品都遵循 Apache 许可证（Apache License）。

Apache 软件基金会正式创建于 1999 年，它的组建者是一个自称"Apache 组织"的群体。该群体在 1999 年前就已经存在非常长时间了，开发爱好者们聚集在一起，在 NCSA HTTP 服务器的基础上，开发并维护了 Apache HTTP 服务器。

最初 NCSA HTTP 服务器是由 NCSA 开发出来的，可是开发人员逐渐对这个服务器失去了兴趣，并将其转移到了其他地方，以至于没有人对其提供很多技术支持。但由于 NCSA HTTP 服务器具有强大的功能，并且代码能够被下载、改动与公布，因此一些爱好者与用户开始自发交流并分享经过自己修正的软件版本号，并不断改善其功能。为了更好地进行沟通，Brain Behlendrof 创建了一个邮件列表，把它作为这个群体交流技术、维护软件的媒介，把代码重写与维护的工作有效地组织了起来。开发人员逐渐把这个群体称为"Apache 组织"，把这个经过不断修正并改善的服务器命名为 Apache。

Apache 这个名称源于北美的一支印第安部落，这支部落以高超的军事素质和超人的忍耐力著称，19 世纪后半期对入侵者进行了反抗。为了对这支印第安部落表示仰慕之意，取该部落名称（Apache）作为服务器的名称。这个名称还有一个有意思的故事。由于 Apache 是在 NCSA HTTP 的基础上不断地修正、打补丁（Patchy）的产物，因此被戏称为"A Patchy Server"（一个补丁服务器）。由于"A patchy"与"Apache"谐音，因此最后正式命名为"Apache"。

后来因为商业需求的不断扩大，以 Apache HTTP 服务器为中心，启动了很多并行的项目，如 mod_perl、PHP、Java Apache 等。随着时间的推移和形势的变化，Apache 软件基金会的项目列表也在更新变化着，不断地有新项目启动、中止、拆分与合并。例如，Jakarta 是为了发展 Java 容器而启动的 Java Apache 项目，后来因为 Sun Microsystems 公司的建议，项目名称变为 Jakarta。当时该项目的管理者也没有想到，Jakarta 项目因为 Java 的火爆而发展到一个囊括了众多 Java 语言开源软件子项目的项目，以至于后来不得不把个别项目从 Jakarta 中独立出来，成为 Apache 软件基金会的顶级项目，Struts 项目就是其中一个。

Apache 项目中的一些子项目如下。

- HTTP Server：能够在 UNIX、MS-Windows、Macintosh 和 Netware 操作系统下执行的

HTTP Server 的项目。
- Ant：基于 Java 语言的构建工具，类似于 C 语言的 Make 工具。
- Beehive：为了简单构建 J2EE 应用的对象模型。
- Apache Camel：开源的企业应用集成框架。
- Cocoon：基于组件技术、XML 和 Web 应用开发的框架。
- CloudStack：开源的云计算 IaaS 管理平台。
- DB：关于数据库管理系统的几个开源项目集合。
- Derby：纯 Java 语言的数据库管理系统。
- Directory：基于 Java 语言的文件夹，支持 LDAP 等文件夹访问协议。
- Excalibur：Apache Avalon 项目的前身。
- Forrest：公布系统框架的项目。
- Geronimo：J2EE 服务器。

2. MariaDB 数据库

1）MariaDB 数据库简介

MariaDB 是一个采用 XtraDB 存储引擎的 MySQL 分支版本的数据库，由原始版本 MySQL 的开发者 Michael Widenius 创办的 MySQL AB 公司开发。MySQL AB 公司被 Sun Microsystems 公司收购，Sun Microsystems 公司又被 Oracle 公司收购，所以 MySQL 的所有权也属于 Oracle 公司。

MariaDB 是 MySQL 的一个分支，主要由开源社区维护，采用 GPL 授权许可，可以完全兼容 MySQL，包括 API 和命令行，并作为 MySQL 的代替品。在存储引擎方面，MariaDB 使用 XtraDB 代替了 MySQL 的 InnoDB，具有更强的性能，更加可靠、易于使用，支持大量的数据存储和高并发访问。

MariaDB 提供了广泛的功能，支持多种数据类型、复杂查询、索引、事务处理、高并发访问、分布式处理具备高可用性和安全性。另外，由于 MariaDB 是开源的，因此用户可以自行修改和定制 MariaDB 来满足自己的需求。

2）MariaDB 数据库的特点

① 开源免费

MariaDB 是一款免费的开源数据库管理系统，可以在任何平台上安装和使用。

② 高性能

MariaDB 具有高性能的特点，支持多线程处理和并发操作，能够快速处理大量数据。

③ 数据安全

MariaDB 支持各种数据安全功能，包括加密、身份验证、访问控制等。

④ 高可用性

MariaDB 支持主从复制和集群等高可用性功能，可以保证数据的可靠性和稳定性。

⑤ 兼容性

MariaDB 与 MySQL 兼容，可以无缝迁移和集成 MySQL 的应用程序。

⑥ 开放性

MariaDB 支持多种编程语言和开发工具，用户可以根据需求进行自定义开发。

⑦ 社区支持

MariaDB 有一个庞大的社区支持，用户可以获得免费的技术支持和文档资源。

3）MariaDB 与 MySQL 的区别

MariaDB 和 MySQL 都是关系数据库，但 MariaDB 是 MySQL 的一个分支，旨在提供更好的性能、稳定性和兼容性。虽然 MariaDB 和 MySQL 有许多相似之处，但是它们之间存在以下区别。

① 开发公司不同

MySQL 最初由瑞典的 MySQL AB 公司开发，现属于 Oracle 公司，而 MariaDB 由 MySQL 的创始人 Michael Widenius 开发，现在由 MariaDB 基金会和社区提供开发与支持。

② 协议不同

MariaDB 使用 GPLv2 许可证，这意味着任何使用 MariaDB 的应用程序都必须是免费和开放源代码的；而 MySQL 使用 GPL 许可证和商业许可证，这意味着 MySQL 有一个商业版本，该版本的许可证要求付费才能使用。

③ 存储引擎不同

MariaDB 支持多种存储引擎，包括 InnoDB、MyISAM、Aria、XtraDB、PBXT 等，MySQL 也支持这些存储引擎，但这些存储引擎是作为插件的形式出现的。MariaDB 还添加了一些新的存储引擎，这些存储引擎为用户提供了更多的灵活性和选择性。

④ 功能不同

MariaDB 比 MySQL 提供了更多的功能。例如，MariaDB 支持更多的数据类型、多源复制、并行复制、表空间管理、虚拟列等。

⑤ 性能不同

MariaDB 比 MySQL 提供了更好的扩展性。例如，MariaDB 在查询优化器方面进行了许多改进，可以更好地优化查询，提高查询性能。此外，MariaDB 还具有更好的并发性能和查询缓存，可以更好地处理高并发负载。

3. Discuz!论坛

1）Discuz!论坛简介

Discuz!是一个选用 PHP 和 MySQL 等多种数据库构建的性能优异、功用全面、安全稳定的社区论坛,是位于全球市场占有率榜首的网络论坛(Bulletin Board System,BBS)。Discuz!是 Comsenz 公司推出的一个通用的社区论坛软件体系。自 2001 年 6 月问世以来，Discuz!已具有 20 年以上的运用历史和 300 多万个网站用户事例，是全球成熟度最高、覆盖率最大的论坛软件体系之一。

Discuz!的基础架构采用 Web 编程组合 PHP+MySQL，该组合是一个通过完善规划，适用于各种服务器环境的高效论坛体系解决方案。作为国内最大的社区软件及服务提供商，Comsenz 公司旗下的 Discuz!开发组具有丰厚的 Web 应用程序规划经验，尤其在论坛产品及相关范畴，通过长时间的创新性开发，把握了一整套从算法及数据结构到产品安全性方面的领先技术。

2）Discuz!论坛的特点

① 访问速度

Discuz!从创建之初就以提高产品功率为突破口，随着编译模板、语法生成内核、数据缓存和自动更新机制等首创或独有技能，以及稳定的数据结构与最少的数据库查询规则的运用，Discuz!能够在极为繁忙的场景下快速、稳定地运转，从而节约企业成本。

② 负载能力

Discuz!能够容纳 150 万篇帖子并稳定负载每 30 分钟 2500 个人在线的流量，最高可实现每 30 分钟 5000 个人在线。在硬件较好的场景中，如双 Xeon2.4G、2GRAM、万转 SCSI 硬盘的服务器上，Discuz!能够容纳超过 300 万篇的帖子，稳定负载每 30 分钟 5000～8000 个人在线的流量，最高可实现每 30 分钟超过 10000 个人在线。如果选用 Web 和数据库分离的方法负载，并选用 RAID-5 存储解决方案，则各项指标可以达到上述的 2～3 倍，即每 30 分钟 20000～30000 个人在线。这样的负载能力完全能够满足中大型网站甚至门户网站的运用需求。

③ 强壮功用

除了一般论坛所具有的功能，Discuz!还提供了很大程度的个性化设定，力求做到功能设置的体系性、丰厚性，功能运用的人性化、简便化，需求定制的最大化、智能化。例如，绝大多数功能均在后台预留了开关，用户可以按需启用；前、后台均选用语言文件等国际化设计，前台选用 Discuz!开发组自主开发的编译模板等先进技术，便于替换页面；完善的权限设定使管理员可以控制每个用户、每个组及其所在每个分论坛的各种权限，满足论坛管理的各种需求。

④ 数据结构

Discuz!开发组一直致力于开发最优的算法和数据结构，在从事 PHP 与 MySQL 开发的过程中，力求每行代码都能够充分发挥开发工具的优势，挑战 PHP 运用的极限。

Discuz!开发组具有丰富的 cache 处理经验，早在 Discuz!2.0 中就内建了包含从体系设定到模板机制在内的 PHP 语法生成内核，该内核可以直接生成程序格局的缓存。cache 技术的广泛运用使得 Discuz!的代码功率再上新的台阶。

3）Discuz!论坛的应用场景

Discuz!可以被广泛应用于各种网站。

① 企业网站

企业可以利用 Discuz!搭建自己的社区交流平台，加强与客户和员工之间的沟通。

② 教育网站

学校和教育机构可以利用 Discuz!搭建自己的论坛，方便师生之间的交流。

③ 娱乐网站

娱乐网站可以利用 Discuz!搭建自己的社区交流平台，方便用户之间的互动。

④ 新闻网站

新闻网站可以利用 Discuz!搭建自己的社区交流平台，方便读者之间的讨论。

任务 3.1　安装并部署 Apache 服务

1. 任务描述

本任务主要介绍 Apache 服务的安装与部署。Apache 是世界上使用最广泛的 Web 服务器软件之一，可以运行在几乎所有主流的计算机平台上，具有很好的跨平台性和安全性。

2. 任务分析

读者可以直接申请华为云实验室的"使用华为云鲲鹏弹性云服务器部署 Discuz!"项目，使用华为预置实验环境，也可以自行申请一台弹性云服务器，配置计费模式为按需计费，使用 2vCPUs/4GiB 内存、40GiB 硬盘、公共镜像为 CentOS 7.5，配置弹性公网 IP，按带宽计费。

本任务会在鲲鹏架构的云服务器上部署 Apache 服务，若自行申请弹性云服务器，则需要选择架构为鲲鹏架构。

3. 任务实施

（1）双击桌面的"Xfce 终端"图标，打开 Terminal，输入以下命令登录云服务器。（使用弹性云服务器的公网 IP 替换命令中的"EIP"。）

```
LANG=en_us.UTF-8 ssh root@EIP
```

弹性云服务器的公网 IP 可以通过选择"服务列表"→"计算"→"弹性云服务器 ECS"选项，进入服务器列表进行查看和复制。

（2）接收密钥并输入"yes"，按回车键。

（3）输入预置环境信息中云服务器名称为 ecs-01 的用户密码（在输入密码时，命令行窗口中不会显示密码，输入完成后直接按回车键），登录云服务器，如图 3-1 所示。

图 3-1　登录云服务器

（4）执行以下命令，安装主程序 httpd。

```
yum -y install httpd
```

安装 Apache 服务，如图 3-2 所示。

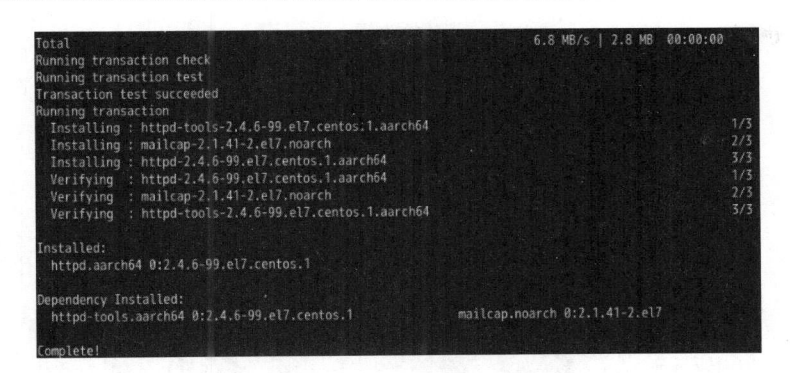

图 3-2　安装 Apache 服务

（5）启动主程序 httpd，用于接收请求，执行以下命令，结果如图 3-3 所示。

```
service httpd start
```

图 3-3　启动主程序 httpd 命令的执行结果

（6）设置主程序 httpd 开机自启动，保证在重启虚拟机的同时启动服务，执行以下命令，结果如图 3-4 所示。

```
chkconfig httpd on
```

图 3-4　主程序 httpd 开机自启动命令的执行结果

（7）安装 PHP 编译器，为后续的编写工作做准备，执行以下命令，如果如图 3-5 所示。

```
yum -y install php
```

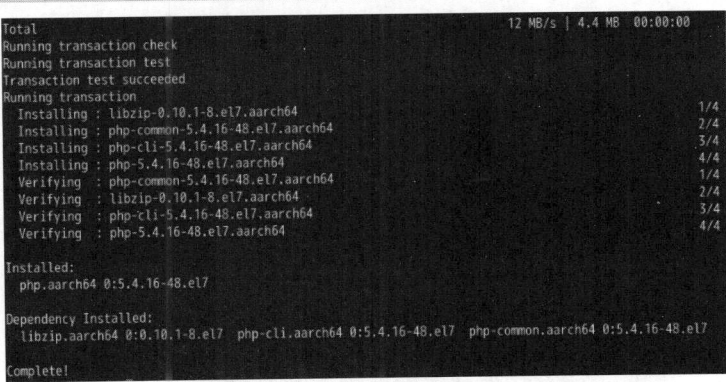

图 3-5　PHP 编译器安装命令的执行结果

（8）安装 PHP 编译器与 MySQL 链接的插件，进行数据库连接，执行以下命令，结果如图 3-6 所示。

```
yum -y install php-mysql
```

```
Total download size: 191 k
Installed size: 608 k
Downloading packages:
(1/2): php-mysql-5.4.16-48.el7.aarch64.rpm                    |  97 kB  00:00:00
(2/2): php-pdo-5.4.16-48.el7.aarch64.rpm                      |  94 kB  00:00:00
--------------------------------------------------------------------------------
Total                                              704 kB/s | 191 kB  00:00:00
Running transaction check
Running transaction test
Transaction test succeeded
Running transaction
  Installing : php-pdo-5.4.16-48.el7.aarch64                               1/2
  Installing : php-mysql-5.4.16-48.el7.aarch64                             2/2
  Verifying  : php-mysql-5.4.16-48.el7.aarch64                             1/2
  Verifying  : php-pdo-5.4.16-48.el7.aarch64                               2/2

Installed:
  php-mysql.aarch64 0:5.4.16-48.el7

Dependency Installed:
  php-pdo.aarch64 0:5.4.16-48.el7

Complete!
```

图 3-6　链接插件安装命令的执行结果

任务 3.2　安装并部署 MariaDB 数据库

1. 任务描述

本任务主要介绍 MariaDB 数据库的安装与部署。MariaDB 是目前流行的开源数据库之一，是一个功能强大、性能优越、安全可靠的数据库管理系统，适用于各种规模的应用程序。在本任务中部署 MariaDB 数据库是为了后续存储论坛数据。

2. 任务分析

在任务 3.1 的基础上安装 MariaDB 数据库，提前准备好安装 Linux 操作系统的云服务器并部署 Apache 服务。

3. 任务实施

（1）执行以下命令，安装 MariaDB 数据库，结果如图 3-7 所示。

```
yum -y install mariadb-server mariadb
```

```
  Verifying  : 1:mariadb-5.5.68-1.el7.aarch64                          1/13
  Verifying  : perl-Net-Daemon-0.48-5.el7.noarch                       2/13
  Verifying  : 1:perl-Compress-Raw-Zlib-2.061-4.el7.aarch64            3/13
  Verifying  : perl-DBI-1.627-4.el7.aarch64                            4/13
  Verifying  : perl-IO-Compress-2.061-2.el7.noarch                     5/13
  Verifying  : perl-Compress-Raw-Bzip2-2.061-3.el7.aarch64             6/13
  Verifying  : 1:mariadb-server-5.5.68-1.el7.aarch64                   7/13
  Verifying  : libaio-0.3.109-13.el7.aarch64                           8/13
  Verifying  : perl-DBD-MySQL-4.023-6.el7.aarch64                      9/13
  Verifying  : perl-Data-Dumper-2.145-3.el7.aarch64                   10/13
  Verifying  : perl-PlRPC-0.2020-14.el7.noarch                        11/13
  Verifying  : 1:mariadb-libs-5.5.68-1.el7.aarch64                    12/13
  Verifying  : 1:mariadb-libs-5.5.64-1.el7.aarch64                    13/13

Installed:
  mariadb.aarch64 1:5.5.68-1.el7                 mariadb-server.aarch64 1:5.5.68-1.el7

Dependency Installed:
  libaio.aarch64 0:0.3.109-13.el7                    perl-Compress-Raw-Bzip2.aarch64 0:2.061-3.el7
  perl-Compress-Raw-Zlib.aarch64 1:2.061-4.el7       perl-DBD-MySQL.aarch64 0:4.023-6.el7
  perl-DBI.aarch64 0:1.627-4.el7                     perl-Data-Dumper.aarch64 0:2.145-3.el7
  perl-IO-Compress.noarch 0:2.061-2.el7              perl-Net-Daemon.noarch 0:0.48-5.el7
  perl-PlRPC.noarch 0:0.2020-14.el7

Dependency Updated:
  mariadb-libs.aarch64 1:5.5.68-1.el7

Complete!
```

图 3-7　MariaDB 数据库安装命令的执行结果

（2）执行以下命令，启动 MariaDB 数据库，结果如图 3-8 所示。

```
systemctl start mariadb
```

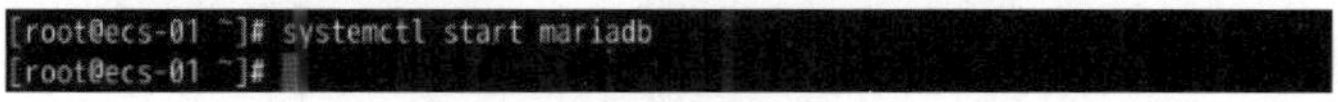

```
[root@ecs-01 ~]# systemctl start mariadb
[root@ecs-01 ~]#
```

图 3-8　启动 MariaDB 数据库命令的执行结果

（3）设置 MariaDB 数据库开机自启动，保证在重启虚拟机的同时启动服务，执行以下命令，结果如图 3-9 所示。

```
systemctl enable mariadb
```

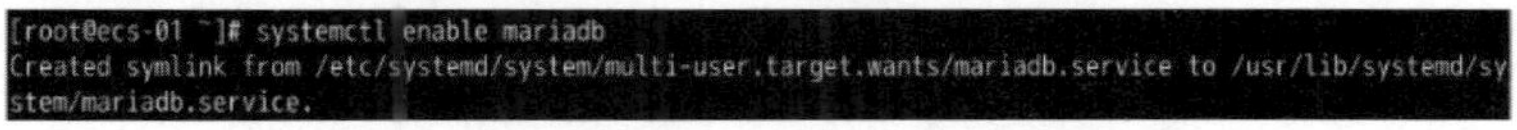

```
[root@ecs-01 ~]# systemctl enable mariadb
Created symlink from /etc/systemd/system/multi-user.target.wants/mariadb.service to /usr/lib/systemd/sy
stem/mariadb.service.
```

图 3-9　MariaDB 数据库开机自启动命令的执行结果

（4）执行以下命令，进入数据库，结果如图 3-10 所示。

```
mysql
```

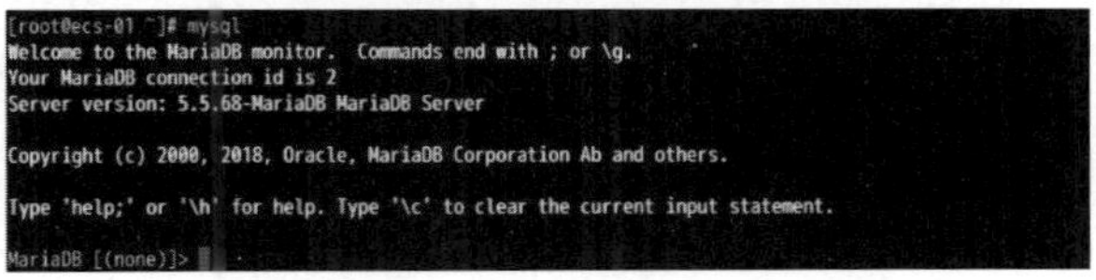

```
[root@ecs-01 ~]# mysql
Welcome to the MariaDB monitor.  Commands end with ; or \g.
Your MariaDB connection id is 2
Server version: 5.5.68-MariaDB MariaDB Server

Copyright (c) 2000, 2018, Oracle, MariaDB Corporation Ab and others.

Type 'help;' or '\h' for help. Type '\c' to clear the current input statement.

MariaDB [(none)]>
```

图 3-10　进入数据库命令的执行结果

（5）创建访问数据库的用户名和密码，并进行授权，包括以下信息。

用户名：root

密码：123456

主机：localhost（本机）

数据库名字：kunpeng

执行以下命令。

```
GRANT ALL PRIVILEGES ON *.* TO 'root'@'localhost'IDENTIFIED BY '123456' WITH GRANT
OPTION;CREATE DATABASE kunpeng;flush privileges;
```

在执行上述命令后，按 Ctrl+C 组合键，退出数据库，如图 3-11 所示。

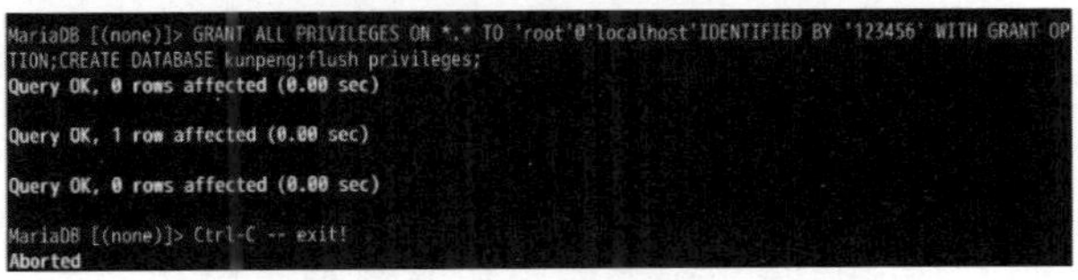

```
MariaDB [(none)]> GRANT ALL PRIVILEGES ON *.* TO 'root'@'localhost'IDENTIFIED BY '123456' WITH GRANT OP
TION;CREATE DATABASE kunpeng;flush privileges;
Query OK, 0 rows affected (0.00 sec)

Query OK, 1 row affected (0.00 sec)

Query OK, 0 rows affected (0.00 sec)

MariaDB [(none)]> Ctrl-C -- exit!
Aborted
```

图 3-11　退出数据库

任务 3.3　安装并部署 Discuz!论坛

1. 任务描述

本任务主要介绍 Discuz!论坛的安装与部署。Discuz!是一个功能强大、灵活性高、安全稳定的开源论坛软件，是一个基于 PHP 和 MySQL 的在线社区平台，提供了一个完整的论坛系统，具有帖子、主题、用户管理、权限控制等功能。本任务会在 CentOS 上部署 Discuz!软件，并通过 IP 地址登录图形化页面进行基础设置。

2. 任务分析

Discuz!是一个非常受欢迎的社区论坛软件，是目前国内最流行的论坛软件之一，被广泛应用于各种网站的社区交流平台中。在进行本任务前，需要先完成 Apache 和 MariaDB 的部署，再进行 Dicuz!论坛的安装。

3. 任务实施

（1）通过官网下载 Discuz!软件包，本任务所用的软件包为 Discuz!_X3.4_SC_UTF8.zip，选择下载格式为"简体 UTF8"，如图 3-12 所示。

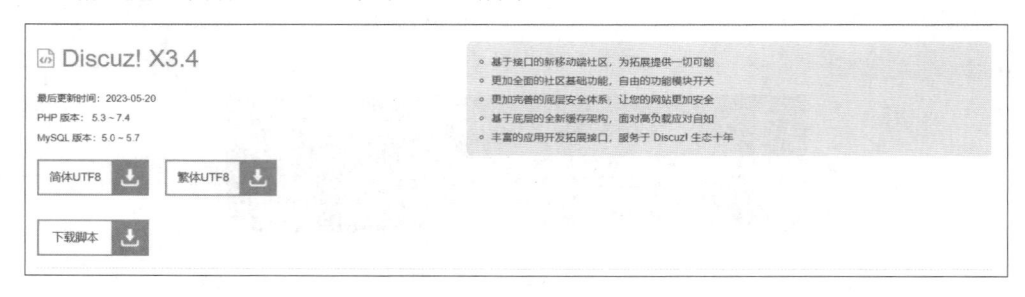

图 3-12 下载 Discuz!软件包

（2）将软件包下载到本地，通过 WinSCP 或者 Xshell 工具，将软件包上传到云服务器中。本任务以 Xshell 工具为例，通过弹性云服务器的公网 IP 建立连接。通过 XFTP 工具将软件包上传至云服务器的 root 目录中，如图 3-13 所示。

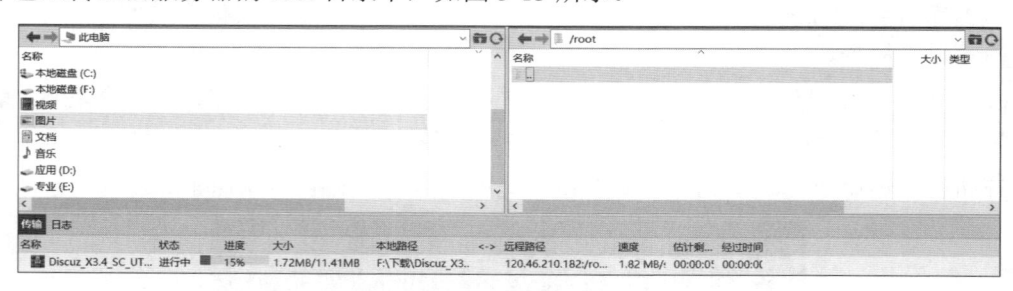

图 3-13 通过 XFTP 工具上传软件包

在上传完成后，回到 Xfce 终端，进入云服务器的 root 目录，查看是否存在该软件包，如图 3-14 所示。

图 3-14 查看软件包

（3）在 root 目录下创建 Discuz_SC_UTF8 空目录，将软件包解压缩到 Discuz_SC_UTF8

目录中，执行以下命令，结果如图 3-15 所示。

```
mkdir Discuz_SC_UTF8
unzip -d ./Discuz_SC_UTF8/  Discuz_X3.4_SC_UTF8_20230315.zip
```

图 3-15　解压缩软件包命令的执行结果

（4）在解压缩完成后，查看 Discuz_SC_UTF8 目录下是否有内容，如图 3-16 所示。

图 3-16　查看 Discuz_SC_UTF8 目录下是否有内容

（5）将 Discuz!软件包移动到 httpd 启动的目录，使得用户可以通过 httpd 访问 Discuz!网站。执行以下命令，移动文件。

```
mv Discuz_SC_UTF8/upload/* /var/www/html/
```

（6）修改源码读写权限，使得网站能够被所有用户正常读写、访问。验证命令是否执行成功，进入/var/www/html/目录，执行以下命令授权。

```
chmod -R 777 /var/www/html/*
```

验证权限配置是否生效，如图 3-17 所示。

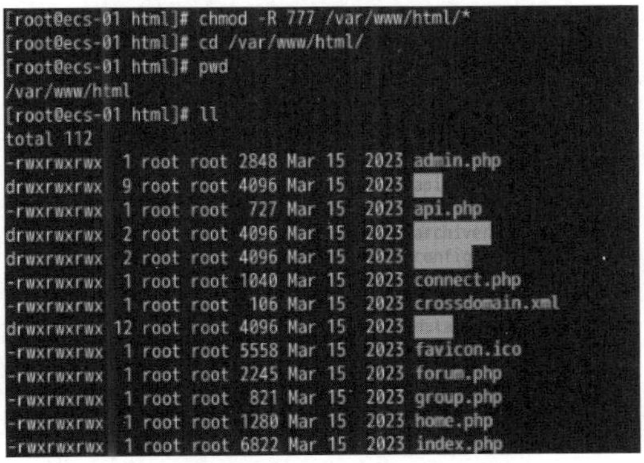

图 3-17　验证权限配置是否生效

（7）重启主程序 httpd，使所有设置好的环境变量生效，执行以下命令，结果如图 3-18 所示。

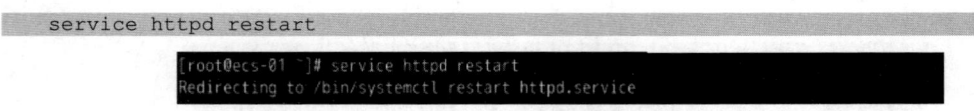

```
service httpd restart
```

```
[root@ecs-01 ~]# service httpd restart
Redirecting to /bin/systemctl restart httpd.service
```

图 3-18　重启主程序 httpd 命令的执行结果

（8）切换回浏览器，进入云服务器控制台（选择"服务列表"→"计算"→"弹性云服务器 ECS"选项），单击"安全组"按钮。

（9）找到弹性云服务器使用的安全组，单击该安全组的名称，进入"安全组"页面，单击"入方向规则"→"添加规则"按钮，添加入方向规则，如图 3-19 所示。

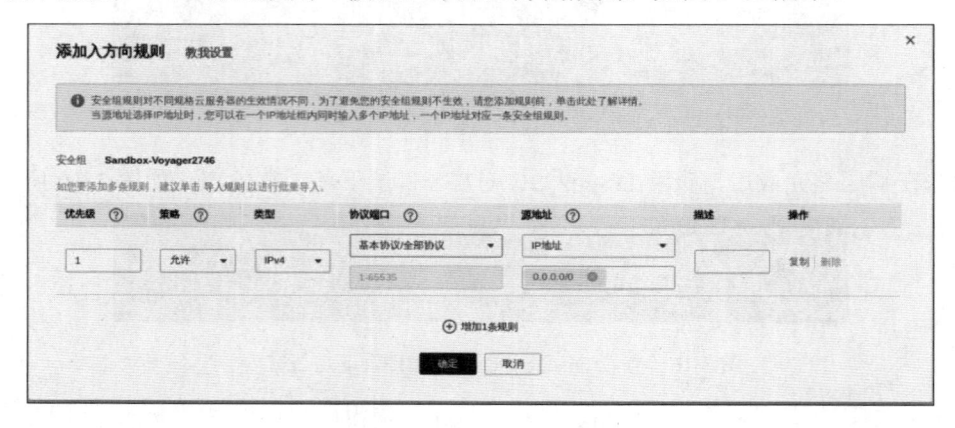

图 3-19　添加入方向规则

（10）复制弹性云服务器的弹性公网 IP。在已登录账号的浏览器页面中，选择"服务列表"→"计算"→"弹性云服务器 ECS"选项，进入云服务器列表，查看并复制服务器的 IP 地址。在地址栏中输入"http://+云服务器的 EIP 地址"，访问 Discuz!网站。

在 Discuz！安装向导中，单击"我同意"按钮，如图 3-20 所示。

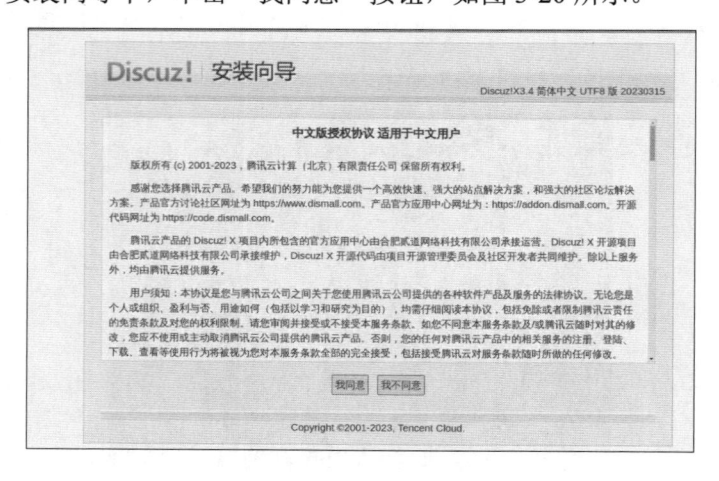

图 3-20　Discuz!安装向导

（11）检查安装环境，如图 3-21 和图 3-22 所示，单击"下一步"按钮。

图 3-21　检查安装环境（1）

图 3-22　检查安装环境（2）

（12）在"设置运行环境"页面中选中"全新安装 Discuz! X（含 UCenter Server）"单选按钮，单击"下一步"按钮，如图 3-23 所示。

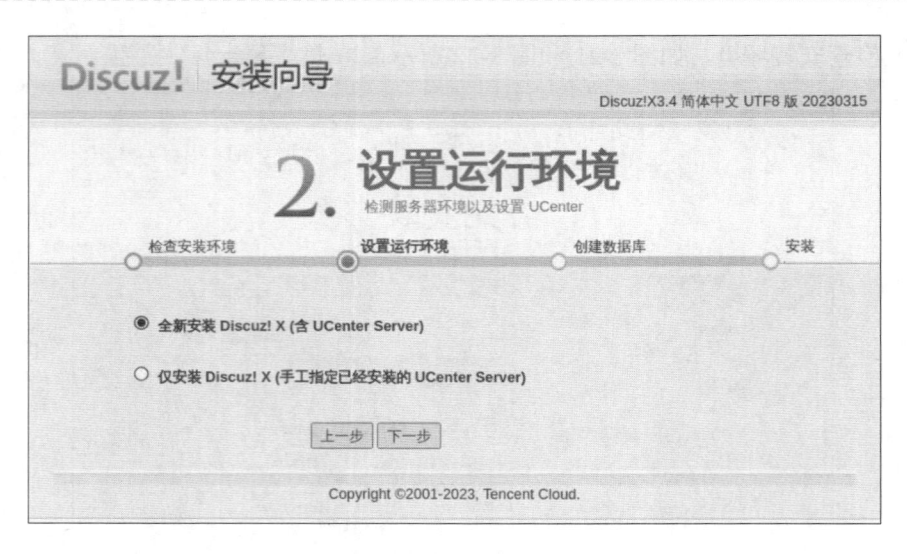

图 3-23　设置运行环境

（13）在"创建数据库"页面中输入设置好的数据库的名称和密码，安装数据库，并为管理员设置密码，如图 3-24 所示，单击"下一步"按钮。

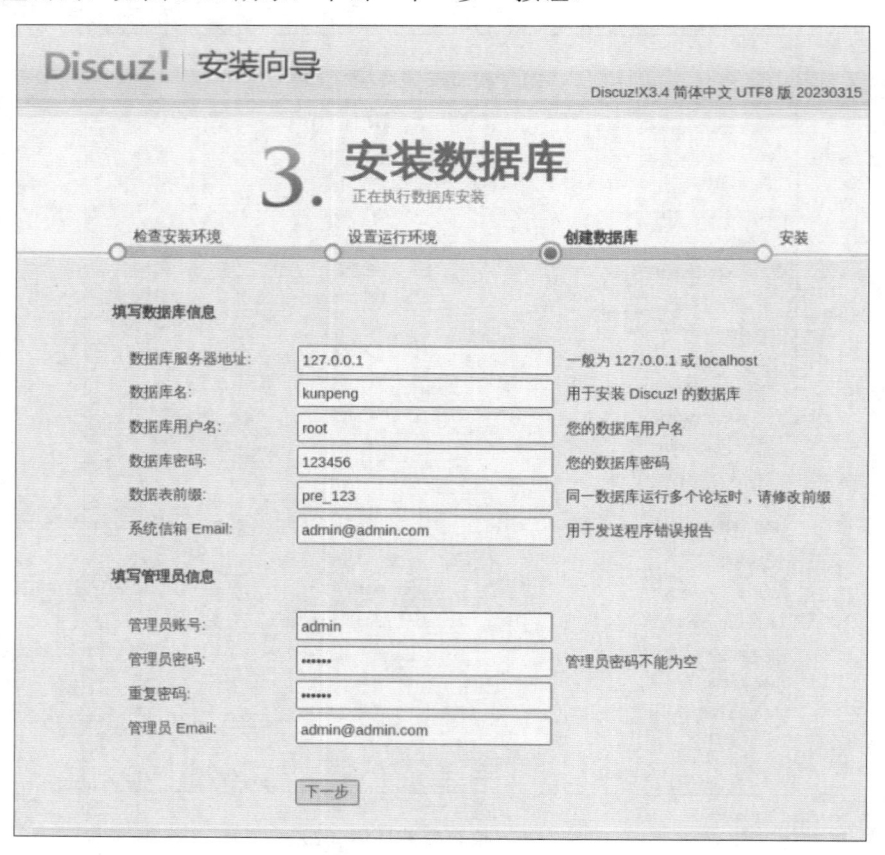

图 3-24　安装数据库

（14）完成安装，如图 3-25 所示，单击"您的论坛已完成安装，点此访问"按钮。

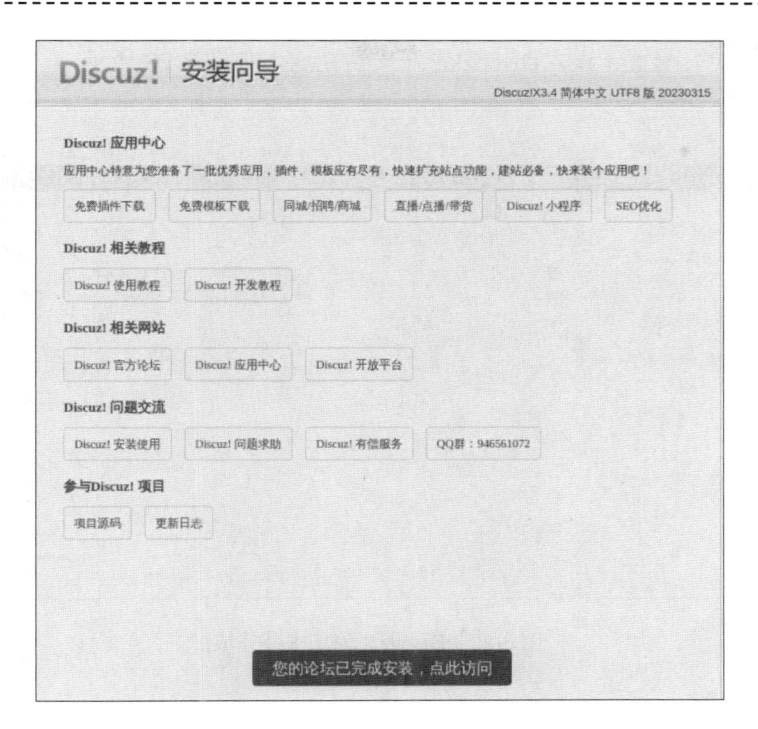

图 3-25　完成安装

（15）进入 Discuz！论坛，如图 3-26 所示。

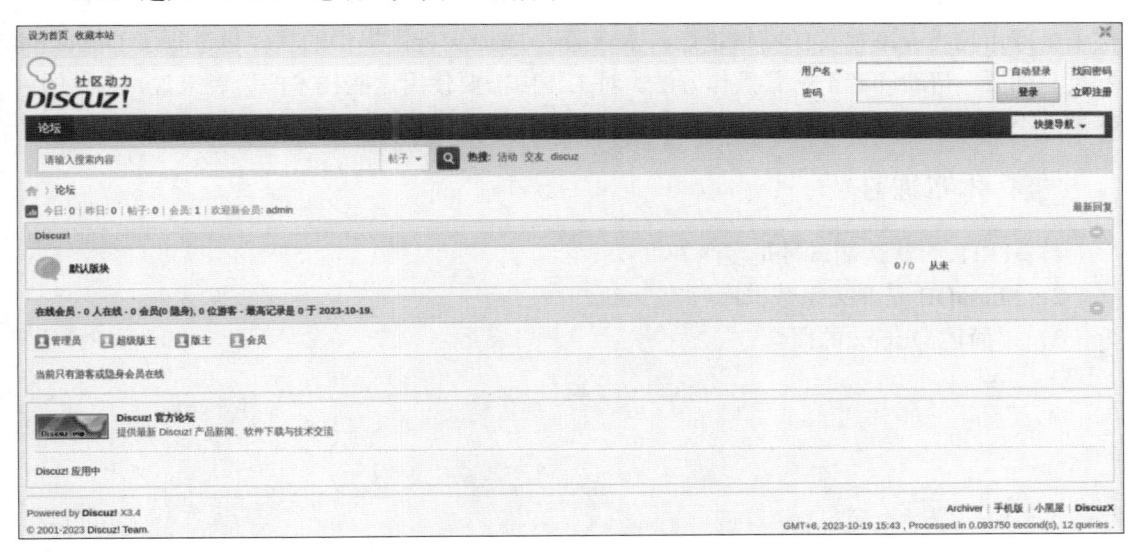

图 3-26　Discuz!论坛

（16）使用之前配置的管理员的账号和密码登录 Discuz！论坛，进行验证，如图 3-27 所示。

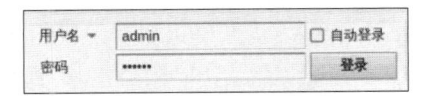

图 3-27　登录 Discuz！论坛

登录成功，代表配置无误，Discuz!论坛安装完成，如图 3-28 所示。

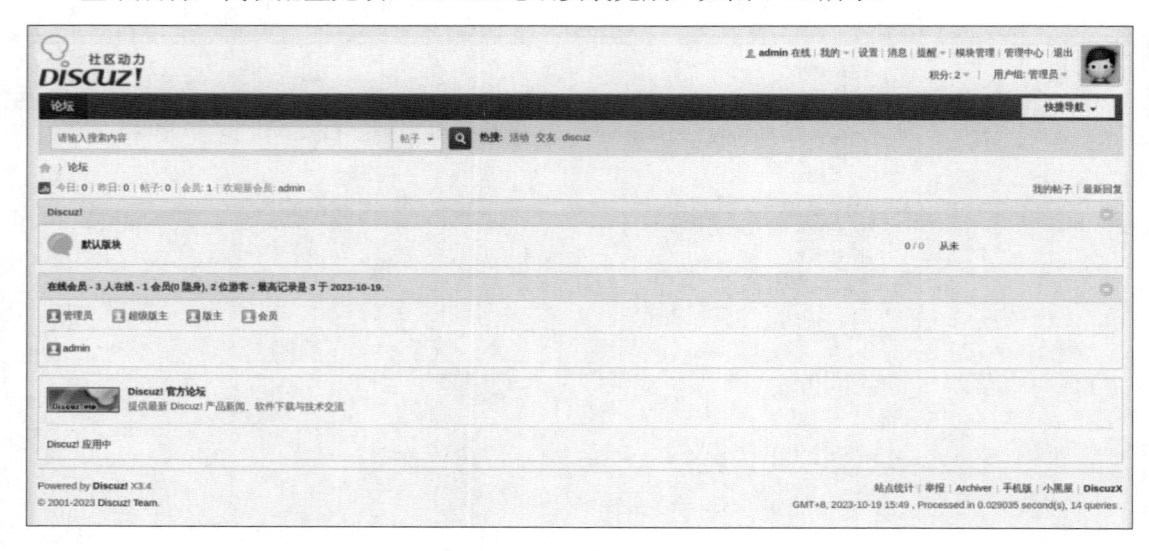

图 3-28　Discuz！论坛安装完成

本章小结

本章重点介绍了 Apache 服务、MariaDB 数据库与 Discuz!论坛的基础操作。Discuz!是一个选用 PHP、MySQL 及其他数据库构建的性能优异、功用全面、安全稳定的社区论坛，是位于全球市场占有率榜首的网络论坛。本章通过 Discuz!社区提供的软件包进行了 Discuz!的安装与部署，帮助读者了解其操作方法。对工作中需要使用这些技术的读者来说，本章的内容是必不可少的。

本章练习

1．HTTP 的默认端口号是多少？
2．MariaDB 是非关系数据库吗？
3．请简述 Discuz!的概念。

第 4 章　个人博客系统 WordPress 搭建项目

本章导读

本章将介绍 Linux 操作系统中常用的 LAMP 架构。LAMP 架构是目前成熟的企业网站应用模式之一，包括协同工作的系统和相关软件，能够提供动态 Web 站点服务及其应用开发环境。LAMP 架构的组件包括 Linux 操作系统、Apache 网页服务器、MySQL 数据库服务、网页编程语言（PHP、Perl、Python）。通过对本章的学习，读者可以深入了解 LAMP 架构、云数据库 RDS、WordPress，并掌握它们的安装和部署方法。对于那些需要在 Linux 操作系统中搭建 Web 服务的用户，本章将提供有价值的参考和帮助。

1. 知识目标

（1）阐述 LAMP 架构的组成
（2）了解云数据库 RDS
（3）认识 WordPress

2. 能力目标

（1）能够申请云数据库 RDS
（2）能够掌握 WordPress 的部署方法

3. 素养目标

（1）培养用科学的思维方式审视专业问题的能力
（2）培养实际动手操作与团队合作的能力

任务分解

本章旨在让读者掌握 WordPress 的安装与部署，为了方便学习，本章分成 4 个任务。任务分解如表 4-1 所示。

表 4-1 任务分解

任务名称	任务目标	安排课时
任务 4.1 配置基础云服务	能够配置基础类的云服务	2
任务 4.2 搭建 LAMP 环境	能够在 Linux 上安装 LAMP 环境	2
任务 4.3 创建并配置 RDS	能够在公有云上配置 RDS 数据库	2
任务 4.4 访问并配置 WordPress	能够安装 WordPress 并完成个人博客的配置	2
总计		8

知识准备

1. LAMP 架构

1）LAMP 架构简介

LAMP 架构是目前成熟的企业网站应用模式之一，包括协同工作的系统和相关软件，能够提供动态 Web 站点服务及其应用开发环境。LAMP 架构的组件包括 Linux 操作系统、Apache 网页服务器、MySQL 数据库服务、网页编程语言（PHP、Perl、Python）。

LAMP 是一个多 C/S 架构的平台。最初级的 LAMP 架构为 Web 客户端基于 TCP/IP 协议通过 HTTP 发起传送请求，这个请求可能是静态的也可能是动态的，由 Web 服务器通过发起请求的后缀来判断。如果请求是静态的，则由 Web 服务器自行处理并将资源发给客户端；如果请求是动态的，则 Web 服务器会将请求通过 CGI（Common Gateway Interface，通用网关接口）协议发送给 PHP。如果 PHP 以模块形式与 Web 服务器联系，则它们通过内部共享内存的方式通信；如果 PHP 单独放置于一台服务器中，则它们以 Sockets 套接字的方式通信（这又是一个 C/S 架构）。这时 PHP 会相应地执行一段程序，如果在执行程序时需要一些数据，则 PHP 会通过 MySQL 协议发送给 MySQL 服务器处理，由 MySQL 服务器将数据发送给 PHP。

2）LAMP 架构的组件

① Linux 操作系统

作为 LAMP 架构的基础，Linux 是用于支撑 Web 站点的操作系统，能够与其他 3 个组件协同，提供更好的稳定性、兼容性。（AMP 组件也支持 Windows、UNIX 等操作系统。）

② Apache 网页服务器

作为 LAMP 架构的前端，Apache 网页服务器是一个功能强大、稳定性好的 Web 服务器程序，能够直接面向用户提供网站访问功能，发送网页、图片等文件内容。

③ MySQL 数据库服务

作为 LAMP 架构的后端，MySQL 是一款流行的开源关系数据库。在企业网站、业务系统等应用中，账号信息、产品信息、客户资料、业务数据等都可以存储到 MySQL 数据库中，其他程序可以通过 SQL 语句来查询、更改这些信息。

④ 网页编程语言

PHP、Perl、Python 这 3 种开发动态网页的编程语言负责解释动态网页文件，沟通 Web 服务器和数据库以协同工作，并提供 Web 应用程序的开发和运行环境。其中，PHP 是一种被广泛应用的开放源代码的多用途脚本语言，可以嵌入到 HTML 中，尤其适合 Web 应用程序的开发。

3) LAMP 架构的工作流程

LAMP 架构的工作流程如图 4-1 所示。

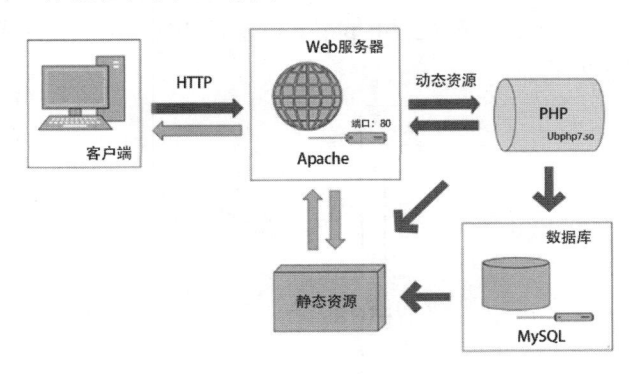

图 4-1　LAMP 架构的工作流程

客户端请求连接到 Web 服务器的 80 端口。Apache 在接收到客户端的静态资源请求后，会查找该资源并直接返回给客户端。Apache 作为 Web 服务器软件，负责接收和响应 HTTP 请求，并将相应的静态资源返回给客户端。如果客户端请求的是动态资源，则 Apache 会加载并调用与 PHP 解析相关的模块。这些模块负责解析 PHP 代码并生成动态资源。在处理动态资源时，如果有需要与后台数据库进行交互的操作，则 PHP 程序会通过适当的方式与后台数据库建立连接并执行相应的操作。PHP 程序一旦完成对动态资源请求的处理和与后台数据库的交互，就会生成最终的结果（如 HTML 内容）并将其返回给 Apache。Apache 会将结果返回给客户端作为 HTTP 响应，客户端浏览器会解析并展示相应的内容。

总体而言，Apache 负责接收和响应 HTTP 请求，并将静态资源直接返回给客户端；对于动态资源，它会加载并调用相关的模块进行解析，包括与 PHP 程序交互和与后台数据库通信，最后将处理结果返回给客户端。Apache、MySQL、网页编程语言共同构成了 LAMP 架构的核心，为开发人员提供了搭建强大、可扩展的 Web 应用程序的基础设施。

4) 编译安装的优点

① 满足不同的运行平台

Linux 发行版本众多，而且每个版本采用的软件或者内核版本都不一样，在二进制包所依赖的环境下不一定能够正常运行，所以大部分软件能够直接提供源码。

② 方便定制

很多时候软件是可以定制的，而大多数二进制代码都是一键装全的，自由度并不高。

③ 方便维护

源码是可以打包为二进制代码的，但会有一份代价不小的额外的工作（包括维护）。因此，如果是源码，则软件厂商会直接维护；如果是二进制代码，则一般由 Linux 发行商提供。

2. LNMP 架构

1) LNMP 架构简介

LNMP 是一组协同运行动态网站或者服务器的自由软件。LNMP 架构由 Linux 操作系统中运行 Nginx 的 Web 服务器、运行 PHP 的动态页面解析程序和 MySQL 数据库组成的网站架构，也是当前常用的系统架构之一。

在 LNMP 架构中，Nginx 本身只负责静态页面的处理。当需要处理动态页面时，Nginx 会将相关的 PHP 页面转交给 php-fpm 处理，php-fpm 会将 PHP 页面解析成 html 文件并交给 Nginx 进行处理，如图 4-2 所示。

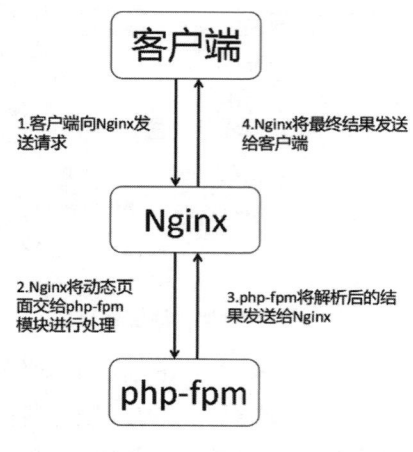

图 4-2　LNMP 架构

LNMP 架构与 LAMP 架构的主要区别在于对 PHP 的处理，LNMP 架构对 PHP 动态资源的处理是通过 Apache 的 libphp5.so 模块进行的，该模块内嵌在 Apache 中；Nginx 对 PHP 动态资源的处理是通过 php-fpm 进行的，php-fpm 是一个独立的模块。因此，在搭建 LNMP 架构时，Nginx 和 php-fpm 都需要开启。

2）LNMP 架构的组件

LNMP 代表的是 Linux 操作系统下 Nginx+MySQL+PHP 的网站服务器架构。

① Linux 操作系统

Linux 是一类 UNIX 操作系统的统称，是目前最流行的免费的操作系统之一，代表版本有 Debian、CentOS、Ubuntu、Fedora、Gentoo 等。

② Nginx 网页服务器

Nginx 是一个高性能的 HTTP 和反向代理 Web 服务器，能够提供 IMAP/POP3/SMTP 服务。Nginx 的特点是占有内存少、并发能力强。Nginx 的并发能力在同类型的网页服务器中表现较好。

③ MySQL 数据库服务

MySQL 是一种开放源代码的关系数据库，使用最常用的数据库管理语言——结构化查询语言进行数据库管理。MySQL 凭借开放的源代码、查询速度、可靠性和适应性而备受关注。大多数人认为在不需要事务化处理的情况下，MySQL 是管理内容最好的选择。

④ PHP

PHP 即"超文本预处理器"，是一种通用的开源脚本语言。PHP 是在服务器端执行的脚本语言，与 C 语言类似，是常用的网站编程语言之一。PHP 凭借开源、免费、快捷等特点成为目前最流行的编程语言之一。

3）LNMP 架构的工作流程

LNMP 架构的工作流程如图 4-3 所示。

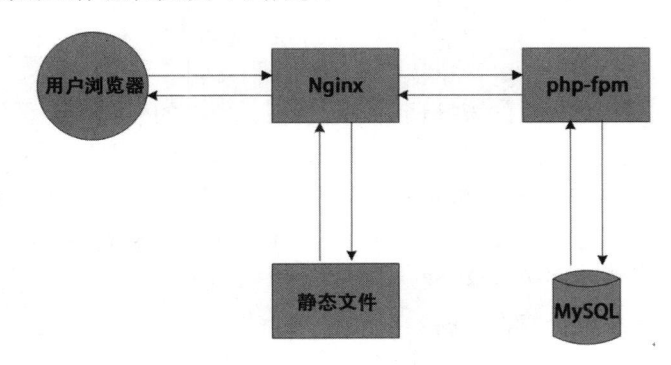

图 4-3　LNMP 架构的工作流程

用户通过 HTTP 发起请求，请求会先抵达 LNMP 架构中的 Nginx。Nginx 会对用户的请求进行判断，这个判断是由 Location 完成的。如果用户请求的是静态页面，则 Nginx 会直接进行处理；如果用户的请求是动态页面，则 Nginx 会将该请求交给 FastCGI 下发。FastCGI 会将请求交给 php-fpm 管理进程，php-fpm 管理进程在接收到请求后会调用 wrApper 线程。wrApper 线程会调用 PHP 解析，如果只解析 PHP 代码，则会直接返回结果给客户端；如果有查询数据库的操作，则由 PHP 连接数据库（用户密码 IP）并发起查询。最终数据按照 MySQL→PHP→php-fpm→FastCGI→Nginx→HTTP→客户端的顺序传输。

通俗地说，客户端所有的页面请求会先到达 LNMP 架构中的 Nginx，Nginx 会判断哪些是静态页面，哪些是动态页面。如果是静态页面，则直接由 Nginx 处理并返回结果给客户端；如果是动态页面，则需要调用 PHP 中间件处理。在处理 PHP 页面的过程中可能需要调用 MySQL 数据库的数据完成页面编译，编译完成后的页面会先返回给 Nginx，再由 Nginx 返回给客户端。

4）FastCGI

CGI 用于 HTTP 服务器与其他服务器的通信。CGI 程序必须运行在网络服务器上。

传统 CGI 的主要缺点是性能较差，因为每当 HTTP 服务器遇到动态程序时都需要先重启解析器来执行解析，再将结果返回给 HTTP 服务器。传统 CGI 在处理高并发访问时几乎是不可用的，因此诞生了 FastCGI。另外，传统 CGI 的安全性也很差。

FastCGI 是一个可伸缩、高速的在 HTTP 服务器和动态脚本语言间通信的接口，在 Linux 操作系统中是 socket（可以是文件 socket，也可以是 ip socket）。多数流行的 HTTP 服务器都支持 FastCGI，包括 Apache、Nginx 和 Lightpd。

同时，FastCGI 也被许多脚本语言所支持，比较流行的脚本语言是 PHP。FastCGI 采用 C/S 架构，可以将 HTTP 服务器和脚本解析服务器分开，同时在脚本解析服务器上启动一个或多个脚本解析守护进程。每当 HTTP 服务器遇到动态程序时，都可以将其直接交付给 FastCGI 执行，并将得到的结果返回给浏览器。这种方式可以让 HTTP 服务器专一地处理静态请求或者将动态脚本服务器的结果返回给客户端，在很大程度上提高了整个应用系统的性能。

FastCGI 采用 C/S 架构，分为客户端（HTTP 服务器）和服务端（动态语言解析服务器）。服务端可以启动多个 FastCGI 的守护进程。HTTP 服务器通过 FastCGI 的客户端和 FastCGI 的服务端通信。

Nginx 不支持对外部动态程序的直接调用或者解析，所有的外部程序（包括 PHP 程序）都必须通过 FastCGI 来调用。例如，FastCGI 在 Linux 操作系统中是 socket，为了调用 CGI 程序，还需要调用 wrApper 线程。该线程被绑定在某个固定的 socket 上，如端口或者文件 socket。当 Nginx 将 CGI 请求发送给这个 socket 的时候，通过 FastCGI，wrApper 线程会先接收到请求并派生出一个新的线程，这个线程会调用解释器或者外部程序处理脚本并读取和返回数据；然后，wrApper 线程会将返回的数据通过 FastCGI 沿着固定的 socket 传递给 Nginx；最后，Nginx 会将数据发送给客户端。这就是 Nginx+FastCGI 的整个运作过程。

FastCGI 的主要优点是把动态脚本语言和 HTTP 服务器分开。Nginx 能够专一处理静态请求和向后转发动态请求，而 PHP/PHP-FPM 服务器能够专一解析 PHP 动态请求。

5）LAMP 架构和 LNMP 架构的区别

① 定义不同

LAMP：Web 软件组合。

LNMP：指的是基于 CentOS、Debian 编写的 Nginx、PHP、MySQL、phpMyAdmin、eAccelerator 的一键安装包。

② 作用不同

LAMP：包括 Linux 操作系统、Apache HTTP 服务器，一般用来建立 Web 应用平台。

LNMP：包括 Liunx 操作系统、Nginx、MySQL、PHP，一般用来在网站中搭建服务器架构。

③ 用户评价不同

LAMP：是最强大的网站解决方案之一。

LNMP：其搭建的 Linux 操作系统是目前最流行的免费操作系统之一。

④ 软件组件不同

LAMP：Linux、Apache、MySQL、PHP、Perl 或 Python。

LNMP：Linux、Nginx、MySQL、PHP。

3. 云数据库 RDS

1）数据库简介

数据库是一种依照特定数据模型组织、存储和管理数据的文件集合。这些文件一般存放在外部存储器中，以便长久保存数据并快速访问。数据库与普通数据文件的区别是，数据库的操作访问与控制管理由数据库管理系统实现，而普通数据文件的操作访问与控制管理都必须由应用程序实现。

数据库实例是程序，是位于用户和操作系统之间的数据管理软件，是访问数据库的通道。用户对数据库中的数据做任何的操作，包括数据定义、数据查询、数据维护、数据库运行控制等，都是在数据库实例下进行的，应用程序只有通过数据库实例才能和数据库交互。

关系数据库（Relational Database）是采用关系模型来组织数据的数据库，以行和列的形式存储数据，便于用户理解。关系数据库的行和列组成了表，一组表组成了数据库。用户通过查询来检索数据库中的数据，而查询是一个用于限定数据库中某些区域的执行代码。关系模型可以简单理解为二维表格模型，而一个关系数据库就是由二维表及其之间的关系组成的数据组织。

非关系数据库也被称为 NoSQL（Not Only SQL）数据库，是指非关系型的、分布式的数据存储系统。与关系数据库相比，非关系数据库无须事先为要存储的数据建立字段，没有固定的结构，既可以拥有不同的字段，也可以存储各种格式的数据。

2）云数据库 RDS 简介

云数据库 RDS（Relational Database Service，RDS）是一种基于云计算平台的稳定可靠、弹性伸缩、管理便捷的在线云数据库服务。云数据库 RDS 支持 MySQL、PostgreSQL、SQL Server、MariaDB。

云数据库 RDS 具有完善的性能监控体系和多重安全防护措施，能够提供专业的数据库管理平台，让用户在云上轻松地设置和扩展云数据库。使用云数据库 RDS 的管理控制台，用户无须编程就可以执行所有必需的任务，简化运营流程，减少日常运维的工作量，从而专注于开发应用和业务发展。

① 云数据库 RDS for MySQL

MySQL 是目前最受欢迎的开源数据库之一，性能卓越，搭配 LAMP（Linux＋Apache＋MySQL＋Perl/PHP/Python）成为 Web 开发的高效解决方案。云数据库 RDS for MySQL 具有稳定可靠、安全运行、弹性伸缩、管理轻松、经济实用等特点，架构成熟稳定，支持主流的应用程序，适用于多个领域；支持各种 Web 应用，成本低，是中小企业的首选；能够通过管理控制台提供全面的监控信息，简单易用、管理灵活、可视可控；能够随时根据业务情况弹性伸缩所需资源，按需开支，量身定做。

② 云数据库 RDS for PostgreSQL

PostgreSQL 是一个开源对象云数据库管理系统，侧重于可扩展性和标准的符合性，被业界誉为"最先进的开源数据库"。云数据库 RDS for PostgreSQL 面向企业复杂 SQL 处理的 OLTP 在线事务处理场景，支持 NoSQL 数据类型、GIS 地理信息处理，在可靠性、数据完整性方面表现良好；支持 postgis 插件，空间应用卓越；适用于互联网网站、位置应用系统、复杂数据对象处理等应用；费用低；能够随时根据业务情况弹性伸缩所需的资源，按需开支，量身定做。

③ 云数据库 RDS for SQL Server

Microsoft SQL Server 是老牌商用级数据库，具有成熟的企业级架构，能够轻松应对各种复杂环境，支持一站式部署、保障关键运维服务，从而大幅降低人力成本；能够根据华为国际化安全标准，打造安全稳定的数据库运行环境，被广泛应用于政府、金融、医疗、教育和游戏等领域。

云数据库 RDS for SQL Server 具有稳定可靠、安全运行、弹性伸缩、管理轻松和经济实用等特点，拥有高可用架构、数据安全保障和故障秒级恢复功能，提供了灵活的备份方案。

④ 云数据库 RDS for MariaDB

云数据库 RDS for MariaDB 与 MySQL 高度兼容，是一个功能强大、性能优越、安全可靠的数据库管理系统，适用于各种规模的应用程序，具有以下优势。

- 应用无须改造，无缝迁移，开箱即用。
- 管理控制台能够提供全面的监控信息，简单易用、管理灵活、可视可控。
- 随时根据业务情况弹性伸缩所需的资源，按需开支。

3）云数据库 RDS 的优势

① 低成本

- 创建使用：用户可以通过华为云官网实时生成目标实例，将云数据库 RDS 和弹性云服务器配合使用，通过内网连接云数据库 RDS，从而有效地缩减应用响应时间、节省公网流量费用。
- 弹性扩容：根据业务情况弹性伸缩所需的资源，按需开支，量身定做。配合云监控监测数据库压力和数据存储量的变化，用户可以灵活调整实例的规格。
- 完全兼容：用户无须再次学习，云数据库 RDS 各引擎的操作方法与原生数据库引擎的操作方法完全相同。云数据库 RDS 还兼容现有的程序和工具，能够提供数据复制服务（Data Replication Service，DRS），使用户用极低的成本将数据迁移到华为云关系数据库中，享受华为云数据库带来的超值服务。
- 运维便捷：云数据库 RDS 的日常维护和管理包括但不限于软、硬件故障处理，数据库补丁更新等工作，目的是保障云数据库 RDS 运转正常。云数据库 RDS 能够提供专业的数据库管理平台，包括重启、重置密码、修改参数、查看错误日志和慢日志、恢复数据等一键式功能，以及 CPU 利用率、IOPS、连接数、磁盘空间等实例信息实时监控及告警功能，让用户随时随地了解实例动态。

② 高性能

- 性能优化：云数据库 RDS 融合了华为云多年的数据库研发、搭建和维护经验，结合数据库云化改造技术，大幅优化了传统数据库，为用户打造更加高可用、高可靠、高安全、高性能、便捷、弹性伸缩的华为云数据库服务。
- 优质的硬件基础：华为云关系数据库使用的是华为经过多年的研究、创新和开发，通过多重考验的服务器硬件，能够为用户带来稳定、高性能的云数据库服务。
- SQL 优化方案：华为云关系数据库能够提供慢 SQL 检测功能，用户可以根据华为云关系数据库提出的优化建议进行代码优化。
- 高速访问：华为云关系数据库可以配合同一地域的弹性云服务器一起使用，通过内网通信缩短应用响应时间，同时节省公网流量费用。

③ 高安全性

- 网络隔离：云数据库 RDS 通过虚拟私有云和网络安全组实现网络隔离。虚拟私有云允许租户通过配置虚拟私有云入站 IP 范围，来控制连接数据库的 IP 地址段。云数据库 RDS 实例运行在租户独立的虚拟私有云内，可以提升云数据库 RDS 实例的安全性。用户可以综合运用子网和安全组的配置，来完成云数据库 RDS 实例的网络隔离。
- 访问控制：通过主、子账号和安全组实现访问控制。在创建云数据库 RDS 实例时，云数据库 RDS 会为用户同步创建一个数据库主账号，根据用户需要创建数据库实例和数据库子账号，并将数据库对象赋予数据库子账号，从而达到权限分离的目的。租户可以通过虚拟私有云对云数据库 RDS 实例所在安全组的入站、出站规则进行限制，从而控制连接数据库的网络范围。

- 传输加密：云数据库 RDS 通过 TLS 加密、SSL 加密实现传输加密，使用从服务控制台上下载的 CA 根证书，并在连接数据库时提供该证书，对数据库服务端进行认证并达到加密传输的目的。
- 存储加密：云数据库 RDS 支持对数据库中的数据加密后存储。
- 数据删除：在删除云数据库 RDS 实例时，存储在数据库实例中的数据也会被删除。安全删除不仅包括数据库实例所挂载的磁盘，还包括自动备份数据的存储空间。删除的实例既可以通过保留的手动备份恢复，也可以使用回收站保留期内的实例重建。
- 安全防护：云数据库 RDS 处于多层防火墙的保护之下，可以有力地抗击各种恶意攻击，如防御 DDOS 攻击、防 SQL 注入，从而保证数据安全。建议用户通过内网访问云数据库 RDS 实例，使云数据库 RDS 实例免受 DDOS 攻击。

④ 高可靠性

- 双机热备：云数据库 RDS 采用热备架构，支持故障秒级自动切换。
- 数据备份：每天自动备份数据，并将备份以压缩包的形式自动存储在对象存储服务（Object Storage Service，OBS）中。备份文件能够保留 732 天，支持一键式恢复。用户不仅可以设置自动备份的周期，还可以根据业务特点随时发起备份，选择备份周期、修改备份策略。
- 数据恢复：云数据库 RDS 支持按备份集和指定时间点的恢复数据。在大多数场景下，用户可以将 732 天内任意一个时间点的数据恢复到云数据库 RDS 的新实例或已有实例上，数据验证无误后即可将数据迁回云数据库 RDS 主实例中，完成数据回溯。RDS 支持将删除的主备或者单机实例加入回收站管理。用户可以在回收站中重建实例，恢复 1～7 天内删除的实例。
- 数据可靠：云数据库 RDS 的数据持久性高达 99.9999999%，能够保证数据安全可靠，使用户的业务免受故障影响。

4）云数据库 RDS 的实例类型

目前，云数据库 RDS 的实例分为以下类型。（不同系列支持的引擎类型和实例规格不同。）

① 单机实例

单机实例采用单个数据库节点部署架构。与主流的主备实例相比，单机实例只包含一个节点，但具有高性价比，适用于个人学习、微型网站、中小企业的开发测试环境等场景。单机实例在出现故障后无法保障及时恢复。

② 主备实例

主备实例采用"一主一备"的经典高可用架构，支持跨 AZ 构建高可用性系统，适用于数据库生产、互联网、物联网、零售电商、物流、游戏等行业的中大型企业。主可用区和备可用区不在同一个可用区内，主实例和备实例共用一个 IP 地址。

备机提高了实例的可靠性，在创建主机的过程中会同步创建，在创建成功后对用户不可见。在主节点发生故障后会发生主备切换，期间数据库客户端会短暂中断。若存在复制延时，则主备切换时间会长一点，需要重新连接数据库客户端。

③ 集群版实例

集群版实例采用微软 AlwaysOn 高可用架构，支持"1 主 1 备 5 只读"的集群模式，具有更高的可用性、可靠性和可拓展能力，仅限云数据库 RDS for SQL Server 使用，适用于金融、互联网、酒店、在线教育等行业。

④ 优势对比

- 单机实例：支持创建只读实例、错误日志、慢日志查询管理。相较于主备实例，单机实例少了一个数据库节点，可以大幅降低用户成本，售价低至主备实例的一半。由于单机实例只有一个数据库节点，因此当该数据库节点出现故障时，恢复时间较长，对数据库可用性要求较高的敏感性业务不建议使用单机实例。
- 主备实例：主备实例的备数据库节点仅用于故障转移和恢复场景，不对外提供服务。由于使用备数据库节点会带来额外的性能开销，因此从性能的角度来看，单机实例的性能与主备实例的性能相同，甚至可能会高于主备实例的性能。

5）云数据库 RDS 中常用的概念

① 实例

云数据库 RDS 的最小管理单元是实例，一个实例代表了一个独立运行的数据库。用户可以在云数据库 RDS 中自行创建和管理各种数据库引擎的实例。

② 数据库引擎

云数据库 RDS 支持以下引擎：MySQL、PostgreSQL、SQL Server、MariaDB。

③ 实例类型

云数据库 RDS 的实例分为单机实例、主备实例等。不同类型的实例支持的引擎类型和实例规格不同，要以实际页面为准。

④ 自动备份

在创建实例时，云数据库 RDS 会默认开启自动备份策略。在成功创建实例后，用户可以对其进行修改。关系数据库会根据用户的配置，自动创建数据库实例的备份。

⑤ 手动备份

手动备份是由用户启动的数据库实例的全量备份，会一直保存，直到用户将其手动删除。

⑥ 区域和可用区

区域和可用区用来描述数据中心的位置，用户可以在特定的区域、可用区内创建资源，如图 4-4 所示。

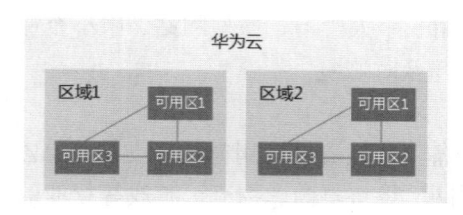

图 4-4 区域和可用区

- 区域（Region）：从地理位置和网络时延的维度划分，同一个区域内共享弹性计算、块存储、对象存储、VPC网络、弹性公网IP、镜像等公共服务。区域分为通用区域和专属区域，通用区域是面向公共租户提供通用云服务的区域；专属区域是只承载同一类业务或只面向特定租户提供业务服务的区域。
- 可用区（Available Zone，AZ）：一个可用区是一个或多个物理数据中心的集合，有独立的风、火、水、电系统，在逻辑上将计算、网络、存储等资源划分成多个集群。一个区域中的多个可用区之间通过高速光纤相连，以满足用户跨可用区构建高可用性系统的需求。

目前，华为云已经在全球多个地域开放云服务，用户可以根据需求选择适合自己的区域和可用区。

⑦ 项目

项目（Project）用于将 OpenStack 的资源进行分组和隔离，可以是一个部门或者项目组。一个账号可以创建多个项目。

6）云数据库 RDS 的应用场景

① 读写分离

云数据库 RDS for MySQL 的主实例和只读实例都具有独立的链接地址，每个云数据库 RDS for MySQL 单机实例、主备实例最多支持创建 10 个只读实例。为了实现读取能力的弹性扩展、分担数据库压力，用户可以在某个区域中创建一个或者多个只读实例，利用只读实例满足大量的数据库读取需求，以此增加应用的吞吐量。

② 数据多样化存储

云数据库 RDS 支持与分布式缓存服务 Memcached 版、云数据库 GaussDB（for Redis）和对象存储服务等存储产品搭配使用，以实现多样化存储扩展，如图 4-5 所示。

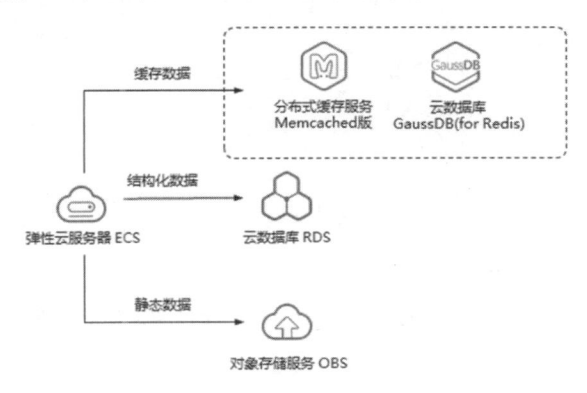

图 4-5 数据多样化存储

4. 安全组

1）安全组简介

安全组是一个逻辑上的分组，用于为具有相同安全保护需求并相互信任的云服务器、云容器、云数据库实例提供访问策略。在创建安全组后，用户可以在安全组中定义各种访问规则。实例在加入安全组后，即受到这些访问规则的保护。

用户可以在安全组中添加入方向规则和出方向规则，用来控制安全组内实例入方向和出方向的网络流量。一个实例可以关联多个安全组，并按照优先级顺序依次匹配安全组。安全组的序号越小，优先级越高。

安全组是有状态的。如果用户从实例发送一个出站请求，且该安全组的出方向规则是放通的，那么无论入方向规则如何，都将允许出站请求的响应流量流入。同理，如果该安全组的入方向规则是放通的，那么无论出方向规则如何，都将允许入站请求的响应流量流出。

安全组使用连接跟踪来标识进出实例的流量信息，根据流量的连接状态匹配安全组规则，以确定允许还是拒绝流量。当用户在安全组内增加、删除、更新规则，或者添加、移出实例时，系统会自动清除该安全组内所有实例入方向的连接跟踪。此时，流入或流出实例的流量会被当作新的连接，需要重新匹配入方向或出方向的安全组规则，从而确保安全组规则或实例变更立即生效，保障安全组内流入实例的流量安全。

流入或流出实例的流量如果长时间没有报文，那么在超过连接跟踪老化时间后，该流量会被当作新的连接，需要重新匹配入方向或出方向的安全组规则。不同协议的连接跟踪老化时间不同，已建立连接状态的 TCP 连接跟踪的老化时间是 600s，ICMP 连接跟踪的老化时间是 30s。对于其他协议，如果两个方向都收到了报文，则连接跟踪的老化时间是 180s；如果只是单方向收到了报文，另一个方向没有收到报文，则连接跟踪的老化时间是 30s。对于除 TCP、UDP 和 ICMP 以外的协议，仅跟踪 IP 地址和协议编号。

如果用户未创建任何安全组，则在首次创建需要使用安全组的实例时（如弹性云服务器），系统会自动为用户创建一个默认安全组并关联至该实例，如图 4-6 所示。

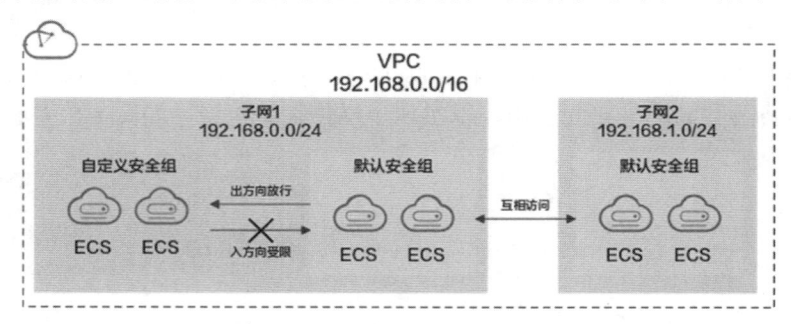

图 4-6 默认安全组

默认安全组规则的说明如下。

- 入方向规则：入方向流量受限，只允许安全组内实例互通，拒绝安全组外部的所有访问请求。
- 出方向规则：出方向流量放行，允许所有内部请求出去，并收到该请求对应的响应流量。

2）安全组规则

安全组规则包括入方向规则和出方向规则，用来控制安全组内实例入方向和出方向的网络流量。安全组规则由协议端口、源地址、目的地址等组成。

安全组规则遵循白名单规则，具体说明如下。

- 入方向规则：外部访问安全组内实例的指定端口的规则。

当外部请求匹配安全组入方向规则的源地址，并且策略为"允许"时，允许该请求进入，其他请求一律拦截。在默认情况下，用户一般无须在入方向配置策略为"拒绝"的规则，因为不匹配"允许"规则的请求均会被拦截。

- 出方向规则：安全组内实例访问外部的指定端口的规则。

当在出方向配置目的地址匹配所有 IP 地址的规则，并且策略为"允许"时，允许所有的内部请求出去。其中，0.0.0.0/0 表示匹配所有的 IPv4 地址，::/0 表示匹配所有的 IPv6 地址。

3）安全组和安全组规则的匹配原则

一个实例可以关联多个安全组，并且一个安全组可以包含多个安全组规则。以入方向的流量为例，实例的网络流量将按照以下原则匹配安全组规则。

首先，流量按照安全组的优先级进行匹配。安全组的序号越小，优先级越高。例如，安全组 A 的序号为 1，安全组 B 的序号为 2，安全组 A 的优先级高于安全组 B，流量优先匹配安全组 A 的入方向规则。

然后，流量按照安全组规则的优先级和策略进行匹配。先按照安全组规则的优先级匹配，优先级的数字越小，优先级越高。例如，安全组规则 A 的优先级为 1，安全组规则 B 的优先级为 2，安全组规则 A 的优先级高于安全组规则 B，流量优先匹配安全组规则 A。在安全组规则优先级相同的情况下，再按照策略匹配，拒绝策略的优先级高于允许策略。

最后，流量按照协议端口和源地址，遍历所有安全组的入方向规则，如果成功匹配某个规则，则执行以下操作。

- 如果规则的策略是允许，则允许该流量访问安全组内的实例。
- 如果规则的策略是拒绝，则拒绝该流量访问安全组内的实例。
- 如果未匹配任何规则，则拒绝该流量访问安全组内的实例。

4）安全组的配置要求

用户在配置安全组时要满足以下要求。

- 遵循白名单规则配置安全组规则，即安全组内实例默认拒绝所有外部的访问请求，通过添加允许规则放通指定的网络流量。
- 在添加安全组规则时，遵循最小授权原则。例如，在放通 22 端口用于远程登录云服务器时，建议仅允许指定的 IP 地址登录，谨慎使用 0.0.0.0/0（所有 IPv4 地址）。
- 尽量保持单个安全组内规则的简洁，通过不同的安全组管理不同用途的实例。如果用户使用一个安全组管理用户的所有业务实例，则可能会导致单个安全组内的规则过于冗余复杂，增加维护管理成本。
- 将实例按照用途加入不同的安全组。例如，当用户具有面向公网提供网站访问的业务时，建议用户将运行公网业务的 Web 服务器加入同一个安全组，此时仅需放通对外部提供服务的特定端口，如 80、443 等，默认拒绝外部其他的访问请求。同时，避免在运行公网业务的 Web 服务器上运行内部业务，如 MySQL、Redis 等。建议用户将内部业务部署在不需要连通公网的服务器上，并将这些服务器关联至其他安全组内。
- 尽量避免直接修改已运行业务的安全组规则。如果用户需要修改使用中的安全组规则，则建议用户先克隆一个测试安全组，然后在测试安全组上进行调试，在确保测试安全组内实例网络正常后，再修改使用中的安全组规则，减小对业务的影响。具体方法请参见"克隆安全组"。

- 在安全组内添加新的实例或修改安全组内的规则后，不需要重启实例，安全组的规则会立即生效。

5. WordPress 网站

1）WordPress 简介

最初为高贵典雅而生的 WordPress，使用 PHP + MySQL 架构并基于通用性公开许可证（General Public License，GPL）发布，是架构优良的个人发布系统。虽然 WordPress 是一个全新的软件，但它的历史可以追溯到 2001 年，因此这是一个成熟而稳定的产品。WordPress 旨在提高用户体验和遵循 Web 标准，并希望借此给用户提供与众不同的工具。

对于 WordPress，2005 年是激动人心的一年。在这一年，1.5 版本的发布引发了超过 900,000 次的下载量，并且 WordPress.com 开始提供服务。WordPress.com 是由 WP 核心团队组建的 Automatic 公司提供的服务。在 2005 年年底，WordPress 2.0 版本发布。

WordPress 是一种被广泛使用的开源内容管理系统。它为用户提供了一种简单而强大的方式来创建和管理网站。WordPress 于 2003 年首次发布，并且由一个庞大的全球社区支持和维护，可以用于各种网站类型，包括博客、商业网站、新闻门户、电子商务网站等。

无论是初学者还是有经验的开发人员，WordPress 都提供了直观且友好的用户页面，使用户能够轻松地管理网站。WordPress 具有简单的安装过程和易于理解的后台管理系统，能够使用户快速上手并创建内容。对于那些不具备编程技能的用户，WordPress 也提供了丰富的在线资源和社区支持。用户可以通过官方网站访问大量的教程、文档和论坛，以获取有关使用 WordPress 的帮助和指导。此外，许多第三方网站也提供了各种 WordPress 教程和资源，能够使用户更深入地了解和利用 WordPress 的功能。

2）WordPress 的优缺点

WordPress 的优点如下。

① 轻松安装管理

WordPress 是比较容易上手的，5 分钟即可安装完成，后台管理简单，主题、插件、系统设置等都是可视化操作，就算是新手也能在半小时内学会搭建 WordPress 博客。

② 多功能性

WordPress 一开始只是一个博客平台，通过巧妙地使用插件和不断增加内置特性列表，现在几乎可以构建想象得到的所有种类的网站。无论是电子商务网站、摄影作品集，还是简单的博客，都可以利用 WordPress 构建。

③ 模板众多

WordPress 模板众多，经常有新的模板被制作完成并免费提供，国内也不乏优秀的 WordPress 模板开发人员及模板下载平台。在 WordPress 后台中选择模板也非常方便，切换模板可以一键搞定。

④ 强大的插件

插件是用来帮助 WordPress 扩展功能的，任何功能几乎都能找到插件支持，并且往往不止一个选择，如实现页面 TKD 三大标签的优化插件 All in One SEO Pack、缓存插件 WP Super Cache、自动生成内链的 WP Keyword Link、地图生成与 ALT 自动添加插件等，只有用户想不到的，没有 WordPress 插件做不到的。

⑤ 安全稳定

WordPress 的开源代码意味着用户可以不断审查、寻找并改善系统的弱点。核心团队会执行多层次 Beta 测试，插件和主题的接口包含许多用于保护用户输入的功能，保证安全性是核心团队的首要任务。

⑥ 利于 SEO

博客系统"天生"就受到搜索引擎的青睐。其实不难理解，博客系统结构简单，博客的性质也决定了网站文章原创度更高，还有 WordPress 简单的站内优化设置，如设置伪静态、URL 结构。用户可以通过插件或主题创建常规站点地图或视频站点地图（WordPress 会在没有插件的情况下自动生成 robots.txt），同时插入自己的文件或调整 WordPress 生成的文件。

WordPress 的缺点如下。

① 不做优化，程序运行慢

WordPress 文章数量多了之后，加载变慢是常见的现象，特别是当插件安装比较多时，WordPress 会变得非常迟缓。系统的很多功能实际上对大部分用户来说是完全不需要的，同时还有很多可以优化加速的方法。

② 不支持其他数据库

在 WordPress 的官方网站上，可以看到程序目前只支持 MySQL 数据库。有很多人在讨论让 WordPress 支持 PostgreSQL 或 NoSQL 类型的数据库，也有人尝试在数据库 Port 方面努力，但目前要让 WordPress 完美兼容其他数据库并让所有插件正常运行，还有相当长的路要走。

3）WordPress 的功能

因为 WordPress 强大的扩展性，很多网站已经开始使用 WordPress 作为内容管理系统来架设商业网站。WordPress 提供以下功能。

- 发布、分类、归档、收藏文章，统计阅读次数。
- 提供文章、评论、分类等多种形式的 RSS 聚合。
- 提供链接的添加、归类功能。
- 支持评论的管理、垃圾信息的过滤。
- 支持对 CSS 样式和 PHP 程序的直接编辑、修改。
- 在 Blog 系统外，便于添加所需页面。
- 通过对各种参数进行设置，使 Blog 更加个性化。
- 在某些插件的支持下实现静态 HTML 页面的生成。
- 通过选择不同主题，方便地改变页面的显示效果。
- 通过添加插件，提供多种特殊的功能。
- 支持 Trackback 和 Pingback。
- 支持对其他 Blog 软件、平台的导入。
- 支持会员注册登录、后台管理。

4）WordPress 的基础概念

① 内容管理系统

内容管理系统（Content Management System，CMS）是一个用于创建、编辑、发布和管理数字内容的软件，可以帮助用户轻松地创建和管理博客、论坛、电子商务等各种类型的网站。内容管理系统有很多，WordPress 就是其中之一。

内容管理系统通常包括一个后台管理页面，用户可以通过这个页面进行网站的管理和维护。后台管理页面通常包括文章、页面、分类、标签、用户、插件、主题等管理功能，用户可以通过这些功能来创建和管理网站的内容、布局、功能等。

内容管理系统的优点如下。

- 简单易用：内容管理系统通常具有简单易用的页面和操作方式，即使没有编程经验的用户也可以轻松地创建和管理网站。
- 可扩展性：内容管理系统通常支持插件和主题的扩展，用户可以根据需要添加不同的插件和主题，实现更多的功能和特性。
- 多用户支持：内容管理系统通常支持多个用户，可以分配不同的权限和角色，实现多人协作和管理。
- SEO 友好：内容管理系统通常具有良好的 SEO 优化功能，可以帮助网站获得更好的搜索引擎排名。

② 文章

文章（Posts）是 WordPress 中最基本的内容类型，可以用来发布新闻、博客、教程等类型的内容。每篇文章都有一个标题和正文，用户可以为其添加图片、视频、音频等多媒体内容。我们经常看到的企业官方网站中的 News、Blog，都是通过文章来管理的。

③ 页面

页面（Pages）是另一种 WordPress 中常见的内容类型，通常用于创建静态页面，如首页、关于我们、联系我们、服务介绍。页面和文章的区别在于，页面通常不包含时间戳和分类等元数据。

④ 分类

分类（Categories）用于对文章进行分类，可以帮助读者更好地浏览、查找和管理相关文章，类似微信的好友分组。例如，我们可以创建一个"新闻"分类，将所有与新闻相关的文章放到这个分类下，对于企业网站，可以将文章分为"公司新闻"和"行业新闻"。

⑤ 标签

标签（Tags）是另一种对文章进行分类的方式，通常用于更细致的分类。例如，我们可以在"新闻"分类下创建"体育""娱乐"等标签，并将相关的文章归类到相应的标签下。

⑥ 产品

在默认的情况下，WordPress 是不具有产品（Products）功能的，但我们可以通过第三方插件，通常是 WooCommerce 来创建和管理产品。如果产品数量少，则可以直接使用页面制作产品页；如果产品数量比较多，则建议使用 WooCommerce 来管理产品。

⑦ 面包屑导航

面包屑导航（Breadcrumb Navigation）是一种用于显示当前页面在网站结构中位置的导航方式，通常位于页面顶部或底部，可以帮助读者更好地了解当前页面的位置和网站结构。

⑧ 侧边栏

侧边栏（Sidebar）位于网站页面的侧边栏，通常用于显示最新文章、分类、标签、广告等内容。侧边栏可以根据需要自定义，添加或删除不同的小工具。

不是每一个主题都支持侧边栏，也不是每一个主题侧边栏都在右边，有的主题侧边栏在左边，有的主题左右都有侧边栏。

⑨ 小工具

小工具（Widgets）是用于在侧边栏、页脚等位置添加不同内容的插件，不是每一个主题都支持小工具。

⑩ 插件

插件（Plugins）是用于扩展 WordPress 功能的工具，可以帮助用户实现更多的功能和特性。例如，我们可以安装一个 SEO 插件，用于优化网站的搜索引擎排名；安装 WooCommerce 插件，实现产品销售或者管理。（同功能的插件只需要安装一个，安装过多的插件会严重影响网站的运行速度。）

⑪ 主题

主题（Themes）用于控制网站的外观和布局。WordPress 提供了许多免费和付费的主题，用户可以选择适合自己网站的主题，并进行自定义设置。一些主题会带有很多设计师预制的模板，用户可以一键导入后自行修改，也可以使用页面构建插件，从头设计网站。当然，也有程序员用户使用代码编写主题，但是这种主题对于没有程序员做后勤保障的新手不太友好，因为没办法自己设计。

⑫ 用户

用户（Users）是管理 WordPress 网站的人员，每个用户都有自己的用户名和密码。WordPress 支持多个用户，可以分配不同的权限和角色。

⑬ 页面构建器

页面构建器（Page Builder）插件是一种用于创建和编辑网站页面的工具，可以帮助用户轻松地创建和编辑网站页面，无须编写代码。页面构建器通常具有可视化的页面，用户可以通过拖曳、放置等方式来创建和编辑页面。目前常见的页面构建器有 Elementor、Beaver Builder、Divi Builder、WP Bakery Page Builder 和古腾堡等。其中，Elementor 是用户量最大的页面构建器，使用起来也最方便；古腾堡编辑器是 WordPress 的默认页面构建器，可能多年后会超越 Elementor，但是现在还不够成熟。

任务 4.1　配置基础云服务

1. 任务描述

虚拟私有云是用户在华为云上申请的隔离、私密的虚拟网络环境。本任务将介绍华为基础云服务的配置，包括在公有云上配置 VPC 网段和子网、给安全组添加入方向的放通规则、创建弹性云服务器。通过学习本任务，读者能够了解如何进行基础云服务的配置，以满足不同的业务需求。

2. 任务分析

使用华为公有云上资源，进行 VPC 私有网络的配置，放通相应的安全组规则。在完成基础配置后，在云上申请一台弹性云服务器，设置计费模式为按需计费，区域为华北-北京四，CPU 架构为鲲鹏计算，规格为 kc1.large.2，镜像为公共镜像/CentOS 7.5 64bit with ARM（40GiB），系统盘为通用型 SSD 40GiB，配置虚拟私有云、安全组、弹性公网 IP 并选择按带宽计费，为云服务器的管理员账号设置一个高强度的密码。

3. 任务实施

（1）登录华为云控制台，选择"服务列表"→"网络"→"虚拟私有云 VPC"选项，如图 4-7 所示，进入虚拟私有云控制台。

图 4-7　服务列表

（2）在虚拟私有云控制台中，在左上角选择"北京四"选项，单击右上方的"创建虚拟私有云"按钮，如图 4-8 所示。

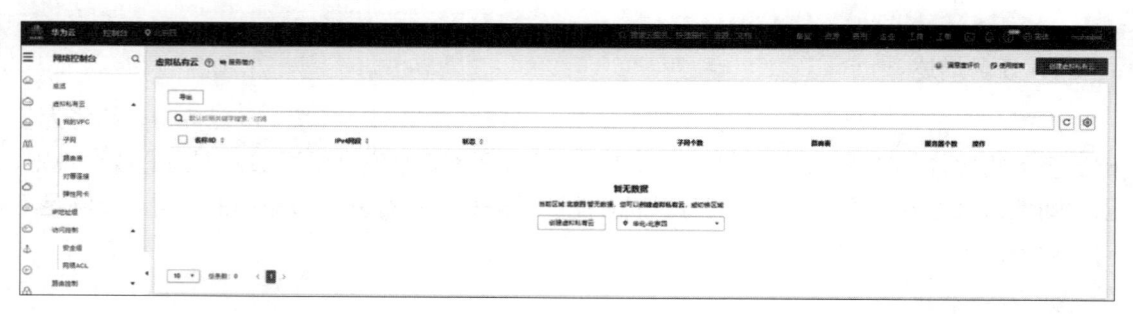

图 4-8　虚拟私有云控制台

（3）进入"创建虚拟私有云"页面，进行基本信息配置。配置区域为华北-北京四，名称为 vpc-WP，IPv4 网段为 192.168.0.0/16，如图 4-9 所示。

图 4-9　配置基本信息

（4）进行默认子网配置，配置可用区为可用区 1，名称为 subnet-WP，子网 IPv4 网段为 192.168.0.0/24，如图 4-10 所示。

图 4-10　配置默认子网

（5）在配置完成后，单击"立即创建"按钮，在虚拟私有云列表中查看已创建的虚拟私有云。

选择"访问控制"→"安全组"选项，进入安全组控制台，如图 4-11 所示。

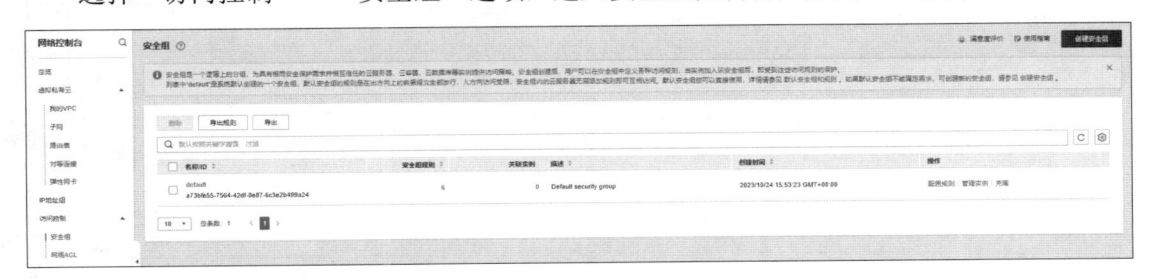

图 4-11　安全组控制台

（6）单击"创建安全组"按钮，命名安全组为 sg-WP，使用通用 Web 服务器模板，如图 4-12 所示，单击"确定"按钮，创建安全组。

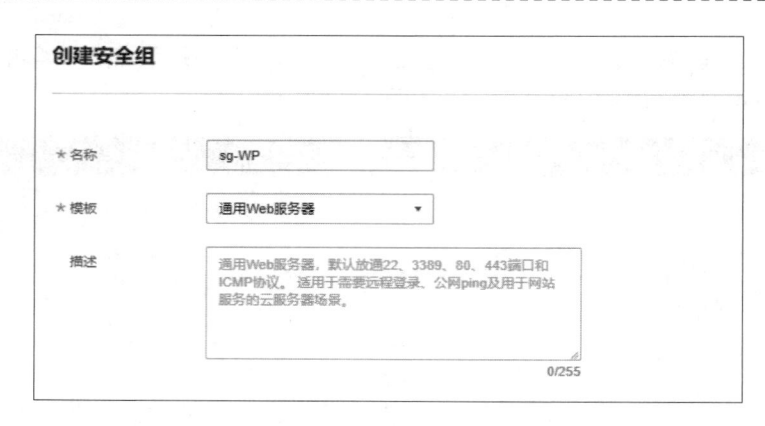

图 4-12 创建安全组

（7）在安全组控制台中单击所创建的安全组名称，进入"安全组详情"页面。

（8）单击"入方向规则"→"添加规则"按钮，添加入方向规则，配置优先级为 1，策略为允许，类型为 IPv4，协议端口为基本协议/全部协议，源地址为 IP 地址 0.0.0.0/0，如图 4-13 所示，单击"确定"按钮。

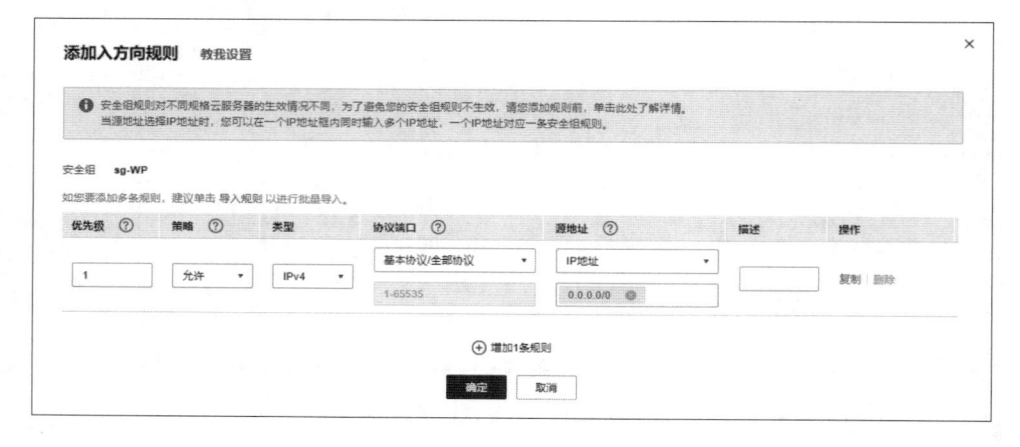

图 4-13 添加入方向规则

（9）安全组创建及规则添加成功，如图 4-14 所示。

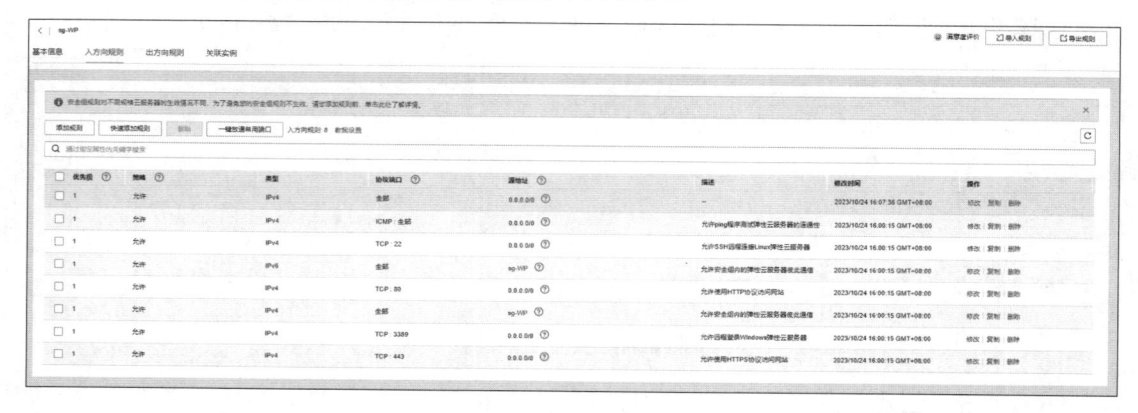

图 4-14 安全组创建规则添加成功

（10）选择"服务列表"→"计算"→"弹性云服务器 ECS"选项，进入弹性云服务器控制台，如图 4-15 所示。

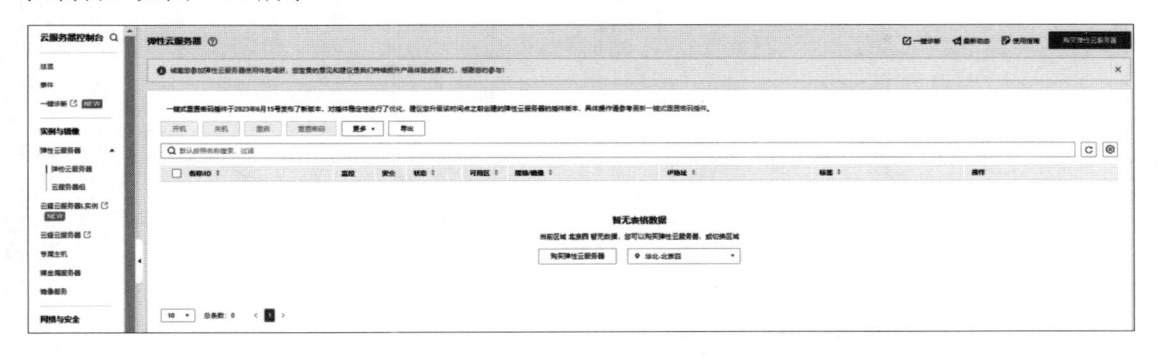

图 4-15 弹性云服务器控制台

（11）单击右上角的"购买弹性云服务器"按钮，进行基础配置。配置区域为华北-北京四，计费模式为按需计费，可用区为可用区 1，CPU 架构为鲲鹏计算，规格为 kc1.large.2，镜像为公共镜像/ CentOS 7.5 64bit with ARM（40GiB），如图 4-16 所示。

图 4-16 基础配置

（12）单击右下角的"下一步：网络配置"按钮，进行网络配置。虚拟私有云、网卡、安全组及带宽均选择之前创建的资源。配置弹性公网 IP 为现在购买，线路为全动态 BGP，公网带宽为按带宽计费，带宽大小为 1Mbit/s，如图 4-17 所示。

（13）单击页面右下角的"下一步：高级配置"按钮，进行高级配置。配置云服务器名称为 ecs-WP，自定义密码，如图 4-18 所示。

（14）单击"下一步：确认配置"按钮，进行确认配置。配置购买数量为 1，勾选"我已经阅读并同意《镜像免责声明》"复选框，单击"立即购买"→"返回云服务器列表"按钮，创建 ECS 需要等待约 2 分钟。

至此，弹性云服务器已经创建完成并匹配了之前创建好的虚拟私有云、网卡、安全组及带宽。云服务器列表如图 4-19 所示。

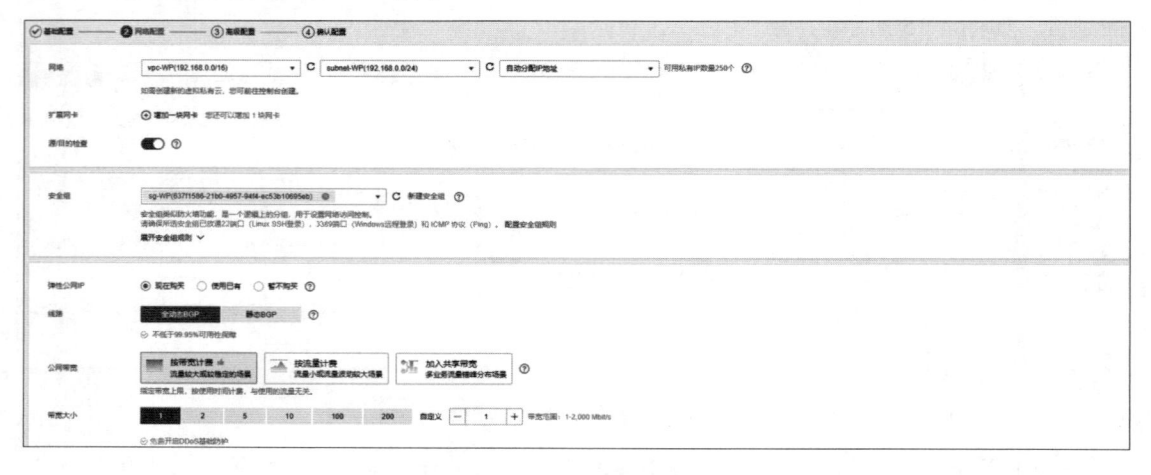

图 4-17　网络配置

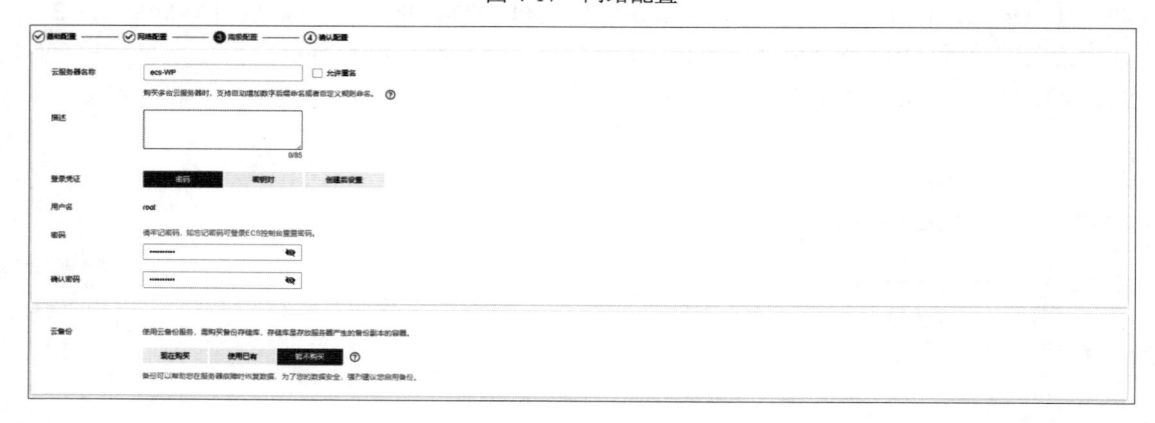

图 4-18　高级配置

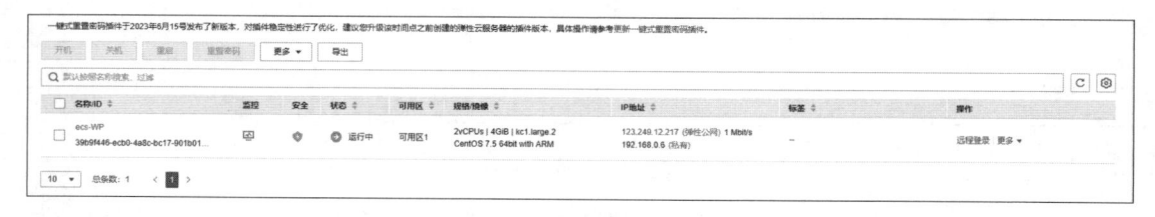

图 4-19　云服务器列表

任务 4.2　搭建 LAMP 环境

1. 任务描述

LAMP 架构是目前成熟的企业网站应用模式之一，包括协同工作的系统和相关软件，能够提供动态 Web 站点服务及其应用开发环境。本任务将介绍如何在 Linux 操作系统中进行 LAMP 的安装、部署与配置，并通过实际案例演示如何使用 LAMP 环境部署网页；重点介绍 LAMP 环境中的 Apache 服务、MySQL 数据库服务、PHP 服务的安装与设置，并提供详细的步骤和操作示例。通过对本任务的学习，读者可以快速掌握 LAMP 环境的部署和使用，提高实际应用能力。

2. 任务分析

在任务 4.1 的基础上部署 LAMP 环境，在申请的 CentOS 7.5 操作系统中进行 LAMP 环境的部署，并基于 Linux 云服务器，安装 Apache 服务、PHP 服务、MySQL 数据库服务，完成 LAMP 环境的搭建。

3. 任务实施

（1）通过 VNC 的方式登录 Linux 弹性云服务器，或者使用 Xshell、Putty 等远程工具，通过 SSH 协议进行远程连接。

进入云服务器控制台，如图 4-20 所示，单击"远程登录"按钮。

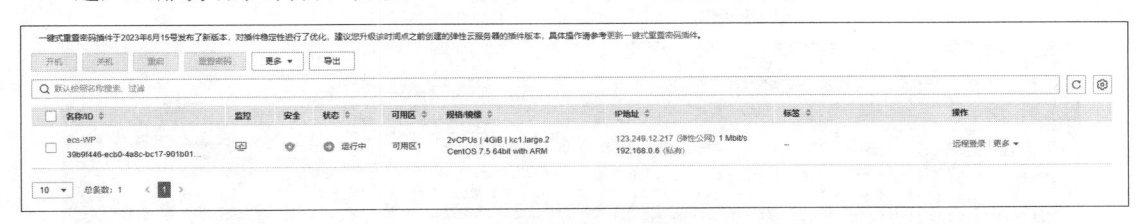

图 4-20　云服务器控制台

（2）在"登录 Linux 弹性云服务器"对话框中，使用控制台提供的 VNC 方式登录 Linux 弹性云服务器，如图 4-21 所示，单击"立即登录"按钮。

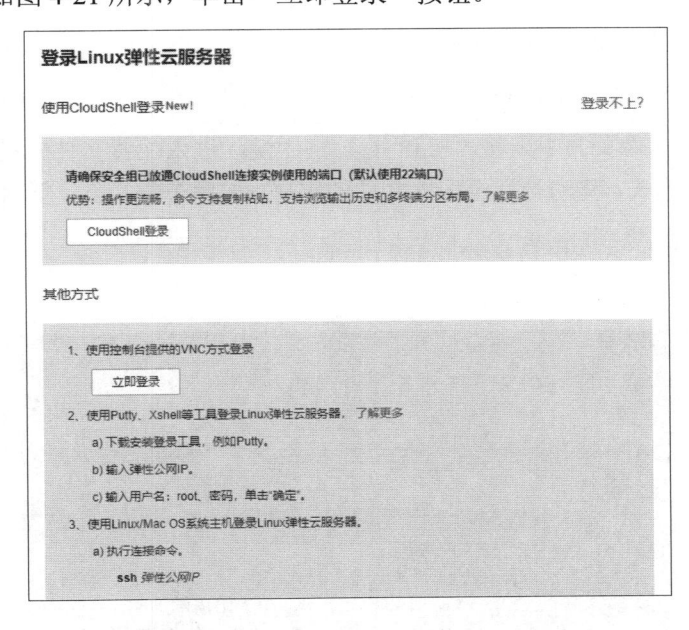

图 4-21　使用控制台提供的 VNC 方式登录

（3）登录成功如图 4-22 所示。

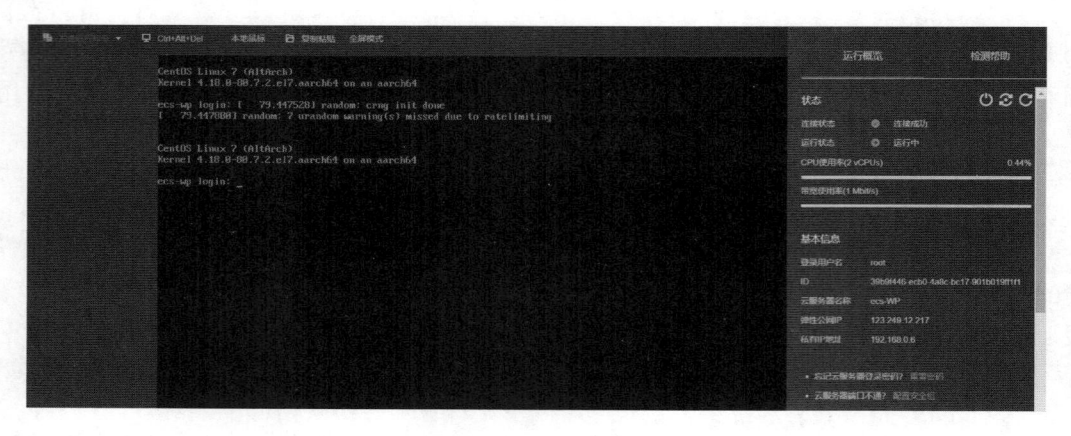

图 4-22　登录成功

（4）执行 MySQL 和 PHP 的安装命令，结果如图 4-23 所示。

```
yum install -y httpd php php-fpm php-server php-mysql mysql
```

图 4-23　MySQL 和 PHP 安装命令的执行结果

（5）配置主程序 httpd，执行以下命令。

```
vim /etc/httpd/conf/httpd.conf
```

在打开的配置文件页面中，按"Shift+G"快捷键，进入配置文件的最后一行。按"I"快捷键，进入编辑模式，移动光标至配置文件的末尾，按回车键换行，复制并粘贴以下代码。

```
ServerName localhost:80
```

修改配置文件，如图 4-24 所示。

图 4-24　修改配置文件

（6）按"Esc"快捷键，退出编辑模式。在编辑器中输入"wq"，按回车键，保存并退出配置文件。

任务 4.3　创建并配置 RDS

1. 任务描述

云数据库 RDS 是一种基于云计算平台的稳定可靠、弹性伸缩、管理便捷的在线云数据库服务，具有完善的性能监控体系和多重安全防护措施，能够提供专业的数据库管理平台，让用户在云上轻松地设置和扩展云数据库。通过云数据库 RDS 的管理控制台，用户无须编程即可执行所有必需的任务，简化运营流程，减少日常运维的工作量，从而专注于开发应用和业务发展。本任务将介绍如何在云上申请和配置云数据库 RDS for MySQL，设置数据库的端口，配置私有云和安全组，以及通过 SQL 语句创建数据库等。通过对本任务的学习，读者可以快速掌握云数据库的配置方法，提高实践能力。

2. 任务分析

在任务 4.2 的基础上创建并配置 RDS，在华为云上申请 RDS for MySQL 云服务，配置计费模式为按需计费，区域为云服务器所在区域，数据库引擎为 MySQL，数据库版本为 5.7，实例类型为主备，性能规格为 2vCPUs | 4GB。

3. 任务实施

（1）在华为云控制台中，选择"服务列表"→"数据库"→"云数据库 RDS"选项，查看云数据库实例列表，如图 4-25 所示。

图 4-25　云数据库实例列表

（2）单击右上角的"购买数据库实例"按钮，进行基础配置。配置计费模式为按需计费，区域为华北-北京四，实例名称为 rps-WP（自定义），数据库引擎为 MySQL，数据库版本为 5.7，实例类型为主备，存储类型为本地 SSD 盘，主可用区为可用区一（可任意选择一项），备可用区为可用区七（可任意选择一项），时区为 UTC+08:00，如图 4-26 所示。

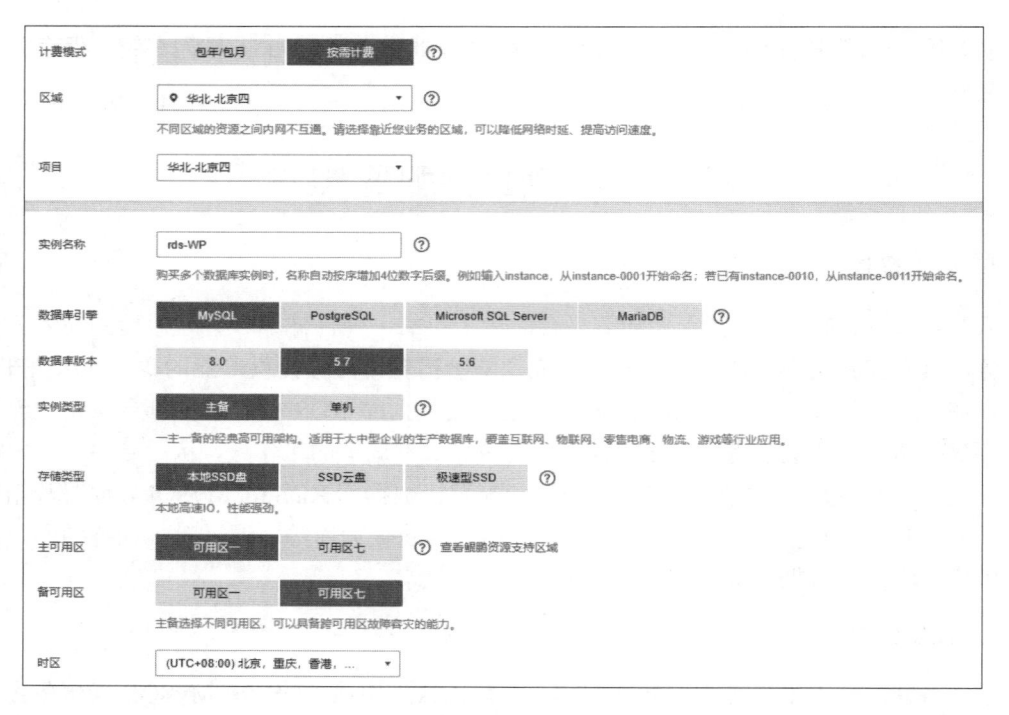

图 4-26　数据库实例-基础配置

（3）设置性能规格为 2vCPUs|4GB"（为保证任务能正常完成，请务必选择该规格），存储空间为默认的 40GB，如图 4-27 所示。

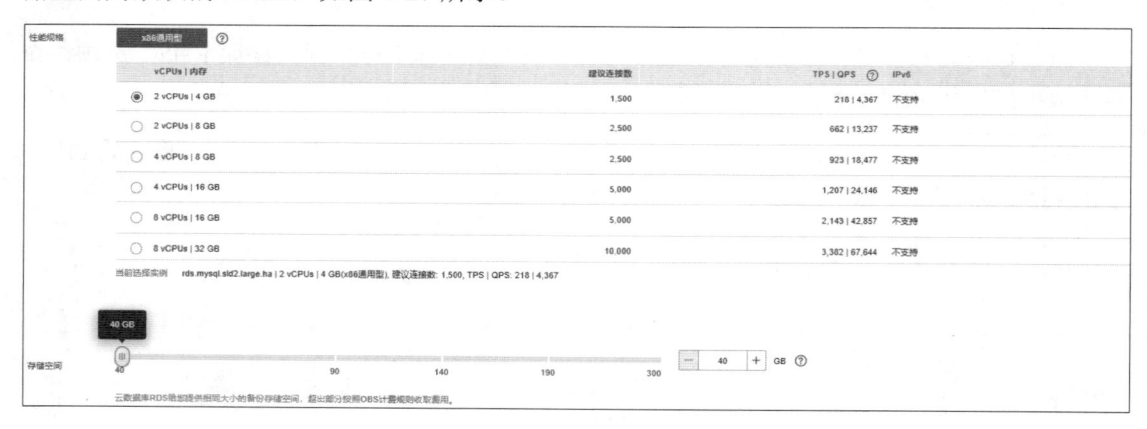

图 4-27　性能规格和存储空间配置

（4）选择之前创建的虚拟私有云、子网、内网安全组，设置数据库端口为默认端口 3306，设置管理员密码，如图 4-28 所示。单击右下角的"立即购买"按钮，确认订单详情后单击"提交"按钮。

（5）单击"返回云数据库 RDS 列表"按钮，返回云数据库实例列表，此处需要等待一段时间。云数据库创建成功后的云数据库实例列表如图 4-29 所示。

（6）根据之前设置的数据库用户名（用户名：root）和密码登录 MySQL 并创建 WordPress 数据库，如图 4-30 所示。

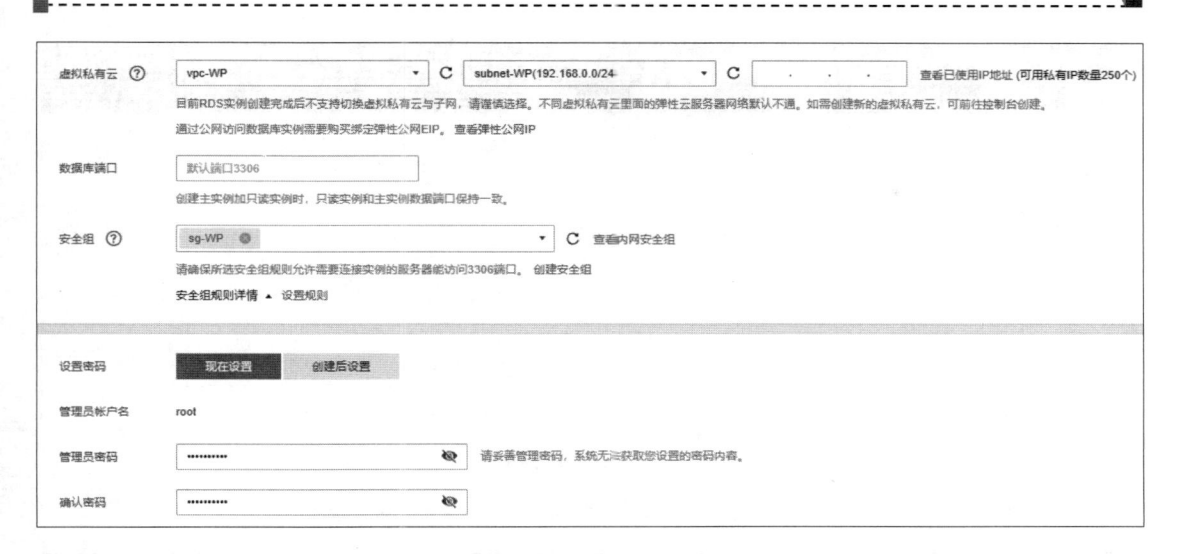

图 4-28　云数据库配置

图 4-29　云数据库创建成功后的云数据库实例列表

图 4-30　登录云数据库

云数据库登录成功，首页如图 4-31 所示。

图 4-31　云数据库首页

（7）选择"SQL 操作"→"SQL 查询"选项，如图 4-32 所示。

图 4-32　SQL 查询

（8）输入以下 SQL 语句。

```
create database wordpress;
```

单击"执行 SQL"按钮，如图 4-33 所示。

图 4-33　执行 SQL

创建 WordPress 数据库成功，消息如图 4-34 所示。

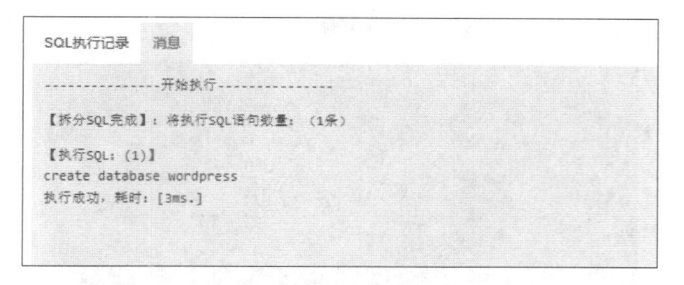

图 4-34　SQL 执行消息

任务 4.4　访问并配置 WordPress

1. 任务描述

WordPress 是一款免费的开源内容管理系统，最初是一个基于博客系统的软件，现在已经发展成为一个功能强大的网站建设工具。WordPress 使用 PHP 语言编写，采用 MySQL 作为数据库管理系统，支持多用户和多网站，可以帮助用户轻松创建博客、个人网站、企业官网、电商网站等各种类型的网站。本任务主要介绍 WordPress 个人博客的搭建和配置，通过云数据库的内网地址，连接 WordPress 与 MySQL 数据库，配置博客的站点标题、账号信息，并进行 WordPress 的安装配置。

2. 任务分析

在任务 4.3 的基础上，访问并配置 WordPress，在 Linux 弹性云服务器中下载 WordPress 软件包，对软件包进行解压缩操作，启动主程序 httpd 和 php-fpm 服务，并将其设置为开机自启动。在配置完成后，通过弹性云服务器的 EIP 地址进入 WordPress 的配置页面，填写数据库内网 IP、数据库名、表前缀等信息，安装 WordPress 个人博客系统。在安装完成后，进入博客系统的"仪表盘"选项卡，进行博客的基础配置。

3. 任务实施

（1）下载 WordPress 软件包，执行以下命令，结果如图 4-35 所示。

```
wget -c https://cn.wor***ess.org/wordpress-4.9.1-zh_CN.tar.gz
```

图 4-35　WordPress 软件包下载命令的执行结果

（2）将 WordPress 软件包解压缩到目录/var/www/html 中，执行以下命令，结果如图 4-36 所示。

```
tar -zxvf wordpress-4.9.1-zh_CN.tar.gz -C /var/www/html
```

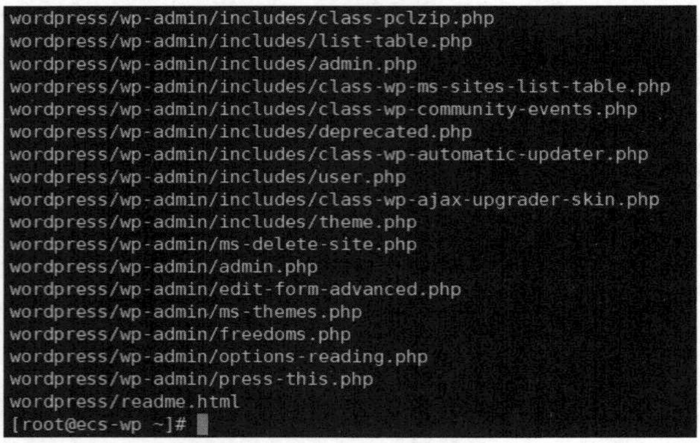

```
wordpress/wp-admin/includes/class-pclzip.php
wordpress/wp-admin/includes/list-table.php
wordpress/wp-admin/includes/admin.php
wordpress/wp-admin/includes/class-wp-ms-sites-list-table.php
wordpress/wp-admin/includes/class-wp-community-events.php
wordpress/wp-admin/includes/deprecated.php
wordpress/wp-admin/includes/class-wp-automatic-updater.php
wordpress/wp-admin/includes/user.php
wordpress/wp-admin/includes/class-wp-ajax-upgrader-skin.php
wordpress/wp-admin/includes/theme.php
wordpress/wp-admin/ms-delete-site.php
wordpress/wp-admin/admin.php
wordpress/wp-admin/edit-form-advanced.php
wordpress/wp-admin/ms-themes.php
wordpress/wp-admin/freedoms.php
wordpress/wp-admin/options-reading.php
wordpress/wp-admin/press-this.php
wordpress/readme.html
[root@ecs-wp ~]#
```

图 4-36　WordPress 软件包解压缩命令的执行结果

（3）赋予文件所在目录读写权限，执行以下命令，结果如图 4-37 所示。

```
chmod -R 777 /var/www/html
```

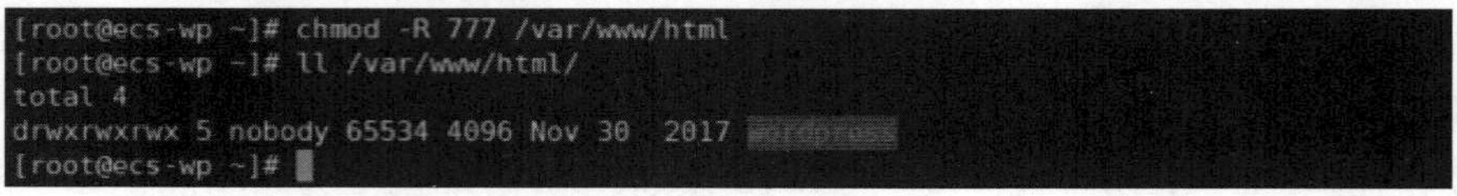

```
[root@ecs-wp ~]# chmod -R 777 /var/www/html
[root@ecs-wp ~]# ll /var/www/html/
total 4
drwxrwxrwx 5 nobody 65534 4096 Nov 30  2017 wordpress
[root@ecs-wp ~]#
```

图 4-37　赋予读写权限命令的执行结果

（4）启动主程序 httpd，执行以下命令。

```
systemctl start httpd.service
```

将主程序 httpd 设置为开机自启动，执行以下命令。

```
systemctl enable httpd
```

查看主程序 httpd 的状态，执行以下命令。

```
systemctl status httpd
```

配置 http 服务，如图 4-38 所示。

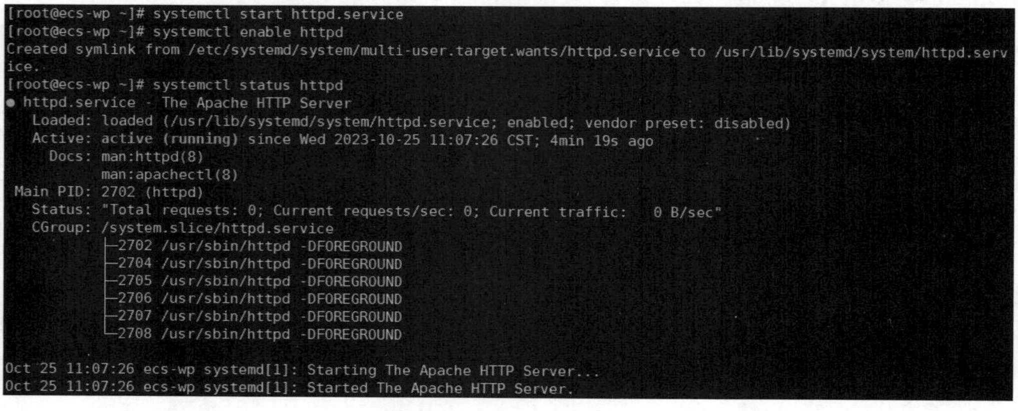

```
[root@ecs-wp ~]# systemctl start httpd.service
[root@ecs-wp ~]# systemctl enable httpd
Created symlink from /etc/systemd/system/multi-user.target.wants/httpd.service to /usr/lib/systemd/system/httpd.serv
ice.
[root@ecs-wp ~]# systemctl status httpd
● httpd.service - The Apache HTTP Server
   Loaded: loaded (/usr/lib/systemd/system/httpd.service; enabled; vendor preset: disabled)
   Active: active (running) since Wed 2023-10-25 11:07:26 CST; 4min 19s ago
     Docs: man:httpd(8)
           man:apachectl(8)
 Main PID: 2702 (httpd)
   Status: "Total requests: 0; Current requests/sec: 0; Current traffic:   0 B/sec"
   CGroup: /system.slice/httpd.service
           ├─2702 /usr/sbin/httpd -DFOREGROUND
           ├─2704 /usr/sbin/httpd -DFOREGROUND
           ├─2705 /usr/sbin/httpd -DFOREGROUND
           ├─2706 /usr/sbin/httpd -DFOREGROUND
           ├─2707 /usr/sbin/httpd -DFOREGROUND
           └─2708 /usr/sbin/httpd -DFOREGROUND

Oct 25 11:07:26 ecs-wp systemd[1]: Starting The Apache HTTP Server...
Oct 25 11:07:26 ecs-wp systemd[1]: Started The Apache HTTP Server.
```

图 4-38　配置 http 服务

（5）启动 php-fpm 服务，执行以下命令。

```
systemctl start php-fpm.service
```

将 php-fpm 服务设为开机自启动，执行以下命令。

```
systemctl enable php-fpm
```

查看 php-fpm 服务的状态，执行以下命令。

```
systemctl status php-fpm
```

配置 php-fpm 服务，如图 4-39 所示。

图 4-39　配置 php-fpm 服务

（6）在浏览器地址栏中输入以下地址，访问 WordPress，使用弹性云服务器的 EIP 地址替换访问地址中的"ECSIP"。

```
http://ECSIP/wordpress
```

弹性云服务器的 EIP 地址可以通过选择"服务列表"→"计算"→"弹性云服务器 ECS"选项，进入云服务器列表查看并复制。

WordPress 数据库配置页面如图 4-40 所示。

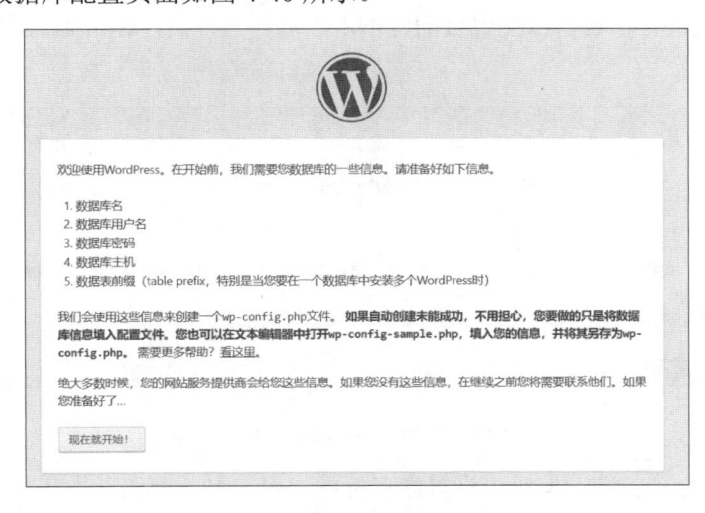

图 4-40　WordPress 数据库配置页面

（7）单击"现在就开始！"按钮，进行 WordPress 数据库配置。配置数据库名为 wordpress，用户名为 root，密码为在任务 4.3 中创建的数据库密码，数据库主机为数据库的内网地址和端口，表前缀保持默认配置，如图 4-41 所示。

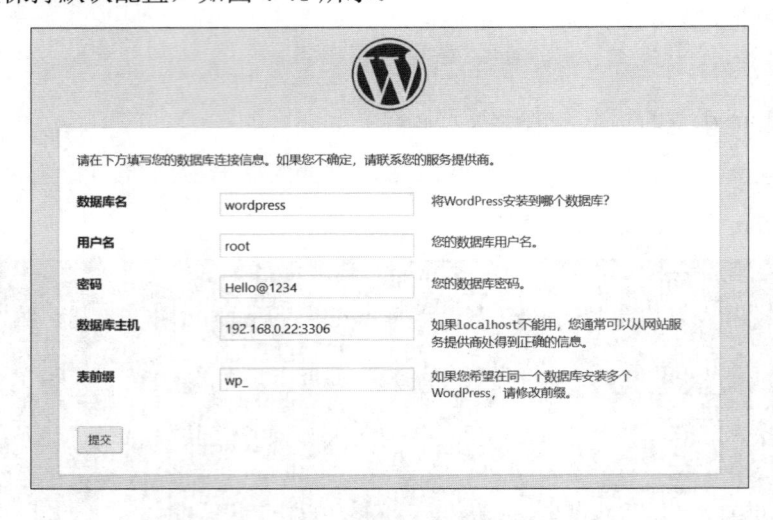

图 4-41 WordPress 数据库配置

（8）云数据库的内网地址和端口可以通过云数据库实例列表查看，如图 4-42 所示。

图 4-42 查看云数据库实例列表

（9）回到 WordPress 数据库配置页面，单击"提交"按钮，WordPress 数据库配置成功，如图 4-43 所示。

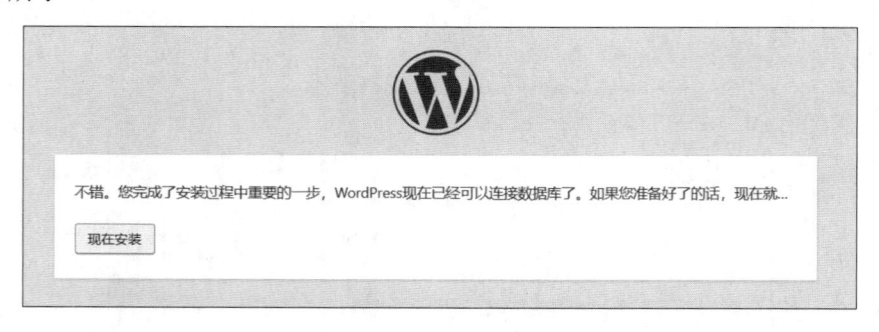

图 4-43 WordPress 数据库配置成功

（10）单击"现在安装"按钮。设置站点标题、用户名、密码及电子邮件，如图 4-44 所示，单击"安装 WordPress"按钮。

图 4-44　配置安装程序

（11）WordPress 安装完成，如图 4-45 所示。

图 4-45　WordPress 安装完成

（12）单击"登录"按钮，输入设置的用户名及密码，登录网站后就可以开始建设和运营网站了！登录网站，选择"仪表盘"选项，进入"仪表盘"选项卡，如图 4-46 所示。

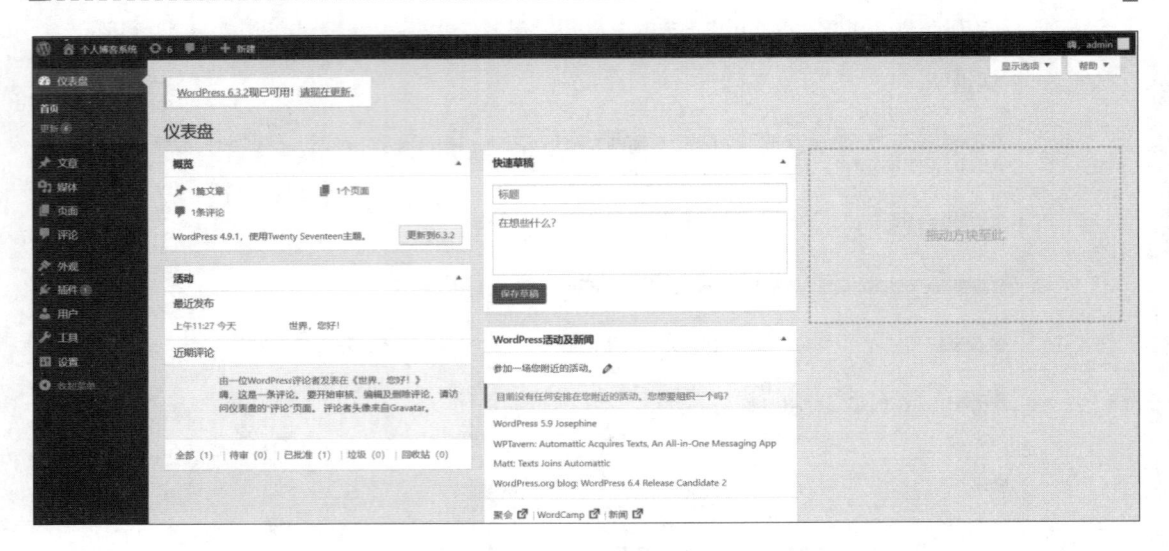

图 4-46 "仪表盘"选项卡

（13）选择"个人博客系统"→"查看站点"选项，可以看到 WordPress 的默认配置，在"仪表盘"选项卡中自行配置站点标题。个人博客系统如图 4-47 所示。

图 4-47 个人博客系统

本章小结

WordPress 是一款个人博客系统，逐步演化成了一个内容管理系统。它是使用 PHP 语言和 MySQL 数据库开发的，用户可以在支持 PHP 和 MySQL 数据库的服务器上运行自己的博客。本章介绍了如何在短时间内，利用鲲鹏弹性云服务器搭建属于自己的 WordPress 网站，并通过网站系统的搭建，帮助读者快速掌握 RDS、VPC 和 ECS 的使用方法，更好地了解 LAMP 架构。

本章练习

1. LAMP 架构是由哪些组件组成的？
2. LAMP 架构和 LNMP 架构的区别是什么？
3. 什么是安全组？

第 5 章　使用 DRS 迁移 MySQL 数据库项目

本章导读

数据复制服务是一种易用、稳定、高效的服务，用于数据库实时迁移和数据库实时同步。数据复制服务围绕云数据库，能够降低数据库之间数据流通的复杂性，有效地帮助用户减少数据传输的成本。本章将介绍 Linux 操作系统中常用的 MySQL 数据库服务，云上进行数据库迁移的数据复制服务、数据库基本知识，以及将本地 MySQL 数据库迁移到云端的方法。本章案例贴近实际应用场景，可以帮助读者快速掌握数据库迁移的应用和实践方法。

1. 知识目标

（1）阐述迁移的概念
（2）了解数据复制服务
（3）认识数据复制服务的应用

2. 能力目标

（1）能够掌握数据库迁移的配置方法
（2）能够申请数据复制服务

3. 素养目标

（1）培养用科学的思维方式审视专业问题的能力
（2）培养实际动手操作与团队合作的能力

任务分解

本章旨在让读者掌握数据复制服务的使用和配置方法，为了方便学习，分成 3 个任务。任务分解如表 5-1 所示。

表 5-1　任务分解

任务名称	任务目标	安排课时
任务 5.1 部署 MySQL 数据库	能够掌握 MySQL 数据库的部署	6
任务 5.2 使用 DRS 迁移数据	能够使用 DRS 创建迁移任务	6
任务 5.3 停止 DRS 迁移任务	能够使用 DRS 完成迁移	4
总计		16

知识准备

1. MySQL 数据库服务

1）MySQL 数据库服务简介

MySQL Server 的第一版由瑞典公司 MySQL AB 在 1995 年发布，该公司的创始人为 David Axmark、Allan Larsson 和 Michael Widenius。MySQL 项目采用通用性公开许可证（GPL），在 2000 年开源发布。到 2001 年，MySQL 有超过 200 万次的有效安装；到 2004 年，该软件每天的下载超过 3 万次。如今，MySQL 是使用最广泛的开源关系数据库系统（Relational Database Management System，RDBMS）之一。MySQL 有 20 多年的社区开发和支持历史，是一种安全、可靠、稳定的基于 SQL 的数据库管理系统，适用于任务关键型应用程序、动态网站，以及软件、硬件和设备的嵌入式数据库等。

MySQL 具有很好的灵活性，能够将数据保存在不同的表中，而不是将所有数据放在一个大仓库内，这样就提高了速度和灵活性。

MySQL 具有高性能，采用双授权政策，分为社区版和商业版。由于体积小、速度快、总体成本低，尤其是开放源码这一特点，一般中小型和大型网站的开发都会选择 MySQL 作为网站数据库。MySQL 使用的 SQL 是用于访问数据库的最常用的标准化语言之一。

MySQL 在开源社区和商业环境中都有广泛的用户基础，其发展前景依然光明。未来，MySQL 将继续加强其性能、扩展性和安全性，并根据行业需求引入新的功能和特性。

总之，MySQL 作为一款开源关系数据库管理系统，以其高可靠性、高性能和易用性赢得了众多用户的青睐。无论是在 Web 开发还是企业级解决方案中，MySQL 都是值得信赖的选择。

2）MySQL 数据库的架构

与其他数据库相比，MySQL 与众不同，它的架构可以在多种不同场景中应用并发挥良好的性能，如图 5-1 所示。这种优势主要体现在存储引擎的架构上，插件式的存储引擎架构可以将查询处理和其他的系统任务及数据的存储提取相分离。用户可以根据业务的需求和实际需要选择合适的存储引擎。

第 5 章　使用 DRS 迁移 MySQL 数据库项目

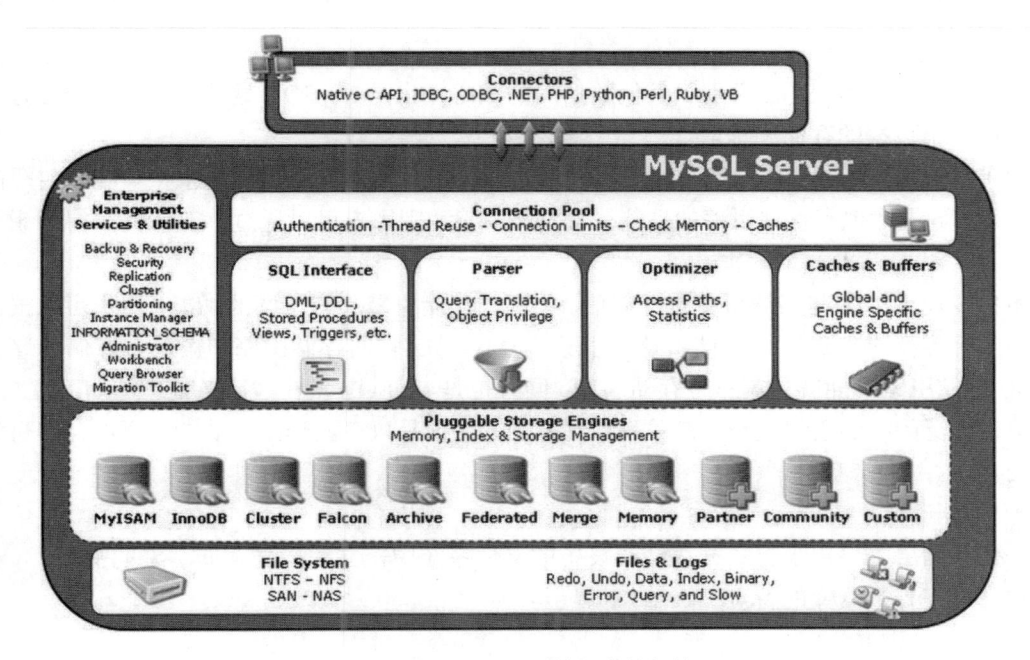

图 5-1　MySQL 数据库的架构

① 连接层

MySQL 数据库架构的最上层是一些客户端和连接服务，包含本地 socket 通信和大多数基于客户端、服务端工具实现的类似 TCP/IP 的通信，主要用于完成连接处理、授权认证及相关的安全方案。该层引入了线程池的概念，能够为通过认证安全接入的客户端提供线程，实现基于 SSL 的安全链接，服务器也会为安全接入的每个客户端验证它所具有的操作权限，如图 5-2 所示。连接层包括通信协议、线程处理、用户名密码认证 3 部分。

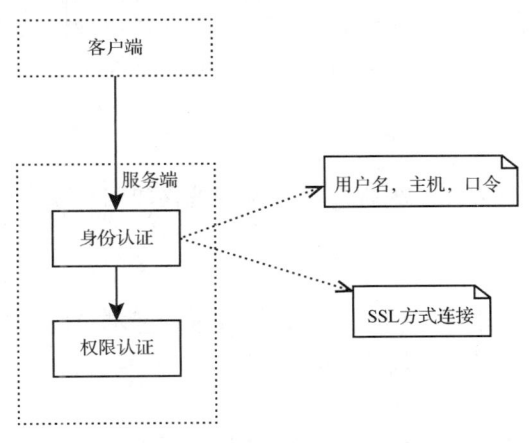

图 5-2　连接层

② 服务层

MySQL 数据库架构的第二层主要用于完成大部分的核心功能，包括查询解析、分析、优化、缓存以及所有的内置函数，所有跨存储引擎的功能也都在这一层上实现，包括触发器、存储过程、视图等。

③ 存储引擎层

存储引擎层是 MySQL 区别于其他数据库的核心，也是 MySQL 最具特色的一个地方，负责数据库中数据的存储和提取。

由于 MySQL 是开源的，所以用户可以根据 MySQL 预定义的存储引擎接口编写自己的存储引擎。如果对现有存储引擎的性能或功能不满意，则用户可以通过修改源码来得到想要的特性。

服务器通过 API 与存储引擎进行通信。不同的存储引擎具有不同的功能，用户可以根据自己的实际需要进行选取。存储引擎可以分为 MySQL 官网存储引擎和第三方存储引擎。InnoDB 存储引擎早期就是第三方存储引擎，同时也是 MySQL 量在线事务处理应用（OLTP）中使用最广泛的存储引擎之一。在关系数据库中，数据是以表的形式存储的，所以存储引擎也称表类型。

④ 数据存储层

数据存储层主要用于将数据存储在设备的文件系统中，并完成与存储引擎的交互。

3）MySQL 数据库的特点

① 功能强大

MySQL 提供了多种数据库存储引擎，并且这些存储引擎各有所长，适用于不同的应用场合，甚至处理每天访问量数亿的高强度 Web 搜索站点。用户可以选择最合适的引擎以得到最高性能。MySQL 支持事务、视图、存储过程和触发器等。

② 支持跨平台

MySQL 支持超过 20 种的开发平台，包括 Linux、Windows、FreeBSD、IBMAIX、AIX 和 FreeBSD 等，在任何平台编写的程序中都可以进行移植，而且不需要对程序做任何修改。

③ 运行速度快

高速是 MySQL 的显著特点。MySQL 使用极快的 B 树磁盘表和索引压缩；通过使用优化的单扫描多连接，能够极快地实现连接；通过 SQL 函数使用高度优化的类库，运行速度极快。

④ 支持面向对象

MySQL 支持混合编程方式。编程方式可分为纯粹面向对象、纯粹面向过程、面向对象与面向过程混合 3 种。

⑤ 安全性高

MySQL 灵活安全的权限和密码系统允许主机进行基本验证。在连接服务器时，所有的密码传输均采用加密形式，从而保证密码的安全。

⑥ 成本低

MySQL 是完全免费的，用户可以直接从官方网站中下载。

⑦ 支持各种程序设计语言

MySQL 能够为各种流行的程序设计语言提供 API 函数。

⑧ 数据库存储容量大

MySQL 数据库的最大有效容量通常是由操作系统对文件大小的限制决定的，而不是由 MySQL 内部限制决定的。InnoDB 存储引擎将 InnoDB 表保存在一个表空间内，该表空间由多个文件创建，最大容量为 64TB，可以轻松处理拥有上万条记录的大型数据库。

⑨ 支持强大的内置函数

PHP 提供了大量内置函数，几乎涵盖 Web 应用开发中的所有功能。MySQL 数据库内置数据连接、文件上传等功能，支持大量的扩展库，如 MySQLi 等，能够为快速开发 Web 应用提供便利。

4）MySQL 自带数据库

MySQL 自带 4 个数据库：mysql、information_schema、performance_schema、sys。

① mysql

mysql 用于存储 MySQL 服务器正常运行所需的各种信息，包括以下表。

- 数据字典表（Data Dictionary Tables）：包括 character_sets、collations、columns、events、foreign_keys、indexes、parameters、tables、triggers 等。

数据字典表是不可见的，因此不能用 SELECT 读取，不能在 SHOW TABLES 的输出中出现，也不能在 INFORMATION_SCHEMA.TABLES 表中列出。但在大多数情况下，用户可以查询对应的 information_schema 表。从概念上讲，information_schema 表提供了一个视图，MySQL 通过该视图公开数据字典元数据。

- 授权系统表（Grant System Tables）：包括 user、db、tables_priv、columns_priv、procs_priv 等，用于存储有关用户的账号和权限信息。
- 对象信息系统表（Object Information System Tables）：包括组件、可加载函数和服务器端插件的信息。
- 日志系统表（Log System Tables）：包括通用查询日志表（general_log）和慢查询日志表（slow_log）。
- 服务器端帮助系统表（Server-Side Help System Tables）：包含服务器端帮助信息。
- 时区系统表（Time Zone System Tables）：包含时区信息。
- 复制系统表（Replication System Tables）：包括 ndb_binlog_index、slave_master_info、slave_relay_log_info、slave_worker_info 等。服务器使用这些系统表来支持复制。
- 优化器系统表（Optimizer System Tables）：包括 innodb_index_stats、innodb_table_stats、server_cost、engine_cost，供优化器使用。
- 杂项系统表（Miscellaneous System Tables）：包括 firewall_group_allowlist、innodb_dynamic_metadata 等，用于记录自增计数器的值。

② information_schema

information_schema 数据库提供了对数据库元数据、统计信息及有关 MySQL 的信息访问（如数据库名或表名、字段的数据类型和访问权限等）。该数据库中保存的信息也称 MySQL 的数据字典或系统目录。information_schema 数据库可以作为 SHOW 语句的替代方案。

information_schema 数据库包含多个只读表（临时表），所以在磁盘中的数据目录下没有对应的关联文件，且不能对这些表设置触发器。虽然在查询时可以使用 USE 语句将默认数据库设置为 information_schema，但该数据库下的所有表都是只读的，不能执行 INSERT、UPDATE、DELETE 等数据变更操作。

information_schema 数据库中的所有表都使用 Memory 和 InnoDB 存储引擎，且都是临时表，不是持久表，在重启数据库后，这些数据会丢失。在 MySQL 的 4 个系统库中，它是唯一在文件系统上没有对应库表的目录和文件的系统库。

③ performance_schema

performance_schema 数据库用于低级别监视 MySQL 服务器执行，提供了一种在运行时检查服务器内部执行的方法。performance_schema 数据库中的表是不使用持久磁盘存储的内存表，其内容会在启动服务器时重新填充，并在关闭服务器时丢弃。

④ sys

sys 数据库主要通过视图的形式把 information_schema 和 performance_schema 数据库结合起来，帮助系统管理员和开发人员监控 MySQL 的技术性能，可以用于典型的调优和诊断用例。该数据库包括以下对象。

- 视图（Views）：将 performance_schema 数据库中的数据汇总为更易于理解的形式。
- 存储过程（Stored Procedures）：执行 performance_schema 数据库配置和诊断报告生成等操作。
- 存储函数（Stored Functions）：查询 performance_schema 数据库配置并提供格式化服务。

5）MySQL 的存储引擎

存储引擎是数据库底层组件，数据库管理系统使用存储引擎进行创建、查询、更新和删除数据的操作。简而言之，存储引擎是指表的类型。数据库的存储引擎决定了表在计算机中的存储方式。不同的存储引擎能够提供不同的存储机制、索引技巧、锁定水平等功能，用户可以使用不同的存储引擎获得特定的功能。现在许多数据库管理系统都支持多种不同的存储引擎。

MySQL 的核心是存储引擎。MySQL 提供了多个不同的存储引擎，包括处理事务安全表的引擎和处理非事务安全表的引擎。在 MySQL 中，不需要在整个服务器中使用同一种存储引擎，针对具体的要求，可以对每个表使用不同的存储引擎。

MySQL 5.7 支持的存储引擎有 InnoDB、MyISAM、Memory、Merge、Archive、CSV、BLACKHOLE 等。用户可以使用 SHOW ENGINES 语句查看系统支持的存储引擎类型。

① 存储引擎简介

MySQL 中的数据用不同的技术存储在文件系统中，每种技术都使用不同的存储机制、索引技巧、锁定水平，能够提供不同的功能。这些技术及其配套的功能在 MySQL 中被称为存储引擎。存储引擎是一种将数据存储在文件系统中的存储方式或者存储格式；是 MySQL 数据库中的组件，负责执行实际的数据 I/O 操作。

在 MySQL 中，存储引擎处于文件系统之上，数据在被保存到数据文件中之前会先被传输到存储引擎中，之后按照各个存储引擎的存储格式进行存储。

② MyISAM 存储引擎

MyISAM 存储引擎不支持事务，也不支持外键约束，只支持全文索引，数据文件和索引文件是分开保存的；访问速度快，对事务完整性没有要求，适合查询、插入为主的应用。

MyISAM 存储引擎支持 3 种不同的存储格式。

- 静态（固定长度）表：静态表是默认的存储格式，其中的字段都是非可变字段，即每个记录（每行）都是固定长度的。这种存储格式的优点是存储非常迅速、容易缓存，出现故障容易恢复；缺点是占用的空间通常比动态表多。静态表是 MyISAM 存储引擎的默认存储格式，适合在表不包含可变长度列（VARCHAR、BLOB、TEXT）时使用。静态表是 3 种存储格式中最简单和最安全的，同时也是最快的 ondisk 格式。
- 动态表：动态表包含可变字段，记录不是固定长度的。这种存储格式的优点是占用空间较少，但是频繁的更新、删除记录会产生碎片，需要定期执行 OPTIMIZE TABLE 语句或 myisamchk-r 命令来改善性能，在出现故障的时候恢复比较困难。

如果一个表包含任何可变长度列或通过 ROW_FORMAT=DYNAMIC 选项创建，则会采用动态表存储。

- 压缩表：压缩表由 myisamchk 工具创建，占据非常小的空间。因为每条记录都是被单独压缩的，所以只有非常小的访问开支，但在压缩的过程中会占用 CPU。

MySQL 分发版本默认包含 myisampack 工具，压缩表就是由它创建的只读格式。

③ InnoDB 存储引擎

InnoDB 是 MySQL 的默认引擎，支持事务处理。MySQL 中的数据被存储在物理磁盘上，而真正的数据处理又是在内存中执行的。由于磁盘的读写速度非常慢，因此如果每次操作都对磁盘进行频繁读写，则性能会非常差。

为了解决上述问题，InnoDB 将数据划分为若干页，以页为磁盘与内存交互的基本单位，页的大小一般为 16KB，一次要至少读取 1 页数据到内存中或将 1 页数据写入磁盘，通过减少内存与磁盘的交互次数来提升性能。

④ MyISAM 和 InnoDB 的区别

MyISAM 和 InnoDB 都是 MySQL 的存储引擎，它们之间有以下区别。

- 事务支持：InnoDB 存储引擎支持事务处理，可以使用 ACID（原子性、一致性、隔离性、持久性）来保证数据的完整性和一致性，而 MyISAM 存储引擎不支持事务处理，不能保证数据的一致性。
- 锁机制：InnoDB 存储引擎采用行级锁定，只锁定需要修改的行，从而提高并发性能；MyISAM 存储引擎采用表级锁定，会锁定整个表，如果多个用户同时访问一个表，则会出现互相等待的情况，从而降低并发性能。
- 外键约束：InnoDB 存储引擎支持外键约束，可以通过外键约束实现关联查询和级联删除等功能，而 MyISAM 存储引擎不支持外键约束。
- 性能：MyISAM 存储引擎在读取数据方面的性能表现较好，在大量读取的情况下效率更高，而 InnoDB 存储引擎在处理事务和大量并发查询的情况下性能更好。

综上所述，InnoDB 存储引擎能够支持事务处理、外键约束和高并发性能，MyISAM 存储引擎用于读取大量数据。

⑤ MyISAM 和 InnoDB 如何选择

选择 MyISAM 存储引擎还是 InnoDB 存储引擎取决于应用程序的需求和使用情况。下面是一些选择建议。

- 如果应用程序需要支持事务处理，如银行交易或在线购物网站等，则应该使用 InnoDB

存储引擎。因为 InnoDB 存储引擎支持事务处理，能够确保数据的一致性和完整性。
- 如果应用程序需要支持外键约束，如一个订单必须关联一个客户等，则应该使用 InnoDB 存储引擎。因为 InnoDB 存储引擎支持外键约束，可以在多个表之间建立关系，从而实现数据的一致性和完整性。
- 如果应用程序主要是进行大量的读取操作，如博客网站，则可以使用 MyISAM 存储引擎。因为 MyISAM 存储引擎对于读取操作的性能表现较好，能够快速检索和返回数据。
- 如果应用程序需要进行大量的写入操作，如社交网站，则应该使用 InnoDB 存储引擎。因为 InnoDB 存储引擎对于写入操作的性能表现较好，能够在并发写入的情况下保证数据的完整性。

综上所述，存储引擎需要根据应用程序的需求和使用情况来选择。如果应用程序需要支持事务处理和外键约束，则建议使用 InnoDB 存储引擎；如果应用程序主要用于进行读取操作，则建议使用 MyISAM 存储引擎；如果应用程序需要进行大量的写入操作，则建议使用 InnoDB 存储引擎。

2. 数据复制服务

1）数据复制服务简介

数据复制服务（Data Replication Service，DRS）是一种易用、稳定、高效、用于数据库实时迁移和数据库实时同步的云服务。数据复制服务围绕云数据库，能够降低数据库之间数据流通的复杂性，快速解决多场景下数据库之间的数据流通问题，以满足数据传输业务需求，有效地帮助用户减少数据传输的成本。

DRS 产品架构如图 5-3 所示。

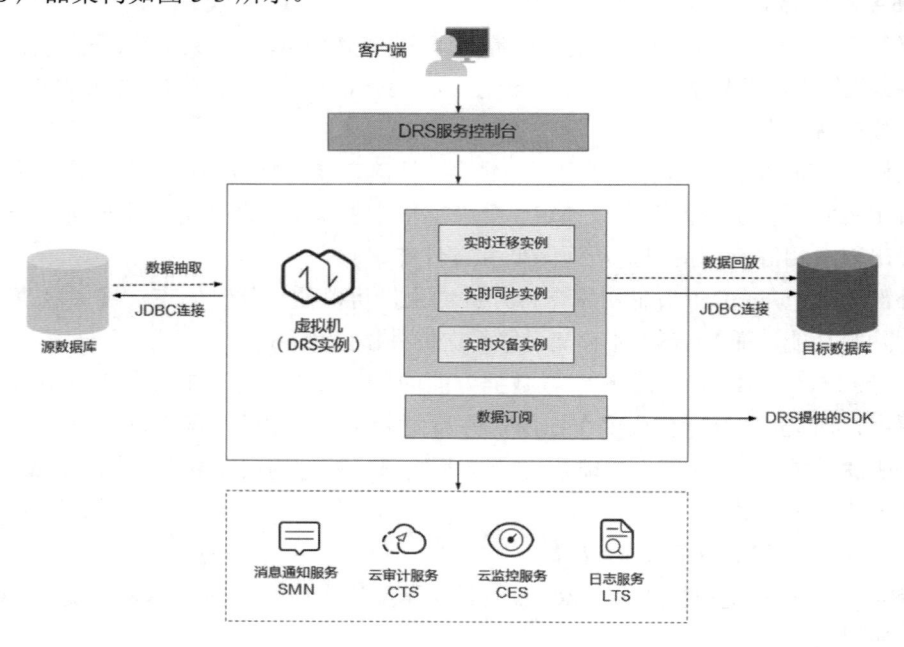

图 5-3　DRS 产品架构

① 最小权限设计
- DRS 采用 JDBC 连接：无须在用户的源数据库、目标数据库节点上部署程序。任务独立于虚拟机运行，独享资源，用户之间数据隔离。
- DRS 采用最小 IP 资源：在源数据库、目标数据库仅开放 DRS 数据迁移实例节点 IP 访问权限时，无须增加网段。

② 可靠性设计
- 连接异常自动重试：当网络闪断、数据库倒换等场景造成 DRS 和数据库连接异常时，RDS 会自动重试直至任务恢复。
- 断点续传能力：当源数据库或目标数据库连接出现异常时，RDS 会自动记录当前数据回放的位点，在故障修复后自动从上一个位点接续回放，保证同步数据的一致性。
- IP 不变：当 DRS 迁移实例所在虚拟机发生故障时，业务会自动切换到新虚拟机中并保证 IP 不变，保证迁移任务正常。

2）数据复制服务的功能

数据复制服务提供了实时迁移、备份迁移、实时同步、数据订阅和实时灾备等功能。

① 实时迁移

实时迁移是指在数据复制服务能够同时连通源数据库和目标数据库的情况下，只需要配置迁移实例及迁移对象即可完成整个数据迁移过程，并通过多项指标和数据的对比分析，确定合适的业务割接时机，实现最小化业务中断的数据库迁移。

实时迁移支持多种网络迁移方式，如公网、VPC、VPN 和专线网络。通过多种网络链路，数据复制服务可以快速实现跨云平台数据库迁移、云下数据库迁移上云或云上跨区域的数据库迁移等多种业务场景下的迁移，如图 5-4 所示。

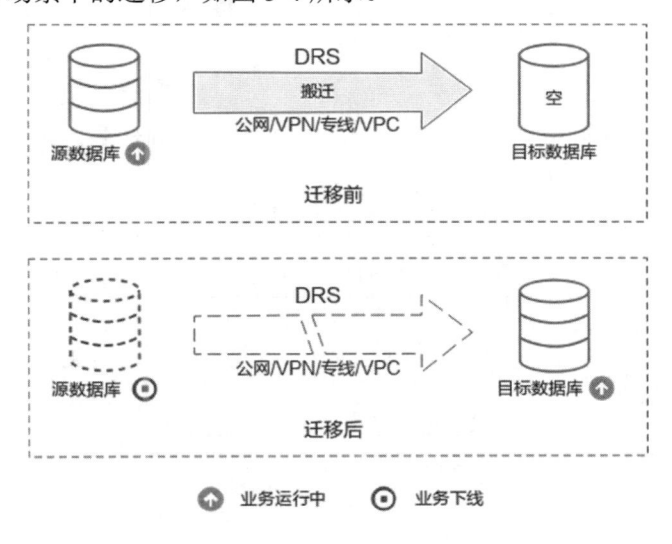

图 5-4 实时迁移

实时迁移的特点是能够通过增量迁移技术，最大程度地允许迁移过程中继续对外业务，有效地将业务系统中断时间和业务影响最小化，实现数据库平滑迁移上云，支持全部数据库对象的迁移。

② 备份迁移

由于安全原因，数据库的 IP 地址有时不能暴露在公网上，但是选择专线网络进行数据库迁移的成本很高。这时用户可以选用数据复制服务提供的备份迁移功能，将源数据库中的数据导出成备份文件并上传至对象存储服务，并恢复到目标数据库中。备份迁移可以帮助用户在云服务不触碰源数据库的情况下实现数据迁移，如图 5-5 所示。

图 5-5 备份迁移

备份迁移常用于云下数据库迁移上云，其特点是云服务无须碰触源数据库，即可实现数据迁移。

③ 实时同步

实时同步是指在不同的系统之间，将数据通过同步技术从一个数据源复制到其他数据库中并保持一致，从而实现关键业务的数据实时流动。实时同步不同于备份迁移，备份迁移以整体数据库搬迁为目的，而实时同步旨在维持不同业务之间的数据持续性流动。

实时同步常用于实时分析、报表系统、数仓环境，其特点是功能聚焦于表和数据，满足灵活性的需求，支持多对一、一对一库映射，动态增减同步表，不同表名之间同步数据等，如图 5-6 所示。

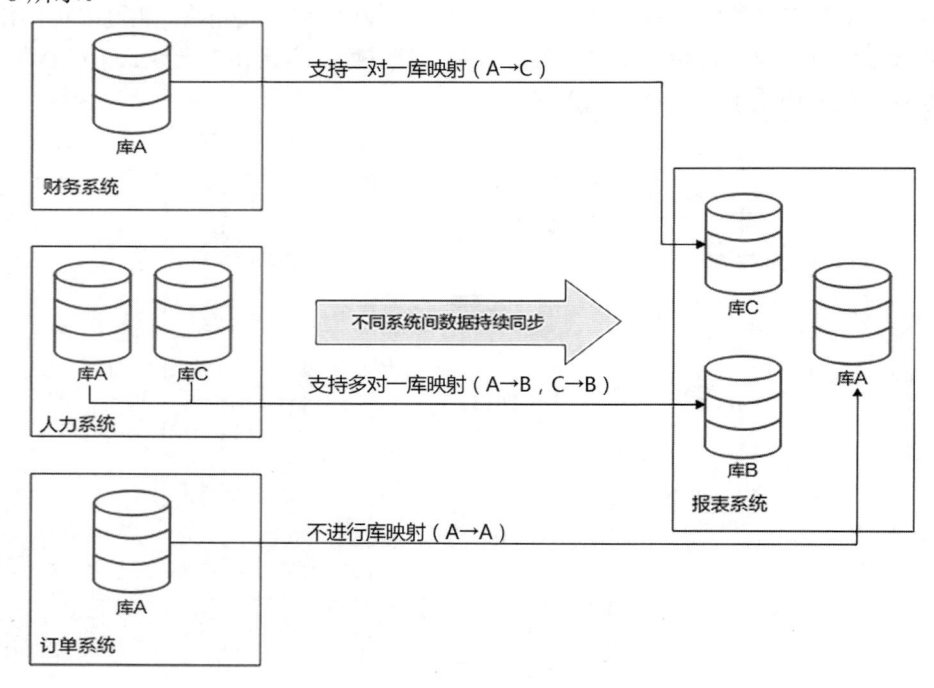

图 5-6 实时同步

④ 数据订阅

数据订阅是指获取数据库中关键业务的数据变化信息，这类信息常常是下游业务所需要的。数据订阅能够将数据变化信息缓存并提供统一的 SDK 接口，方便订阅、获取和消费下游业务，从而实现数据库和下游系统解耦、业务流程解耦，如图 5-7 所示。

图 5-7 数据订阅

数据订阅常用于 Kafka 订阅 MySQL 增量数据。

⑤ 实时灾备

为了解决地区设备故障导致的业务不可用，数据复制服务推出灾备场景，为用户业务连续性提供数据库的同步保障。用户可以轻松地实现云下数据库到云上的灾备、跨云平台的数据库灾备，无须预先投入巨额基础设施。

实时灾备支持两地三中心、两地四中心灾备架构。单边灾备可以利用灾备场景的升主、降备功能实现异地主备倒换的效果，如图 5-8 所示。

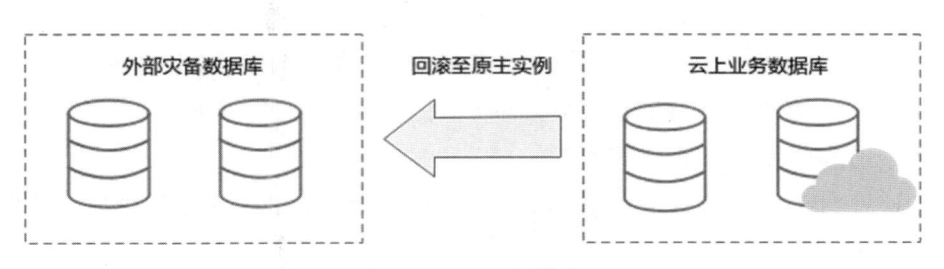

图 5-8 单边灾备

3）数据复制服务的原理

① 实时迁移的原理

实时迁移的原理如图 5-9 所示。

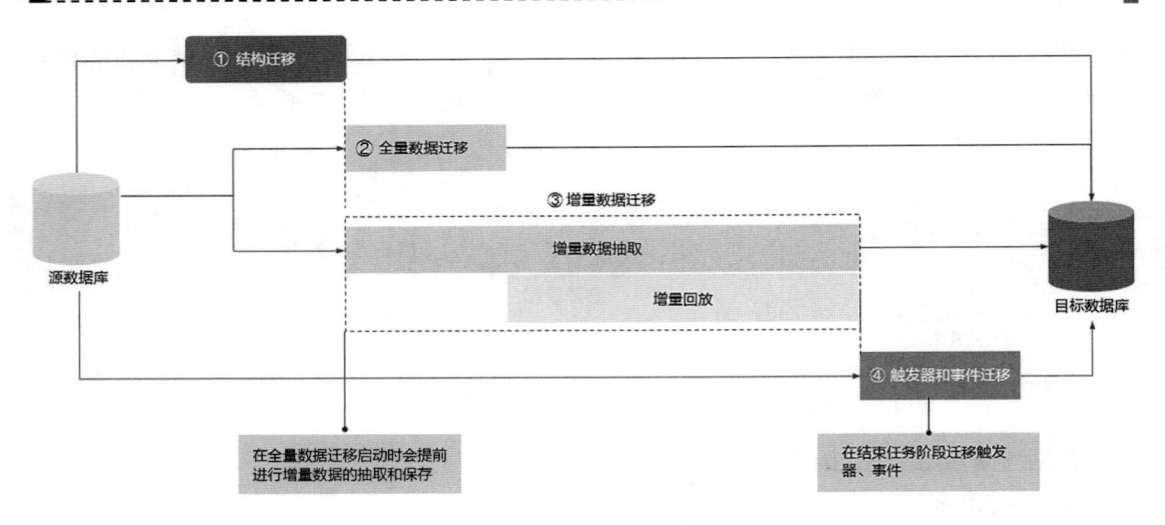

图 5-9 实时迁移的原理

以"全量+增量"迁移为例,完整的实时迁移分为 4 个阶段。

第一个阶段:结构迁移。数据复制服务会从源数据库中查询用户选择迁移的库、表、主键等对象,并在目标数据库创建这些对象。

第二个阶段:全量数据迁移。数据复制服务会通过并行技术,最高效地利用资源,从源数据库中查询当前所有数据,并在目标数据库中进行插入。在启动全量数据迁移前,提前对增量数据进行抽取和保存,以便在第三个阶段中和全量数据接续,保证数据的完整性和一致性。

第三个阶段:增量数据迁移。在完成全量数据迁移任务后,启动增量数据迁移任务,此时会对从全量开始的增量数据进行持续的解析、转换和回放,直至追平当前的增量数据。

第四个阶段:触发器和事件迁移。为了防止触发器、事件在迁移阶段对数据进行操作,在结束任务阶段迁移触发器、事件。

全量数据迁移底层模块的原理如下。

- 分片模块:通过优化的分片算法,计算每个表的分片逻辑。
- 抽取模块:根据计算的分片信息并行多任务,从源数据库中查询数据。
- 回放模块:将抽取模块查询的数据并行多任务地插入目标数据库。

增量数据迁移底层模块的原理如下。

- 日志读取模块:从源数据库中读取原始增量日志数据,经过解析转换为标准的日志格式并存储在本地。
- 日志回放模块:根据日志读取模块转换的标准的增量日志数据,以及用户的选择策略进行加工过滤,将增量数据同步到目标数据库中。

② 备份迁移的原理

备份迁移的原理如图 5-10 所示。

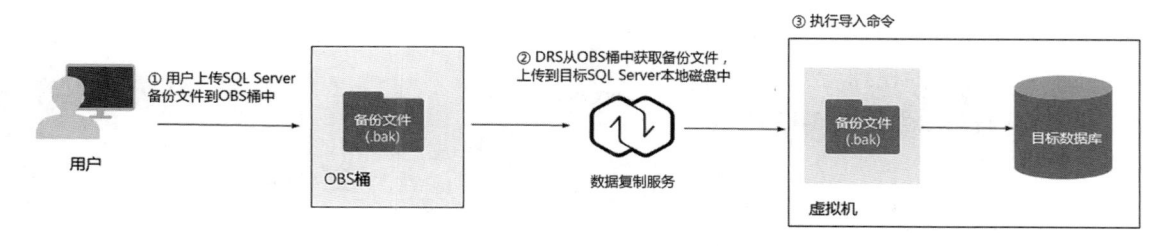

第 5 章 使用 DRS 迁移 MySQL 数据库项目

图 5-10 备份迁移的原理

备份迁移用于实现 SQL Server 数据库的离线迁移功能。用户需要提前将源数据库的全量备份包和增量备份包上传到 OBS 桶中，数据复制服务会从 OBS 桶中下载备份包并上传到目标数据库的本地磁盘中，并在对文件完成预检查和校验后执行导入命令，将数据恢复到目标数据库中。

③ 实时同步的原理

实时同步的原理如图 5-11 所示。

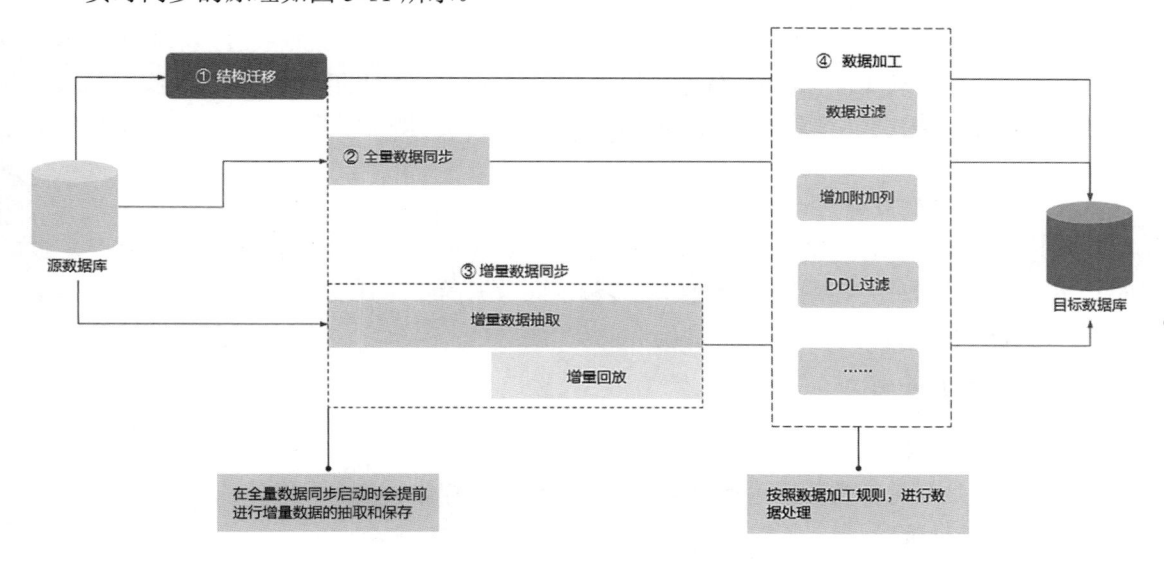

图 5-11 实时同步的原理

实时同步的功能是实现源数据库和目标数据库的数据长期同步，主要用于 OLTP 到 OLAP、OLTP 到大数据组件的数据实时同步。实时同步和实时迁移的原理基本一致，但是基于不同的业务使用场景，两个功能还是有些差异。

实时同步支持异构数据库。针对异构数据库的结构同步，数据复制服务会通过语法转换，将源数据库的结构定义语句转换为目标数据库的结构定义语句并在目标数据库中执行，同时数据库字段类型也会进行映射转换。

实时同步会提供更多的数据加工规则供用户在数据同步时使用，这些规则会在数据抽取、解析、回放阶段进行处理，最终满足用户需要的各种数据同步规则。但实时同步不会同步账号、触发器、事件等对象。

实时同步经常用于多个源数据库到一个目标数据库的数据同步，对于多对一、一对多场景的 DDL 操作有专门的处理。

④ 数据订阅的原理

数据订阅的原理如图 5-12 所示。

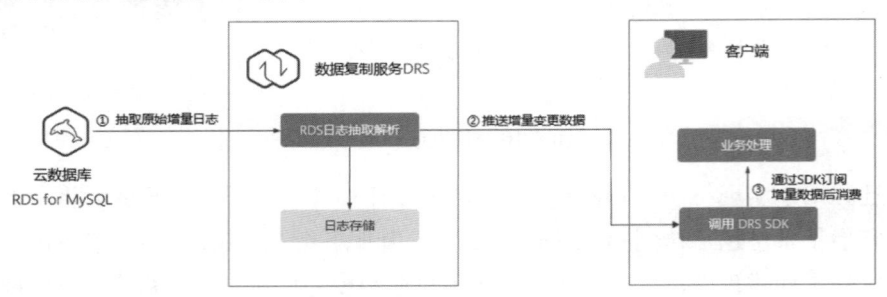

图 5-12 数据订阅的原理

数据订阅可以提供 SDK，使得用户的业务程序可以实时获取源数据库的数据增量变更。数据复制服务可以从源数据库中抽取原始增量日志，将其解析为标准格式并持久化保存到本地，同时实时调用客户端订阅 SDK 的 notify 接口，推送增量变更数据到客户端业务程序，客户端根据业务需求实现具体的消费逻辑。客户端业务程序消费的变更数据会被实时记录在服务器端，在异常中断、重连等场景下，DRS 服务端会从最后的消费位点继续推送增量变更数据。

⑤ 实时灾备的原理

实时灾备通过实时复制技术实现两个数据库的数据容灾，其底层原理和实时迁移是一致的，差异主要是实时灾备支持正向数据同步和反向数据同步，且实时灾备为实例级别灾备，不支持选择库表。

3. 数据库基本知识

1) 数据管理技术的发展阶段

数据管理是指对各类数据进行分类、组织、编码、存储、检索、维护。

① 人工管理阶段

20 世纪 50 年代，计算机硬件还不发达，没有磁盘，如图 5-13 所示。

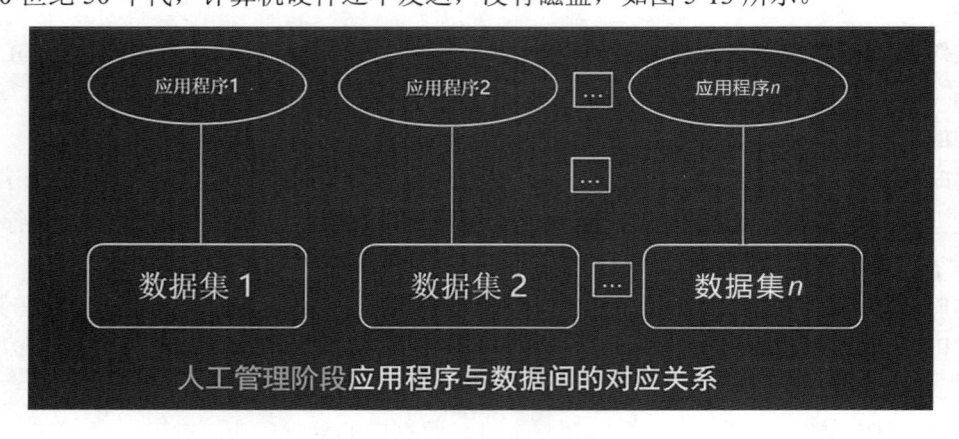

图 5-13 人工管理阶段

② 文件系统阶段

20 世纪 50 年代后期至 60 年代中期，出现了磁盘、高级语言、操作系统，如图 5-14 所示。

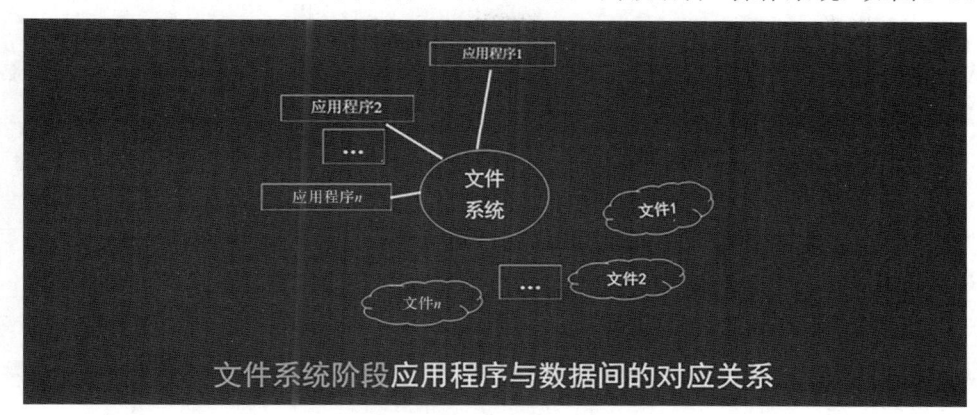

图 5-14　文件系统阶段

③ 数据库系统阶段

20 世纪 60 年代后期，随着网络技术的发展，软、硬件功能提升，文件系统已经远远不能满足要求，尤其是关系数据库，如图 5-15 所示。

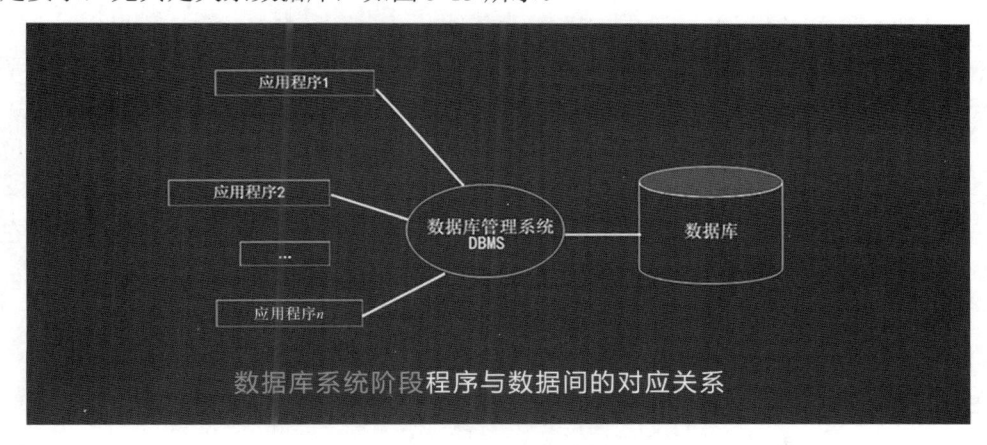

图 5-15　数据库系统阶段

2）数据库的概念

数据库（Database，DB）是按照数据结构来组织、存储和管理数据的仓库。每个数据库都有一个或多个不同的 API，用于创建、访问、管理、搜索和复制所保存的数据。我们可以将数据存储在文件中，但是从文件中读写数据的速度相对较慢。我们使用关系数据库管理系统（Relational Database Management System，RDBMS）来存储和管理大量数据，不会出现这种问题。关系数据库是指建立在关系模型基础上的数据库，借助于集合代数等数学概念和方法来处理数据库中的数据。

关系数据库管理系统的特点如下。

- 数据以表格的形式出现。
- 每行为各种记录名称。

- 每列为记录名称所对应的数据域。
- 许多行和列组成一张表单。
- 若干个表单组成数据库。

从数据库管理系统应用的角度来看,数据库管理系统常见的运行与应用结构包括客户端/服务器结构、浏览器/服务器结构。

- 客户端/服务器(Client/Server,C/S)结构:数据库使用者可以通过命令行客户端、图形化页面管理工具或应用程序等连接到数据库管理系统,通过数据库管理系统查询和处理存储在底层数据库中的各种数据。数据库使用者与命令行客户端、图形化页面管理工具、应用程序等直接交互,而不与数据库管理系统直接联系。

在这种结构中,命令行客户端、图形化页面管理工具或应用程序等称为"客户端"或"前台",主要用于完成与数据库使用者的交互任务;数据库管理系统称为"服务器"或"后台",主要负责数据管理。

在客户端/服务器结构中,客户端和服务器可以同时工作在同一台计算机上,这种工作方式称为"单机方式",也可以以"网络方式"运行,即服务器被安装和部署在网络中某一台或多台主机上。

对于客户端应用程序的开发,目前常用的语言工具主要有 Visual C++、Delphi、.NET 框架、Visual Basic、Python 等。

数据库能有效存储、数据、查找数据,其实那些管理软件就是通过软件页面向内部数据库进行数据的增、删、改、查操作的。

- 浏览器/服务器(Brower/Server,B/S)结构:又称 B/S 结构,是 Web 兴起后出现的一种网络结构。Web 浏览器是客户端最主要的应用软件。这种结构统一了客户端,将系统功能实现的核心部分集中到了服务器上,简化了系统的开发、维护和使用。在客户端上安装一个浏览器,在服务器上安装 SQL Server、Oracle、MySQL 等数据库,即可使浏览器通过 Web Server 与数据库进行数据交互。

3)RDBMS 术语

在开始学习 MySQL 数据库前,先了解 RDBMS 的一些术语。

- 数据库:数据库是一些关联表的集合。
- 数据表:表是数据的矩阵。数据库中的表看起来像简单的电子表格。
- 列:一列(数据元素)是相同类型的数据,如邮政编码的数据。
- 行:一行(元组或记录)是一组相关的数据,如一条用户订阅的数据。
- 冗余:冗余是指存储多余的数据,降低了性能,但提高了数据的安全性。
- 主键:主键是唯一的。一个数据表中只能包含一个主键。用户可以使用主键来查询数据。
- 外键:外键用于关联两个表。
- 复合键:复合键(组合键)会将多列作为一个索引键,一般用于复合索引。
- 索引:使用索引可以快速访问数据表中的特定信息。索引是对数据表中一列或多列的值进行排序的一种结构,类似于书籍的目录。
- 参照完整性:参照完整性不允许关系引用不存在的实体。参照完整性与实体完整性是关系模型必须满足的完整性约束条件，目的是保证数据的一致性。

MySQL 是关系数据库，所谓的关系型可以理解为"表格"，即一个关系数据库由一个或多个表格组成。

4）SQL

① SQL 简介

SQL 的全称是 Structured Query Language，即结构化查询语言，能够对数据库进行查询、修改等操作。SQL 具有如下优点。

- 一体化：SQL 集数据定义、数据操作和数据控制于一体，可以完成数据库中所有工作。
- 使用方式灵活：SQL 有两种使用方式，即直接以命令方式交互使用，或者嵌入 C、C++、Fortran、Java 等语言中使用。
- 非过程化：在使用 SQL 时，用户只需提操作要求，不必描述操作步骤，即在使用时只需要告诉计算机"做什么"，而不需要告诉它"怎么做"，存储路径的选择和操作的执行由数据库管理系统自动完成。
- 语言简洁、语法简单：SQL 的语句由描述性很强的英语单词组成，而且这些单词的数目不多。

② SQL 的分类

数据定义语言（Data Definition Language，DDL）用来创建或删除数据库、数据表等对象，主要包含以下几种命令。

- DROP：删除数据库、数据表等对象。
- CREATE：创建数据库、数据表等对象。
- ALTER：修改数据库、数据表等对象的结构。

数据操作语言（Data Manipulation Language，DML）用来变更表中的记录，主要包含以下几种命令。

- INSERT：向表中插入新数据。
- UPDATE：更新表中的数据。
- DELETE：删除表中的数据。

数据查询语言（Data Query Language，DQL）用来查询表中的记录，主要包含 SELECT 命令。

数据控制语言（Data Control Language，DCL）用来确认或者取消对数据库中数据进行的变更，以及对数据库中的用户设定权限，主要包含以下几种命令。

- GRANT：赋予用户操作权限。
- REVOKE：取消用户的操作权限。
- COMMIT：确认对数据库中数据进行的变更。
- ROLLBACK：取消对数据库中数据进行的变更。

在 MySQL 中，可以使用 SHOW DATABASES 语句查看或显示当前用户权限范围内的数据库。查看数据库的语法格式如下。

```
SHOW DATABASES [LIKE '数据库名']
```

LIKE 是可选项，用于匹配指定的数据库名称。LIKE 从句可以部分匹配，也可以完全匹配。数据库名由单引号' '引起来。

在 MySQL 中，可以使用 CREATE DATABASE 语句创建数据库，语法格式如下。

```
CREATE DATABASE [IF NOT EXISTS] <数据库名>
[[DEFAULT] CHARACTER SET <字符集名>]
[[DEFAULT] COLLATE <校对规则名>]
```

- IF NOT EXISTS：在创建数据库前进行判断，只有数据库不存在时才能执行操作，可以用来避免数据库已经存在而重复创建的错误。
- [DEFAULT] CHARACTER SET：指定数据库的字符集，目的是避免在数据库中存储的数据出现乱码的情况。如果在创建数据库时不指定字符集，那么使用系统的默认字符集。
- [DEFAULT] COLLATE：指定字符集的默认校对规则。

在 MySQL 中，当需要删除已创建的数据库时，可以使用 DROP DATABASE 语句，语法格式如下。

```
DROP DATABASE [ IF EXISTS ] <数据库名>
```

- IF EXISTS：用于防止数据库不存在时发生的错误。
- DROP DATABASE：删除数据库中的所有表格，同时删除数据库。在使用该语句时要非常小心，以免错误删除。在使用 DROP DATABASE 语句前，需要获得数据库的 DROP 权限。

③ SELECT 语句

在 MySQL 中，可以使用 SELECT 语句查询数据。查询数据是指根据需求，使用不同的查询方式从数据库中获取不同的数据，是使用频率最高、最重要的操作。

SELECT 语句的语法格式如下。

```
SELECT
{* | <字段名>}
[
FROM <表 1>, <表 2>,…
[WHERE <表达式>
[GROUP BY <group by definition>
[HAVING <expression> [{<operator> <expression>}…]]
[ORDER BY <order by definition>]
[LIMIT[<offset>,] <row count>]
]
```

其中，各子句的含义如下。

- {*|<字段列名>}：包含"*"通配符的字段列表，或者所要查询字段的名称。
- <表 1>,<表 2>,…：表 1 和表 2 表示查询数据的来源，可以是单个或多个。
- WHERE <表达式>：可选项，如果选择该项，则限定查询数据必须满足该查询条件。
- GROUP BY< 字段 >：告诉 MySQL 如何显示查询结果，并按照指定的字段分组。

- ORDER BY < 字段 >：告诉 MySQL 按什么样的顺序显示查询结果，排序有升序（ASC）和降序（DESC），默认情况下是升序。
- [LIMIT[<offset>,]<row count>]：告诉 MySQL 每次显示的数据条数。

查询所有字段是指查询表中所有字段的数据。MySQL 提供了两种方式查询表中的所有字段：

- 使用"*"通配符查询所有字段。
- 使用" * "查询表中所有字段。

SELECT 可以使用"*"通配符查找表中所有字段的数据，语法格式如下。

```
SELECT * FROM 表名
```

除非需要使用表中所有字段的数据，否则最好不要使用通配符。虽然使用通配符可以节省输入查询语句的时间，但是获取不需要的列数据会降低查询和所使用的应用程序的效率。使用通配符的优势是，当不知道列的名称时，可以通过通配符获取。

SELECT 关键字后面的字段名为需要查找的字段，因此可以将表中所有字段的名称放在 SELECT 关键字后面。

```
SELECT sid,age,NAME,gender FROM student
```

查询表中指定字段的语法格式如下。

```
SELECT < 列名 > FROM < 表名 >
```

示例如下。

```
SELECT sid FROM student
```

使用 SELECT 声明可以获取多个字段中的数据，只需要在 SELECT 关键字后面指定要查找的字段名称，不同字段名称之间用逗号","分隔，最后一个字段后面不需要加逗号，语法格式如下。

```
SELECT <字段名 1>,<字段名 2>,…,<字段名 n> FROM <表名>
```

示例如下。

```
SELECT sid,age FROM student
```

DISTINCT 关键字的主要作用是对数据表中一个或多个字段的重复数据进行过滤，只返回其中的一条数据给用户。

在使用 DISTINCT 关键字时需要注意以下几点。

- DISTINCT 关键字只能在 SELECT 语句中使用。
- 在对一个或多个字段去重时，DISTINCT 关键字必须在所有字段的最前面。
- 如果 DISTINCT 关键字后有多个字段，则会对多个字段进行组合去重，也就是说，只有多个字段组合起来完全是一样的才会被去重。

其中，"字段名"为需要消除重复记录的字段名称，多个字段用逗号分隔。

DISTINCT 关键字的语法格式如下。

```
SELECT DISTINCT <字段名> FROM <表名>
```

例如，对 student 表中的 sid、name、age 字段进行去重。

```
SELECT DISTINCT sid,name,age FROM student
```

对 student 表中的所有字段进行去重。

```
SELECT DISTINCT * FROM student
```

④ ORDER BY 语句

使用 SQL 语句查询到的数据一般会按照数据最初被添加到表中的顺序来显示。为了使查询结果的顺序满足用户的要求，MySQL 提供了 ORDER BY 关键字来对查询结果进行排序。ORDER BY 关键字主要用于将查询结果中的数据按照一定的顺序进行排序，语法格式如下。

```
ORDER BY <字段名> [ASC|DESC]
```

- 字段名：表示需要排序的字段的名称，多个字段名用逗号隔开。
- ASC|DESC：ASC 表示字段按升序排序，DESC 表示字段按降序排序。其中，ASC 为默认值。

在使用 ORDER BY 关键字时需要注意以下几点。

- 当排序的字段中存在空值时，ORDER BY 关键字会将该空值作为最小值来对待。
- 在使用 ORDER BY 关键字对多个字段进行排序时，MySQL 会按照字段的顺序从左到右依次排序。

⑤ WHERE 语句

在 MySQL 中，如果需要有条件地从数据表中查询数据，则可以使用 WHERE 关键字指定查询条件。

WHERE 关键字的语法格式如下。

```
WHERE 查询条件
```

其中，查询条件可以是带比较运算符和逻辑运算符的查询条件、带 BETWEEN AND 关键字的查询条件、带 IS NULL 关键字的查询条件、带 IN 关键字的查询条件或带 LIKE 关键字的查询条件。

⑥ LIKE 语句

在 MySQL 中，LIKE 关键字主要用于搜索匹配字段中的指定内容，语法格式如下。

```
[NOT] LIKE '字符串'
```

- NOT：可选项，在字段中的内容与指定的字符串不匹配时使用。
- 字符串：指定用来匹配的字符串，可以是一个完整的字符串，也可以包含通配符。

LIKE 关键字支持百分号"%"和下画线"_"通配符。

通配符是一种特殊的语句，主要用于模糊查询。当不知道真正的字符或者无法输入完整的名称时，可以使用通配符来代替一个或多个真正的字符。

"%"是 MySQL 中最常用的通配符,能代表任何长度的字符串,并且字符串的长度可以为 0。例如,a%b 表示以字母 a 开头、以字母 b 结尾的任意长度的字符串,可以代表 ab、acb、accb、accrb 等字符串。

例如,在 student 表中查询所有姓"刘"的学生的姓名。

```
SELECT NAME FROM student where NAME LIKE '刘%'
```

在 student 表中查询所有不姓"刘"的学生的姓名。

```
SELECT NAME FROM student where NAME NOT LIKE '刘%'
```

在 student 表中查询所有姓名中包含"亦"的学生的姓名。

```
SELECT NAME FROM student where NAME LIKE '%亦%'
```

"_"通配符只能代表单个字符,并且字符的长度不能为 0。例如,a_b 可以代表 acb、adb、aub 等字符串。

例如,在 student 表中查找以"菲"结尾,且"菲"前面只有两个字符的学生姓名。

```
SELECT NAME FROM student where NAME LIKE '__菲'
```

LIKE 关键字匹配字符默认是不区分大小写的。如果需要区分大小写,则可以加入 BINARY 关键字。

例如,在 student 表中查找以"L"开头的学生姓名,区分大小写。

```
SELECT NAME FROM student where NAME LIKE BINARY 'L%'
```

在使用通配符时需要注意以下几点。
- 注意大小写:MySQL 默认是不区分大小写的。如果区分大小写,则"Tom"不能被"t%"匹配到。
- 注意尾部空格:尾部空格会干扰通配符的匹配。例如,"T% "不能匹配到"Tom"。
- 注意 NULL:"%"通配符可以匹配到任意字符,但是不能匹配到 NULL。也就是说,"%"匹配不到 tb_students_info 数据表中值为 NULL 的记录。

任务 5.1 部署 MySQL 数据库

1. 任务描述

本任务主要在指定服务器上安装、配置 MySQL 数据库,确保其稳定运行并满足业务需求;让读者掌握 SQL 的基本语法和常用命令,并了解 MySQL 的基础知识。

2. 任务分析

使用华为公有云上资源,在云上申请一台弹性云服务器,配置计费模式为按需计费,区域为华北-北京四,CPU 架构为 x86 架构,规格为 2vCPUs|4GiB,镜像为公共镜像|CentOS 7.6 64bit(40GB),系统盘为通用型 SSD 40GiB,配置虚拟私有云、安全组、弹性公网 IP 并选择

按带宽计费，为弹性云服务器的管理员账号设置一个高强度的密码。

在申请的 CentOS 7.6 的操作系统中进行 MySQL 数据库的部署，基于 Linux 云服务器，下载软件包，使用 rpm 命令安装 MySQL 数据库服务，登录数据库，重建测试数据和测试用的账号。

3．任务实施

（1）打开谷歌浏览器，登录华为云官网，进入云服务器控制台，复制弹性云服务器的弹性公网 IP，如图 5-16 所示。

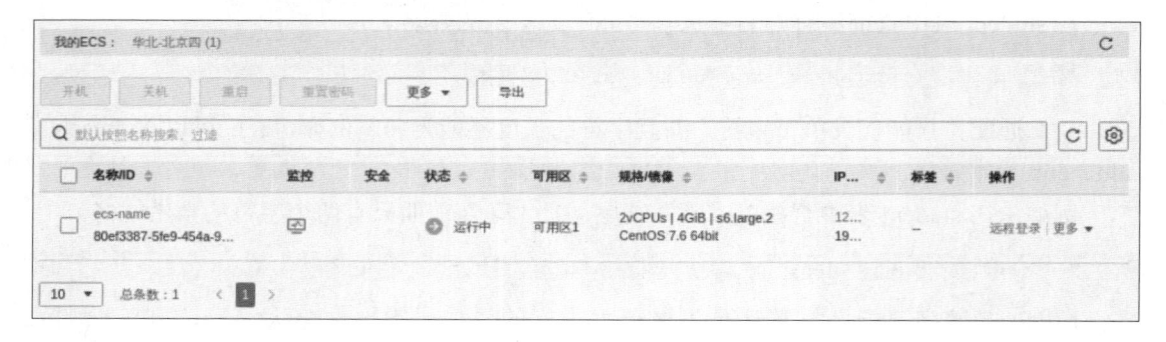

图 5-16　云服务器控制台

（2）在桌面上双击"Xfce 终端"图标，或者使用其他类型的远程登录工具登录弹性云服务器，输入以下命令，使用弹性云服务器的弹性公网 IP 替换命令中的"EIP"，如图 5-17 所示。

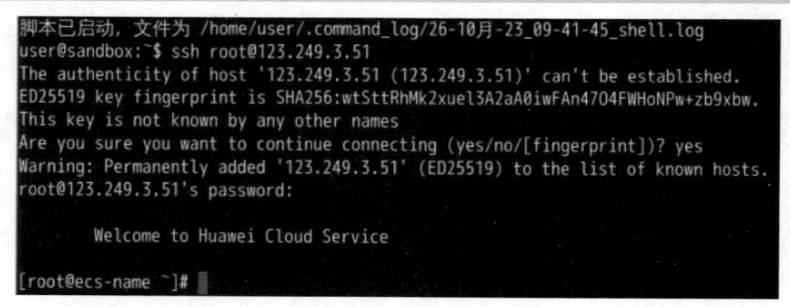

图 5-17　远程登录弹性云服务器

（3）下载 MySQL 5.7 软件包，如图 5-18 所示。

```
wget    https://sandbox-ex*****ent-files.obs.cn-north-4.myhuaweicloud.com/2729/mysql-community-common-5.7.38-1.el7.x86_64.rpm
   wget    https://sandbox-ex*****ent-files.obs.cn-north-4.myhuaweicloud.com/2729/mysql-community-libs-5.7.38-1.el7.x86_64.rpm
   wget    https://sandbox-ex*****ent-files.obs.cn-north-4.myhuaweicloud.com/2729/mysql-community-client-5.7.38-1.el7.x86_64.rpm
   wget    https://sandbox-ex*****ent-files.obs.cn-north-4.myhuaweicloud.com/2729/mysql-
```

```
community-server-5.7.38-1.el7.x86_64.rpm
  wget https://sandbox-ex*****ent-files.obs.cn-north-4.myhuaweicloud.com/2729/mysql-
community-libs-compat-5.7.38-1.el7.x86_64.rpm
```

图 5-18　下载 MySQL 软件包

（4）查询 Linux 操作系统自带的 MySQL 软件包，如图 5-19 所示。

```
rpm -qa | grep mariadb
```

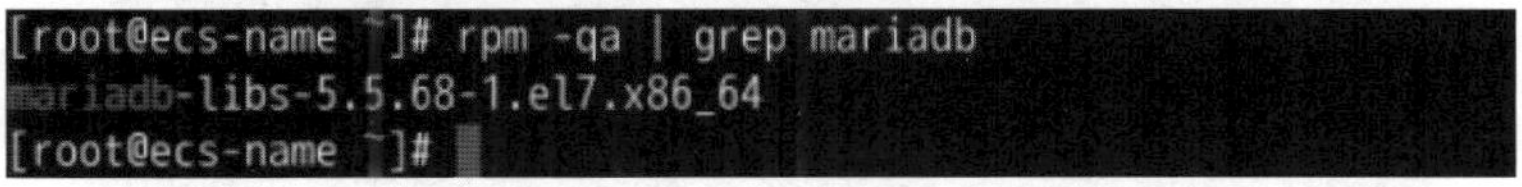

图 5-19　查询 Linux 操作系统自带的 MySQL 软件包

（5）卸载 Linux 操作系统自带的 MySQL 软件包，如图 5-20 所示。卸载完成后进行验证，查找已安装列表中是否有 MariaDB，如果执行结果返回为空，则代表 MariaDB 已被成功卸载。实际版本可能与本任务不一致，请读者结合实际情况进行调整。

```
rpm -e --nodeps mariadb-libs-5.5.68-1.el7.x86_64
rpm -qa | grep mariadb
```

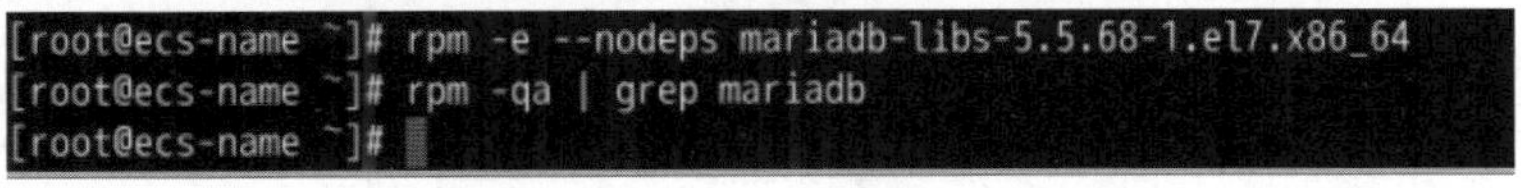

图 5-20　卸载 MariaDB 软件包

（6）安装 MySQL 5.7，如图 5-21 所示。

```
rpm -ivh mysql-community-common-5.7.38-1.el7.x86_64.rpm
rpm -ivh mysql-community-libs-compat-5.7.38-1.el7.x86_64.rpm
rpm -ivh mysql-community-client-5.7.38-1.el7.x86_64.rpm
yum install libaio-devel -y
rpm -ivh mysql-community-server-5.7.38-1.el7.x86_64.rpm
rpm -ivh mysql-community-libs-compat-5.7.38-1.el7.x86_64.rpm
```

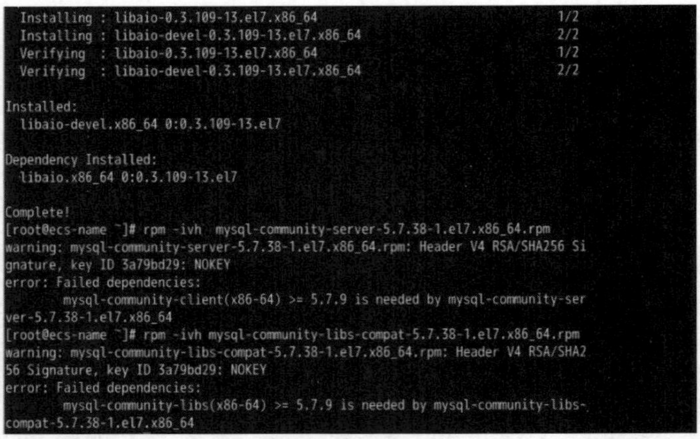

图 5-21 安装 MySQL 5.7

（7）启动 MySQL 数据库服务，并查看该服务的状态，如图 5-22 所示。

```
systemctl start mysqld
systemctl status mysqld
```

图 5-22 查看 MySQL 数据库服务的状态

（8）查询 MySQL 5.7 root 的初始密码，如图 5-23 所示。

```
grep password /var/log/mysqld.log
```

图 5-23 查询初始密码

（9）使用初始密码登录 MySQL 数据库，如图 5-24 所示。

```
mysql -p'输入查询到的密码'
```

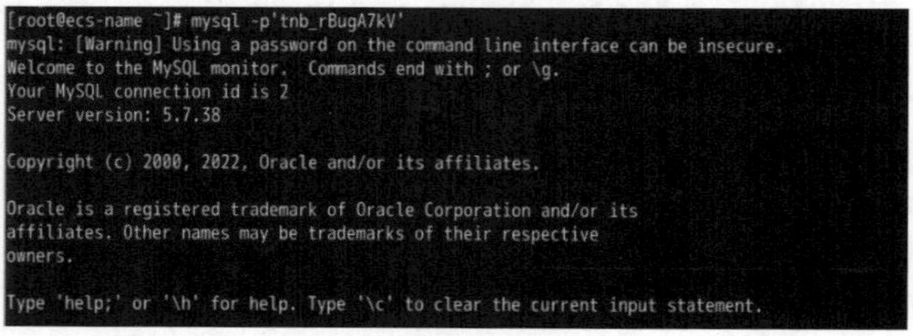

图 5-24 使用初始密码登录 MySQL 数据库

（10）修改 root@%密码，如图 5-25 所示。

```
ALTER USER 'root'@'localhost' IDENTIFIED BY 'DBtest00@';
flush privileges;
GRANT ALL PRIVILEGES ON *.* TO 'root'@'%' IDENTIFIED BY 'DBtest00@';
flush privileges;
```

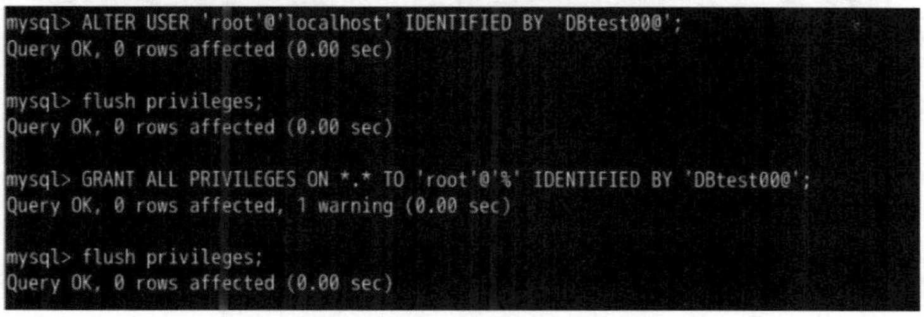

图 5-25　修改 root@%密码

（11）创建 test 数据库，如图 5-26 所示。

```
create database test;
use test;
CREATE TABLE t1(id int,name varchar(20));
insert into t1 values(1,'aaa'),(2,'bbb'),(3,'ccc');
select * from t1;
```

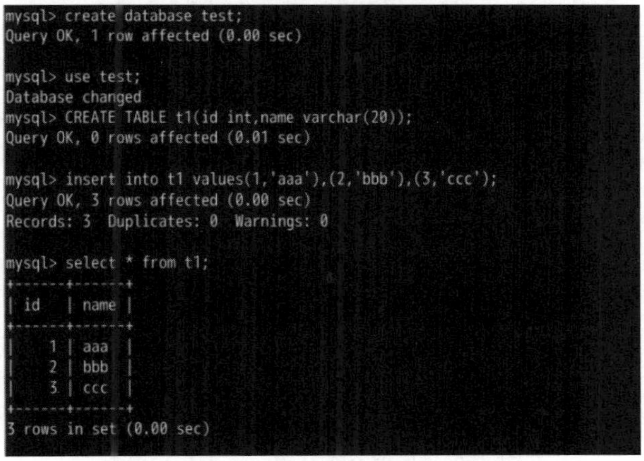

图 5-26　创建 test 数据库

（12）创造测试账号并授权，如图 5-27 所示。

```
GRANT ALL PRIVILEGES ON test.t1 TO 'user1'@'%' IDENTIFIED BY 'User1111@' WITH GRANT OPTION;
```

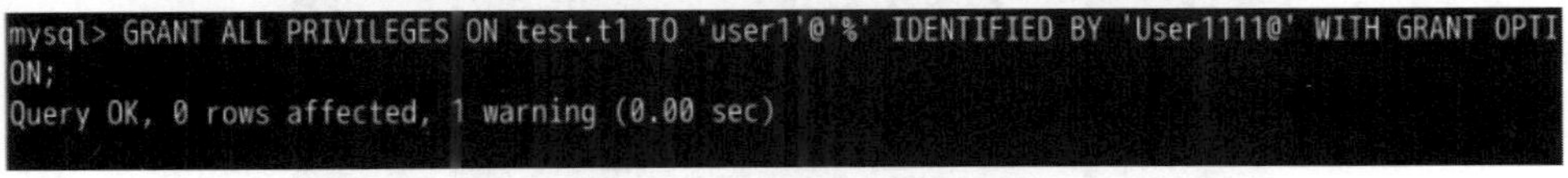

图 5-27　创建测试账号并授权

（13）测试账号能否登录数据库，如图 5-28 所示。

```
mysql -uuser1 -h192.168.0.126 -p'User1111@'
```

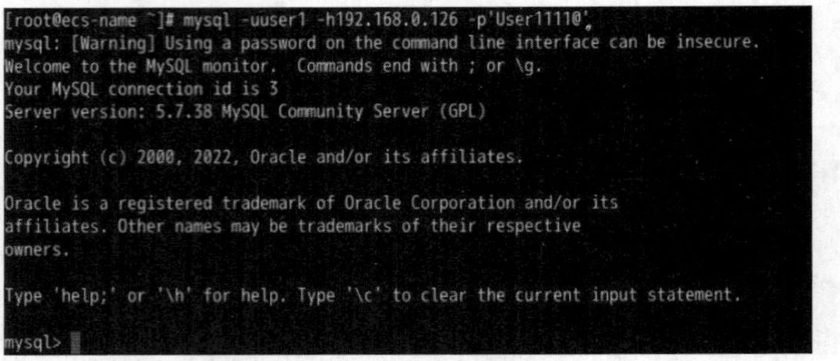

图 5-28　测试账号能否登录数据库

（14）查看数据库信息，如图 5-29 所示。

```
show databases;
```

图 5-29　查看数据库信息

（15）将 test 数据库作为默认数据库，并查询 test 数据库中的所有表，如图 5-30 所示。

```
use test;
show tables;
```

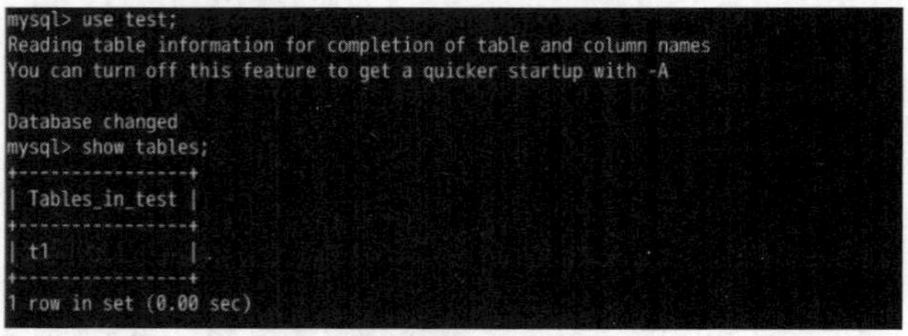

图 5-30　查询 test 数据库中的所有表

（16）通过 SQL 语句查询 t1 表中的所有信息，如图 5-31 所示。

```
select * from t1;
```

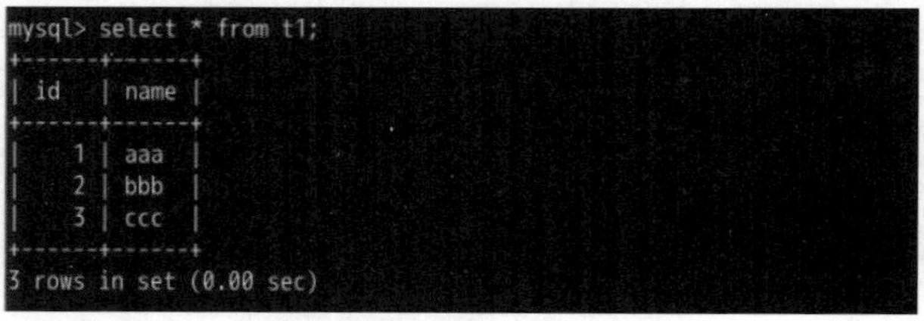

图 5-31　查询 t1 表中的所有信息

任务 5.2　使用 DRS 迁移数据

1. 任务描述

利用数据复制服务（DRS）可以进行高效、安全的数据迁移工作，实现源数据库与目标数据库之间的数据同步，确保数据完整性和业务连续性，满足数据迁移的需求。本任务将介绍数据复制服务的基本原理，并对数据进行迁移，通过配置数据复制服务，让读者快速掌握数据复制服务的使用方法。

2. 任务分析

在任务 5.1 的基础上使用 DRS 迁移数据，在公有云上申请云数据库 RDS，在数据库创建完成后创建数据复制任务；选择源数据库和目的数据库，进行迁移参数的配置，进行迁移校验，在通过校验后启动迁移任务。

3. 任务实施

（1）在华为云控制台中，选择"服务列表"→"数据库"→"云数据库 RDS"选项，查看云数据库实例列表，如图 5-32 所示。

图 5-32　云数据库实例列表

（2）单击右上角的"购买数据库实例"按钮，进行基础配置。配置计费模式为按需计费，区域为华北-北京四，实例名称为 rds-dest（自定义），数据库引擎为 MySQL，数据库版本为 5.7，实例类型为单机，储存类型为 SSD 云盘，可用区为可用区一（任意选择一项），时区为 UTC+08:00，页面如图 5-33 所示。

（3）配置性能规格为通用型|2vCPUs|4GB，存储空间为默认 40GB，不加密磁盘，如图 5-34 所示。

（4）配置虚拟私有云为选择预置环境时系统生成的虚拟私有云，即 vpc-hce，数据库端口为默认端口 3306，安全组为 default，管理员密码为 DBtest00@，其他参数保持默认配置即可，如图 5-35 所示。

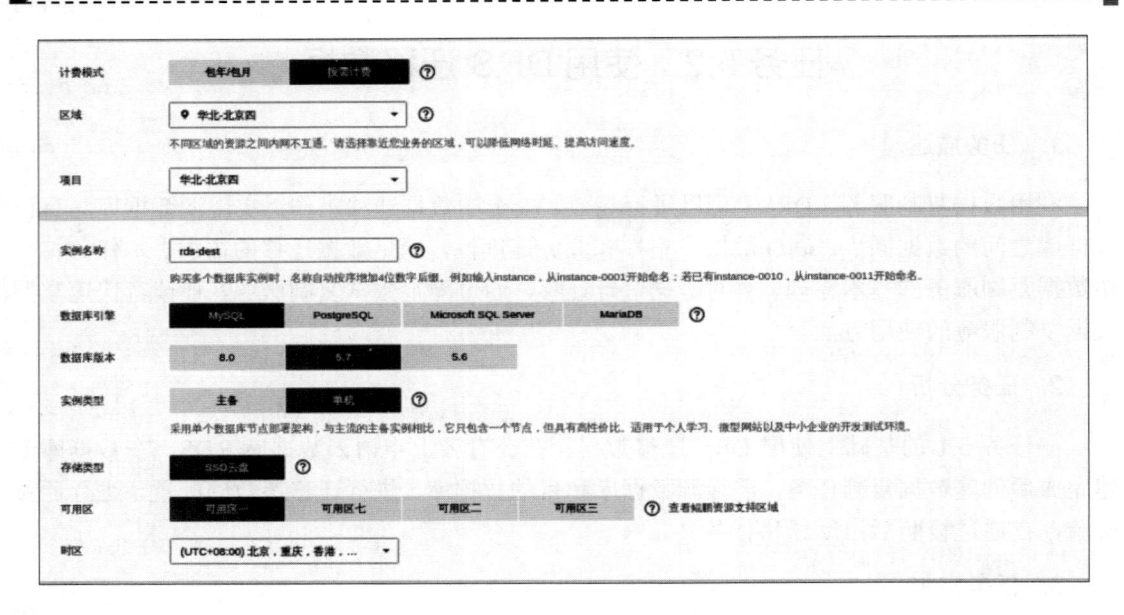

图 5-33 基础配置（1）

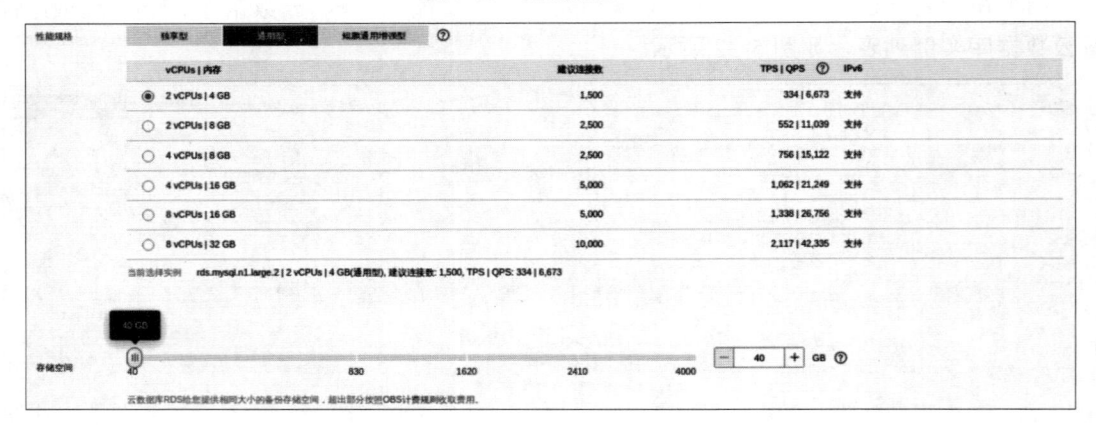

图 5-34 基础配置（2）

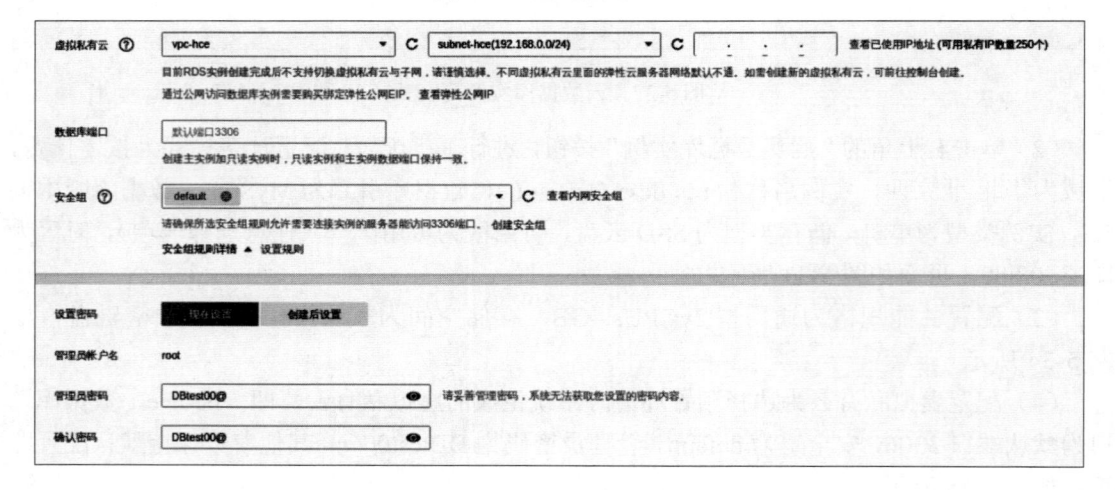

图 5-35 基础配置（3）

第 5 章　使用 DRS 迁移 MySQL 数据库项目

（5）单击"立即购买"按钮，进入"确认配置"页面，单击"提交"按钮。待运行状态从"创建中"变为"正常"，则表示购买完成，如图 5-36 所示。

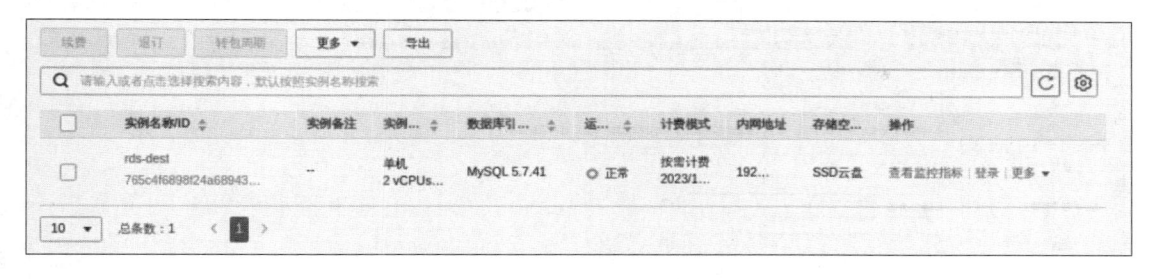

图 5-36　数据库实例购买完成

（6）返回华为云控制台，选择"服务列表"→"数据库"→"数据复制服务 DRS"选项，如图 5-37 所示，进入数据复制服务控制台。

图 5-37　服务列表

（7）在数据复制服务控制台中选择"实时迁移管理"选项，进入"实时迁移管理"页面，如图 5-38 所示。

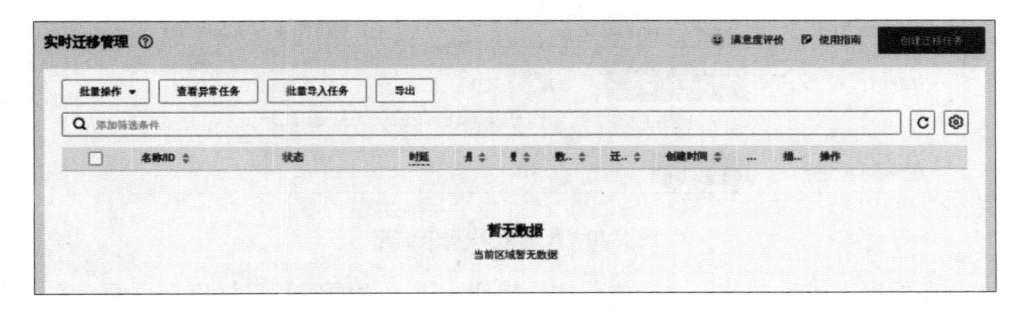

图 5-38　"实时迁移管理"页面

（8）单击右上角的"创建迁移任务"按钮，进入"迁移实例"页面，配置区域为华北-

北京四，项目为华北-北京四，任务名称为 DRS-test（自定义），如图 5-39 所示。

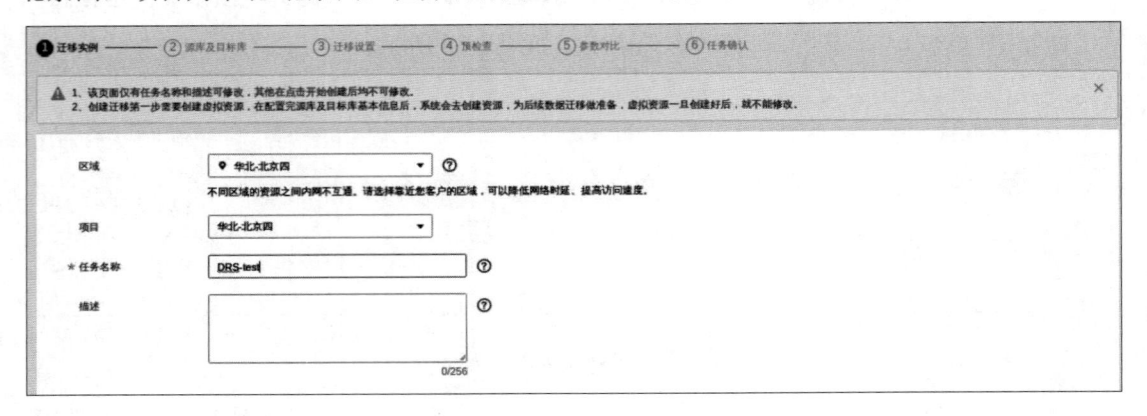

图 5-39　"迁移实例"页面

（9）配置迁移实例信息，数据流动方向为入云，源数据库引擎为 MySQL，目标数据库引擎为 MySQL，网络类型为公网网络，勾选"我同意自动为迁移实例绑定弹性公网 IP，直到该任务结束后自动删除该弹性公网 IP"复选框，配置目标数据库实例为 rds-dest（之前创建的数据库），迁移实例所在子网为 subnet-hce，迁移模式为全量+增量，目标库实例读写设置为只读，可用区为可用区 1，如图 5-40 所示。

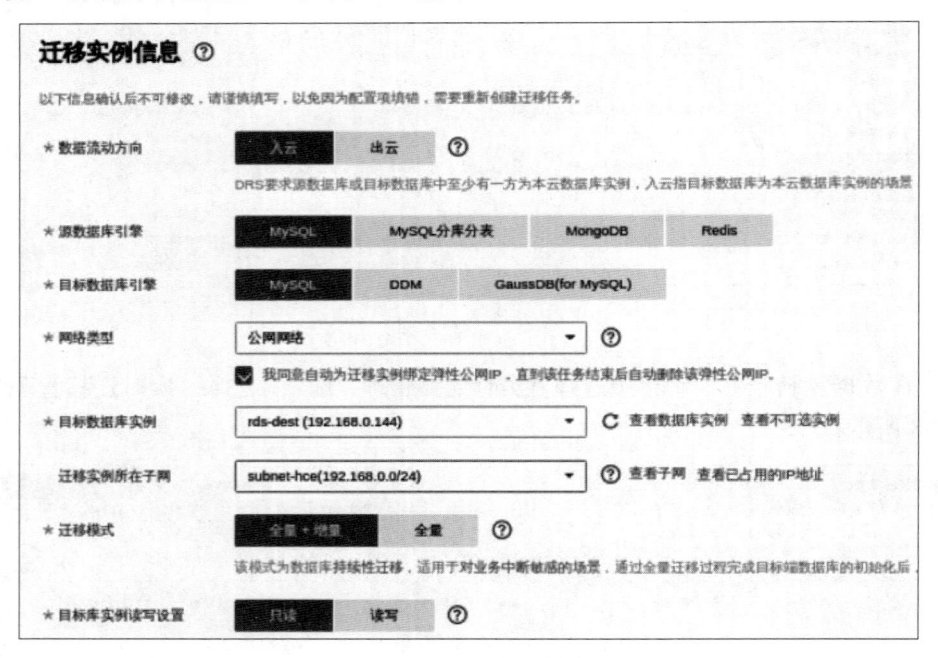

图 5-40　配置迁移实例信息

（10）在配置完成后，单击"开始创建"按钮，进入"源库及目标库"页面。在下发完 DRS 实例后，配置迁移任务。配置源库信息，IP 地址或域名为弹性云服务器的公网 IP，端口为 3306，数据库用户名为 root，数据库密码为 DBtest00@，关闭 SSL 安全连接，如图 5-41 所示。

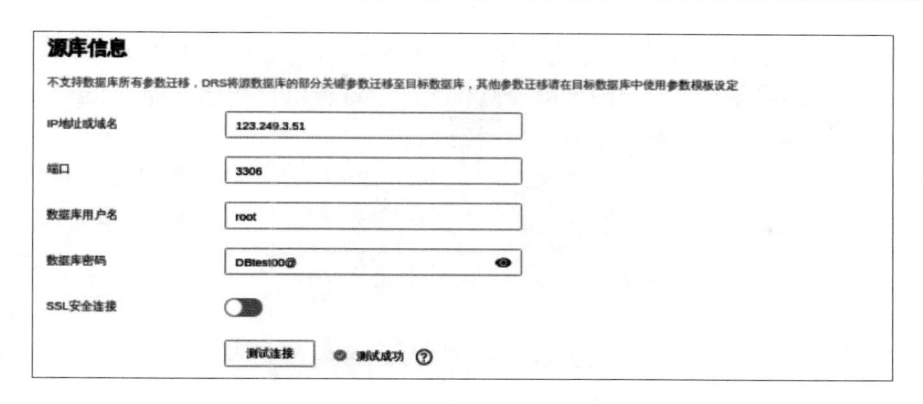

图 5-41　配置源库信息

（11）配置目标库信息，输入目标数据库的用户名和密码，关闭 SSL 安全连接，如图 5-42 所示，单击"测试连接"按钮，在确定测试成功后，单击"下一步"按钮，同意协议。

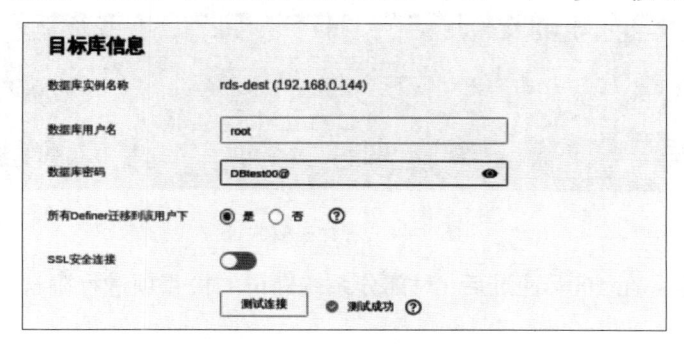

图 5-42　配置目标库信息

（12）单击迁移账号备注中的"查看"按钮，单击"确认所有备注"按钮，重复此操作，其他参数保持默认配置，如图 5-43 所示。

图 5-43　迁移设置

（13）单击右下角的"下一步"按钮，若提示密码强度弱，忽略继续即可。

进行迁移的预检查，查看不通过的原因，根据提示进行云数据库的修改。如果提示 lower_case_table_names 不一致，则可以在源数据库中进行修改；如果提示 log_bin 未开启，则可以进入/etc 目录，修改 MySQL 配置文件 my.cnf。

```
vi /etc/my.cnf
#在配置文件中新增如下内容
server_id=2
log_bin=mysql-bin
binlog_format=ROW
#使用:wq 保存退出
systemctl restart mysqld    #重启 MySQL
```

进入 MySQL 数据库，使用命令查询 log_bin 是否为开启状态，如图 5-44 所示。

```
mysql> show variables like 'log_bin';
```

图 5-44　进行参数验证

（14）重新校验，在 100%通过后，对部分系统标记的检查项进行确认，并进行参数对比，如图 5-45 所示。

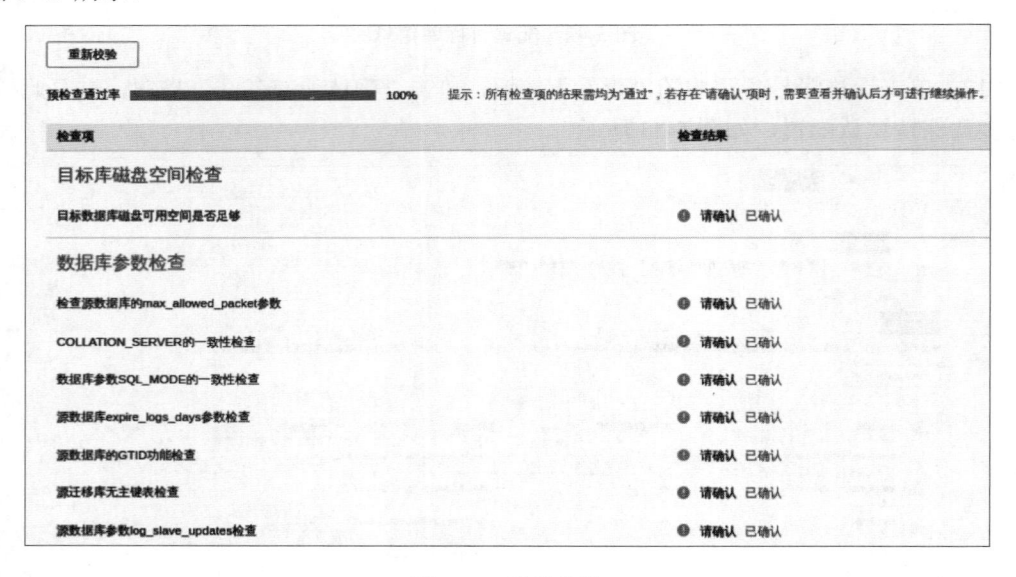

图 5-45　重新校验

（15）业务相关参数包括字符集设置、调度相关、Timestemp 默认行为、最大连接数、锁等待时间、连接等待时间等。性能相关参数包括*_buffer_size、*_cache_size 等。大部分参数可以选择不迁移，但参数往往直接影响业务的运行和性能的表现。常规参数和性能参数一般会有几项不一致，这属于正常现象。

对比常规参数和性能参数，如果有需要修改的参数，则可以选中该项参数，单击"一键修改"按钮；如果没有需要修改的参数，则可以继续执行下一步，如图 5-46 所示。

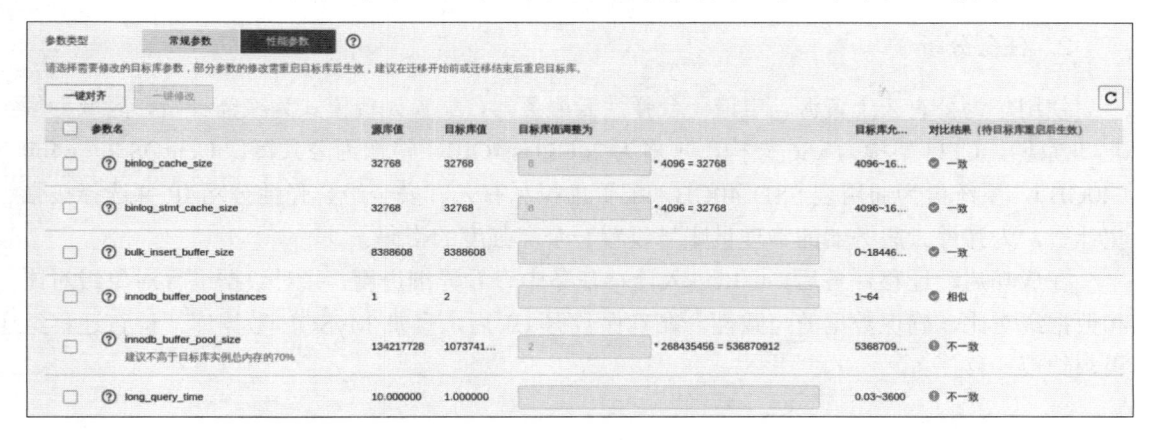

图 5-46　参数对比

（16）在"任务确认"页面中，选择迁移任务的启动时间，单击"立即启动"按钮，如图 5-47 所示，同意协议，单击"启动任务"按钮，提交迁移任务。

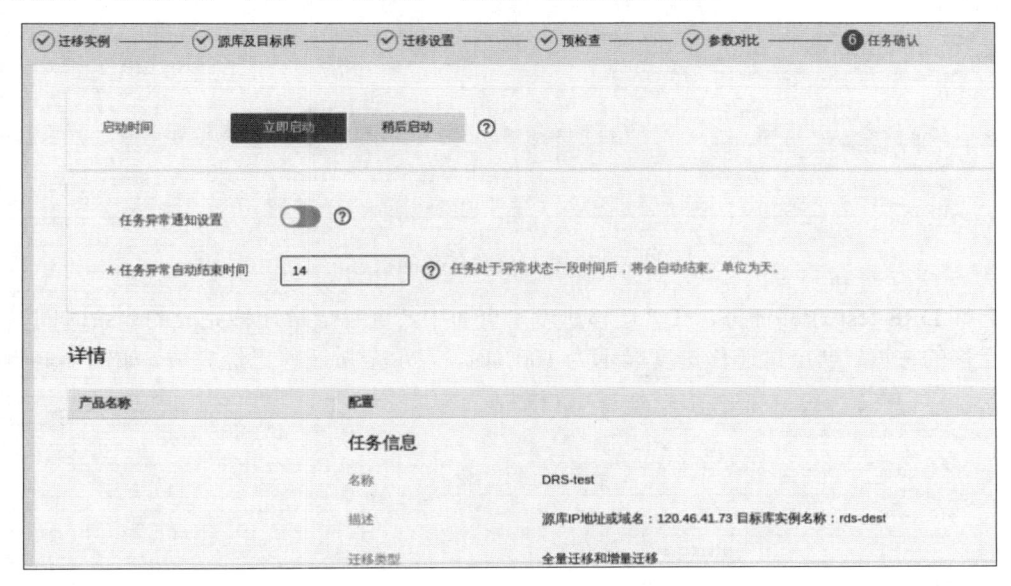

图 5-47　"任务确认"页面

任务 5.3　停止 DRS 迁移任务

1. 任务描述

数据复制服务支持将本地自建 MySQL、ECS 自建 MySQL 和其他云上 MySQL 数据库对象迁移到 RDS for MySQL 上，该场景下的迁移为入云迁移。本任务主要介绍如何进行数据的一致性对比、迁移结果的验证及停止迁移任务。通过对本任务的学习，读者可以更好地掌握数据复制服务的应用，同时进一步了解全量迁移和增量迁移的相关知识，为后续的学习和应用打下基础。

2. 任务分析

使用华为公有云上资源，申请一台弹性云服务器，配置计费模式为按需计费，区域为华北-北京四，CPU 架构为 x86 架构，规格为 2vCPUs|4GiB，镜像为公共镜像|CentOS 7.6 64bit（40GB），系统盘为通用型 SSD 40GB，配置虚拟私有云、安全组、弹性公网 IP 并选择按带宽计费，为弹性云服务器的管理员账号设置一个高强度的密码。

在成功启动迁移任务后，可以进入迁移任务中查看详细进度，并对数据进行对象级对比和数据级对比，确保数据的一致性。在确保数据 UI 后，登录 MySQL 数据库，检查迁移结果，结束迁移任务。

3. 任务实施

（1）在启动迁移任务后，在"实时迁移管理"页面中查看迁移任务的状态，如图 5-48 所示。

（2）启动迁移任务后会经历全量迁移和增量迁移两个阶段，对不同阶段的迁移任务可以进行任务管理。

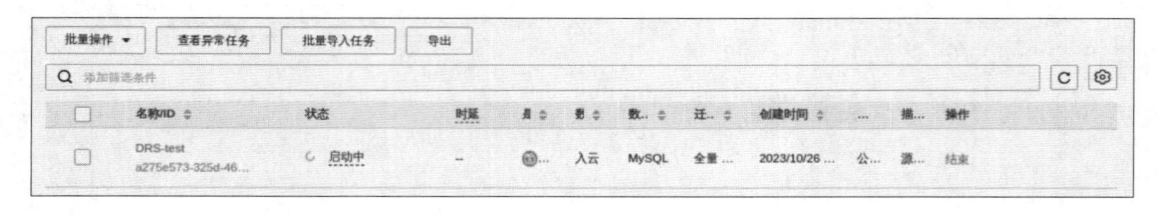

图 5-48 查看迁移任务的状态

选择 DRS-test 迁移任务，在"迁移进度"页面中，查看全量迁移完成的剩余时间，了解全量迁移的进度。当全量迁移进度显示为 100%时，表示全量迁移已经完成，如图 5-49 所示。

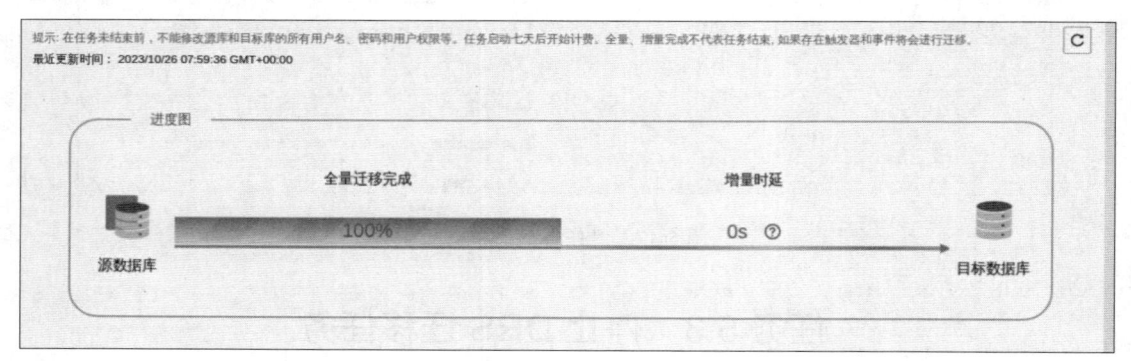

图 5-49 迁移进度

（3）在完成全量迁移后，开始进行增量迁移。对于增量迁移中的任务，用户可以选择任务名称，在"迁移进度"页面中，查看增量时延，当时延为 0s 时，说明源数据库和目标数据库的数据是实时同步的，如图 5-49 所示。

（4）在增量迁移阶段中，可以体验迁移对比模块。迁移对比分为对象级对比、数据级对比和用户对比。

选择"对象级对比"选项，单击"开始对比"按钮，对比完成如图 5-50 所示。

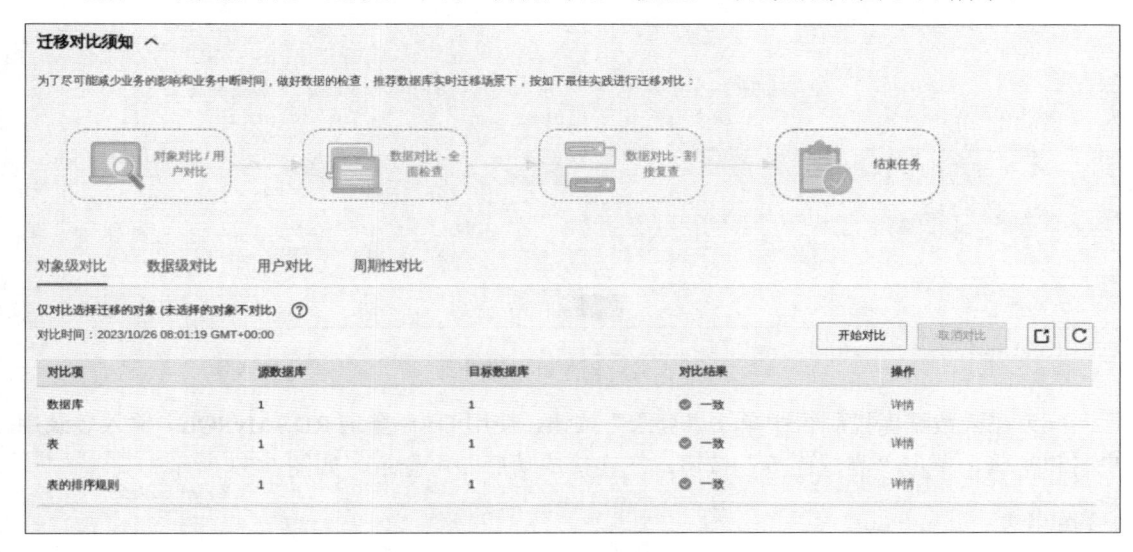

图 5-50　对象级对比

（5）数据级对比需要手动创建对比任务，分为行数对比和内容对比。选择"数据级对比"选项，单击"创建对比任务"按钮（如果该按钮是灰色的，则可以单击右侧的"刷新"按钮），如图 5-51 所示。配置对比类型为行数对比，对比时间为立即启动，如图 5-52 所示，勾选 test 数据库前面的复选框，单击 ">>" 按钮，单击"确定"按钮，创建对比任务。

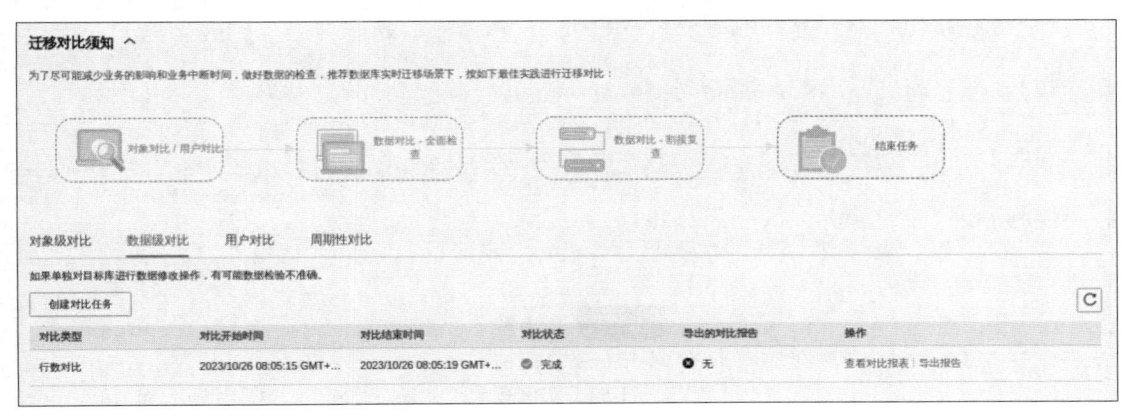

图 5-51　创建对比任务

创建数据级对比，如图 5-52 所示。

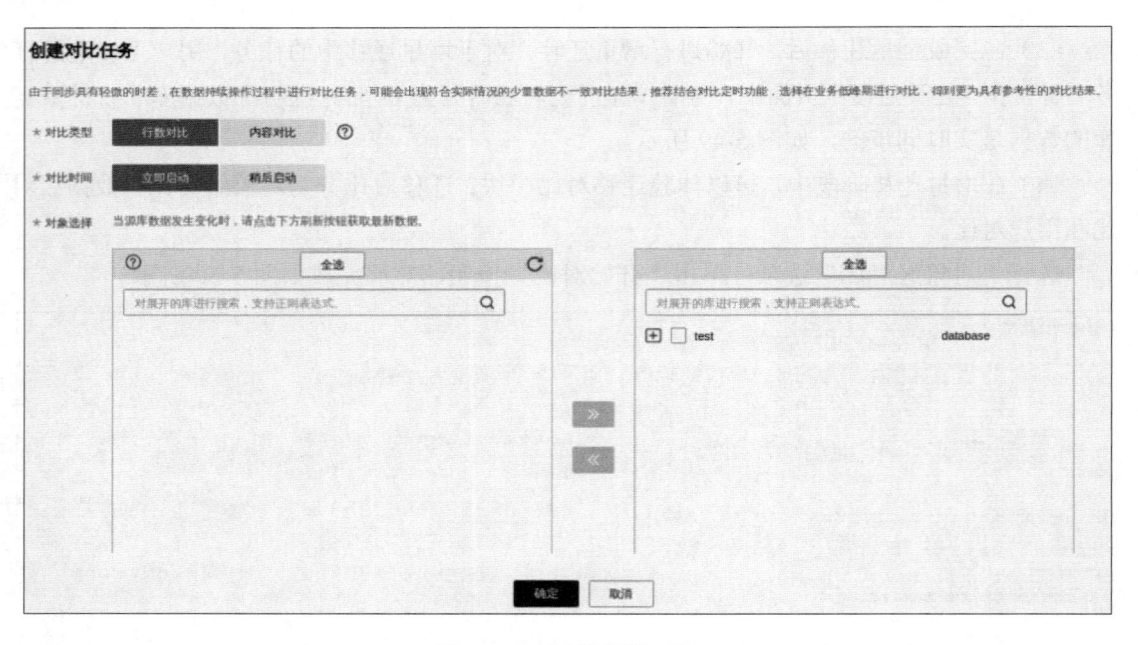

图 5-52　创建数据级对比

（6）在云数据库控制台中单击"登录"按钮，使用 DAS 登录 RDS MySQL。输入登录用户名和密码，单击"测试连接"按钮，在连接成功后即可登录，如图 5-53 所示。

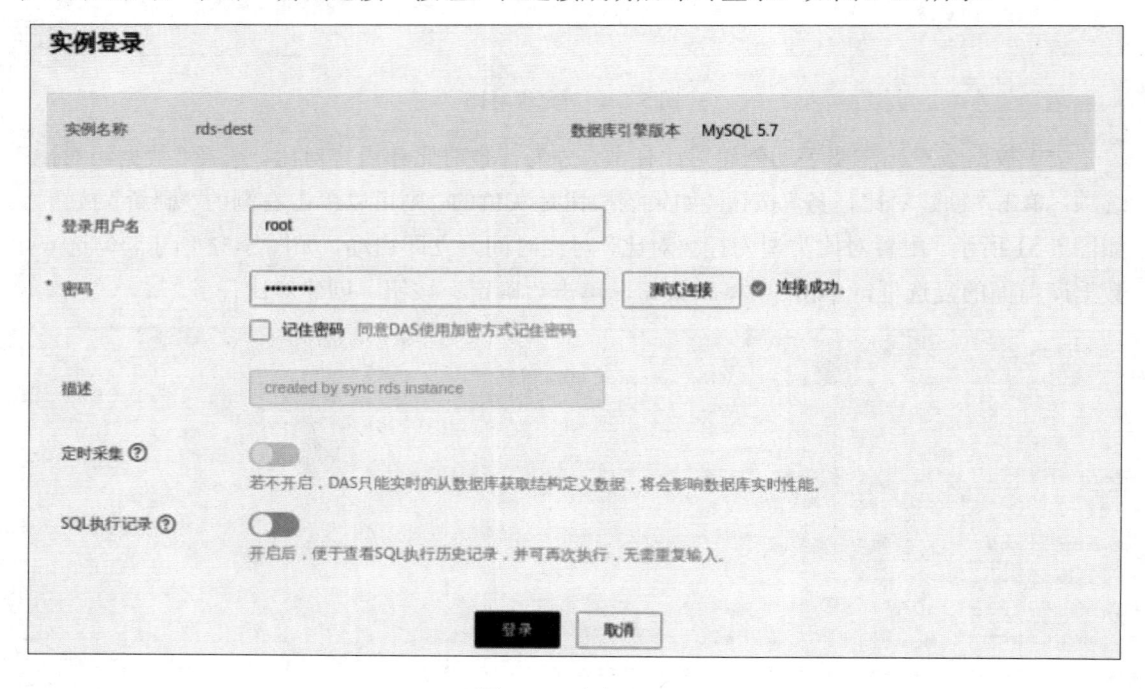

图 5-53　实例登录

（7）在进入数据库后，检查数据是否成功迁移到目的数据库中。由于云数据库中没有任何数据，所以 test 数据库是从云服务器的 MySQL 中迁移到云数据库中的。

检查数据库迁移结果，如图 5-54 所示。

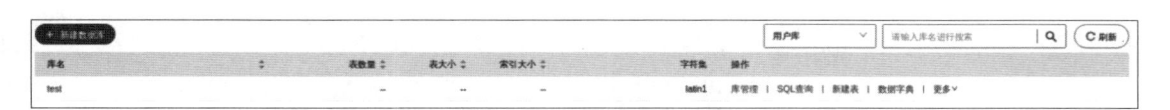

图 5-54　检查数据库迁移结果

（8）在账号管理中单击"用户管理"按钮，检查用户迁移结果，如图 5-55 所示。

图 5-55　检查用户迁移结果

（9）在 Linux 弹性云服务器中登录 MySQL 数据库，验证本地数据库与云端数据库的数据是否一致，如图 5-56 所示。

```
mysql -uuser1 -h192.168.0.126 -p'User1111@'
show databases;
use test;
show tables;
```

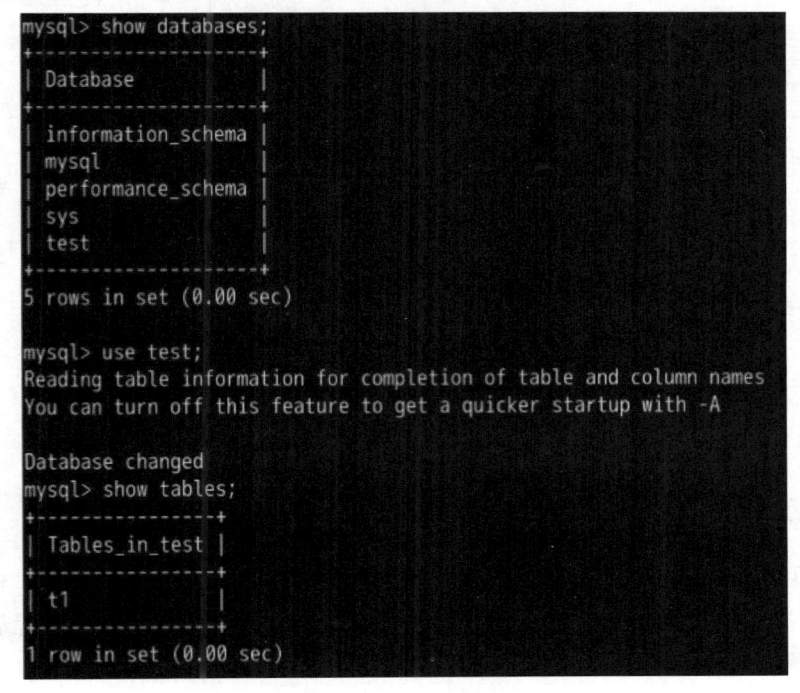

图 5-56　查看数据库

（10）进入华为云官网，进入数据复制服务控制台，在"实时迁移管理"页面中单击"结束"按钮，弹出"结束任务"对话框，如图 5-57 所示。勾选"结束时展示断点信息"复选框，单击"是"按钮，结束迁移任务。

（11）当 DRS-test 迁移任务状态为"已结束"时，代表迁移任务完成，如图 5-58 所示。

图 5-57 "结束任务"对话框

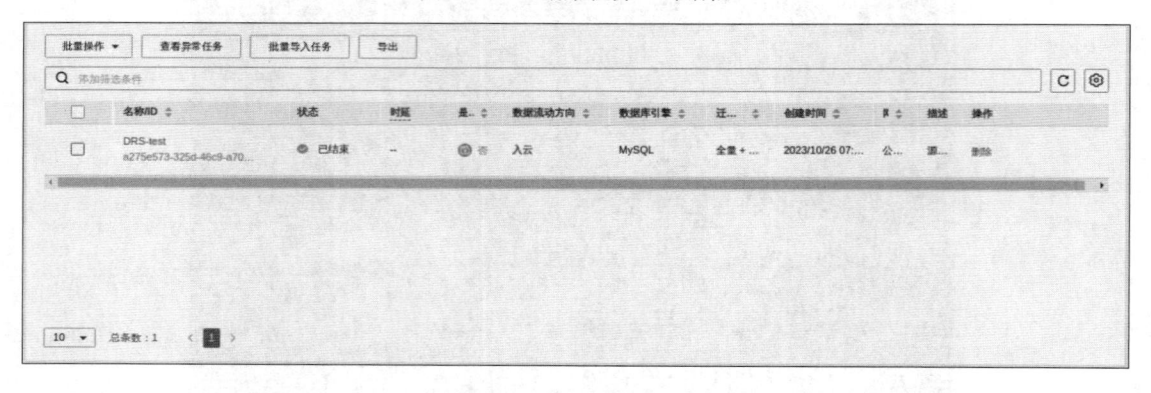

图 5-58 迁移任务完成

📖 本章小结

从一个数据库到另一个数据库的任何类型的数据移动都称为数据库迁移。本章主要介绍了 MySQL 数据库的安装、SQL 的使用、数据复制服务的配置等内容，使读者掌握使用 rpm 命令安装软件包、使用 SQL 语句创建数据库、数据迁移、使用 MySQL 数据库的方法，以及数据库迁移上云的基本原理和配置方法。

✈ 本章练习

1．SQL 的分类有哪些？
2．数据复制服务有什么功能？
3．MySQL 数据库的架构有哪些？

第 6 章　使用 CCE 创建镜像上传至 SWR

本章导读

云容器引擎能够提供高度可扩展的、高性能的企业级 Kubernetes 集群，支持运行 Docker 容器。

本章将介绍云容器引擎服务的申请、CCE 节点的创建、使用软件包构建容器镜像的方法等内容。通过对本章的学习，读者能够深入了解云容器引擎的配置与使用，掌握容器镜像的创建、上传，从而更加有效地利用计算资源。

1. 知识目标

（1）阐述云容器引擎的概念
（2）了解 CCE 节点的创建
（3）认识容器镜像的使用与配置

2. 能力目标

（1）能够掌握容器镜像的配置方法
（2）能够申请云容器引擎服务

3. 素养目标

（1）培养用科学的思维方式审视专业问题的能力
（2）培养实际动手操作与团队合作的能力

任务分解

本章旨在让读者掌握云容器引擎服务的申请、CCE 节点的创建、容器镜像的构建等操作。为了方便学习，本章分成 3 个任务。任务分解如表 6-1 所示。

表 6-1　任务分解

任务名称	任务目标	安排课时
任务 6.1　申请云容器引擎服务	能够申请云容器引擎服务	2
任务 6.2　创建 CCE 节点	能够创建 CCE 节点	4
任务 6.3　构建镜像	能够创建与上传容器镜像	2
总计		8

🎓 知识准备

1. 云容器引擎

1）云容器引擎简介

云容器引擎（Cloud Container Engine，CCE）能够提供高度可扩展的、高性能的企业级 Kubernetes 集群，支持运行 Docker 容器。借助云容器引擎，用户可以在云上轻松部署、管理和扩展容器化应用程序。

云容器引擎深度整合了高性能的计算、网络、存储等服务，支持 GPU、NPU、ARM 等异构计算架构，支持使用多可用区、多区域容灾等技术构建高可用 Kubernetes 集群。

华为云是全球首批 Kubernetes 认证服务提供商（Kubernetes Certified Service Provider，KCSP），是国内最早投入 Kubernetes 社区的厂商，是容器开源社区的主要贡献者和容器生态的领导者，也是云原生计算基金会（CNCF）的创始成员及白金会员。云容器引擎是全球首批通过 CNCF 基金会 Kubernetes 一致性认证的容器服务。

2）云容器引擎的架构

云容器引擎的架构如图 6-1 所示。

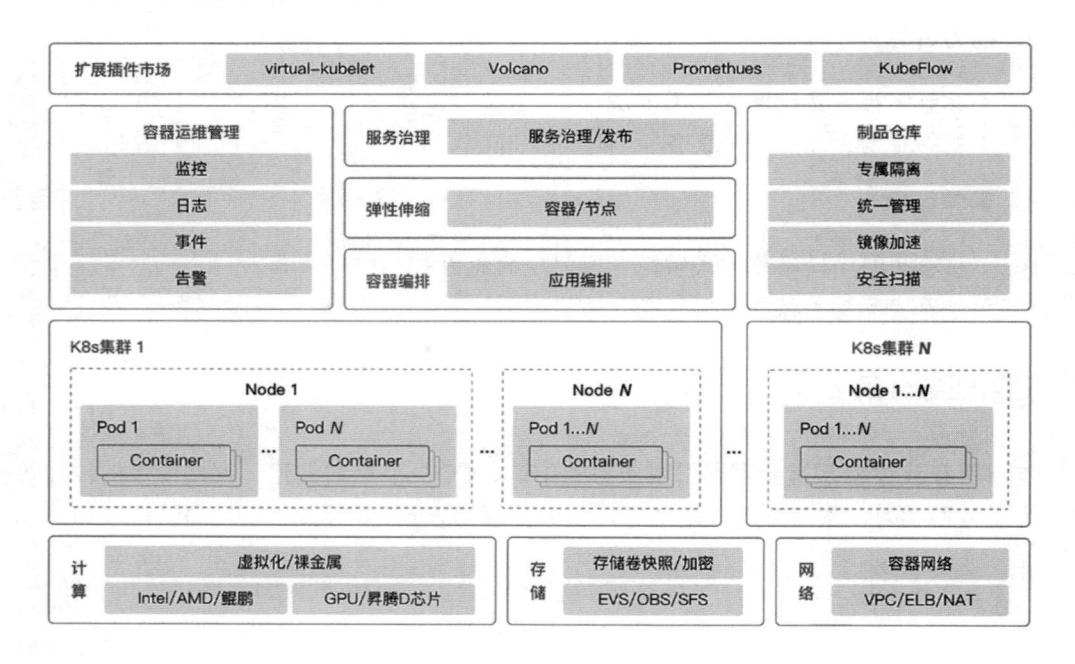

图 6-1　云容器引擎的架构

- 计算：全面适配华为云的各类计算实例，支持虚拟机和裸机混合部署、高性价比鲲鹏实例、GPU 和华为云独有的昇腾芯片，以及 GPU 虚拟化、共享调度、资源感知的调度优化。
- 网络：支持对接高性能、安全可靠、多协议的独享型 ELB 作为业务流量入口。
- 存储：对接云存储，支持 EVS、OBS 和 SFS，提供磁盘加密、快照和备份能力。
- 集群服务：支持购买集群、链接集群、升级集群、管理集群等一系列集群生命周期管理服务。
- 容器编排：提供管理 Helm Chart 的控制台，帮助用户方便地使用模板部署应用，并在控制台中管理应用。
- 制品仓库：对接容器镜像服务，支持镜像全生命周期管理的服务，提供简单易用、安全可靠的镜像管理功能，帮助用户快速部署容器化服务。
- 弹性伸缩：支持工作负载和节点的弹性伸缩，可以根据业务需求和策略，经济地自动调整弹性计算资源的管理服务。
- 服务治理：深度集成应用服务网格，提供开箱即用的应用服务网格流量治理能力，用户无须修改代码，即可实现灰度发布、流量治理和流量监控。
- 容器运维管理：深度集成容器智能分析，实时监控应用及资源，支持采集、管理、分析日志，采集各项指标及事件并提供一键开启的告警能力。
- 扩展插件市场：提供多种类型的插件，用于管理集群的扩展功能，以支持选择性扩展满足特性需求的功能。

3）云容器引擎的优势

云容器引擎是基于业界主流的 Docker 和 Kubernetes 开源技术构建的容器服务，能够提供众多契合企业大规模容器集群场景的功能，在系统高性能、高可用、高安全、开放兼容等方面具有独特的优势，满足企业在构建容器云方面的各种需求。

① 简单易用

云容器引擎能够通过 Web 页面一键创建和升级 Kubernetes 集群，支持管理虚拟机节点或裸金属节点，以及虚拟机与物理机混用场景；轻松实现集群节点和工作负载的扩容和缩容，自由组合策略以应对多变的突发浪涌。

此外，云容器引擎能够提供一站式自动化部署和运维容器应用，使整个生命周期都在容器服务内一站式完成，深度集成应用服务网格和 Helm 标准模板，真正实现开箱即用。

② 高性能

基于在计算、网络、存储、异构等方面多年的技术积累，云容器引擎能够提供高性能的容器集群服务，支撑高并发、大规模的业务场景。云容器引擎采用高性能裸金属 NUMA 架构和高速 IB 网卡，能够使 AI 计算性能提升 3~5 倍。

③ 高可用

集群控制支持 3 Master 高可用，3 个 Master 节点可以处于不同的可用区，从而保障用户的业务高可用。集群内节点和工作负载支持跨可用区部署，能够帮助用户轻松构建多活业务架构，保证业务系统在主机故障、机房中断、自然灾害等情况下可持续运行，从而获得生产环境的高稳定性，实现业务系统零中断，如图 6-2 所示。

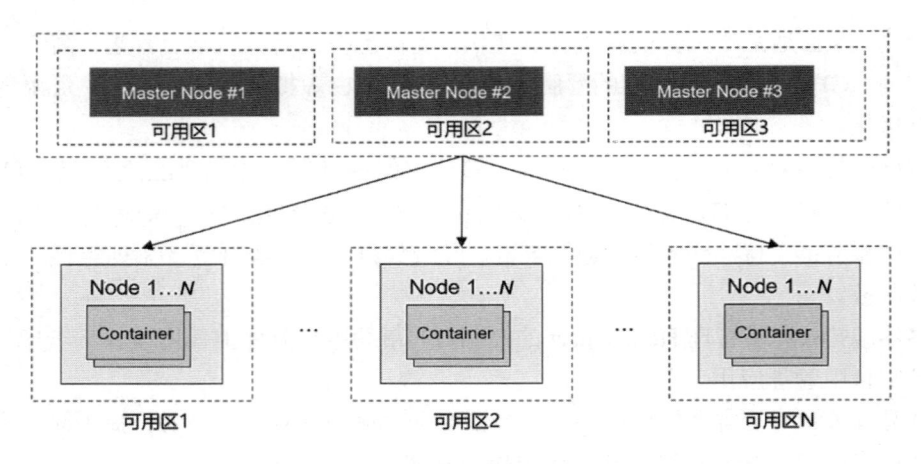

图 6-2 集群高可用

④ 高安全

私有集群完全由用户掌控，并深度整合 IAM 和 Kubernetes RBAC 能力，支持用户在页面为子用户设置不同的 RBAC 权限。

⑤ 开放兼容

云容器引擎基于 Docker 技术，为容器化的应用提供了部署运行、资源调度、服务发现和动态伸缩等一系列完整功能，提高了大规模容器集群管理的便捷性；基于业界主流的 Kubernetes 实现，不仅能够完全兼容 Kubernetes、Docker 社区原生版本，与社区最新版本保持紧密同步，还能够完全兼容 Kubernetes API 和 Kubectl。

4）云容器引擎对比自建 Kubernetes 集群

① 易用性

自建 Kubernetes 集群管理基础设施通常涉及安装、操作、扩展集群管理软件，配置管理系统和监控解决方案，管理复杂。每次升级集群都需要做巨大的调整，带来繁重的运维负担。借助云容器引擎，用户可以一键创建和升级 Kubernetes 集群，无须自行搭建 Docker 和 Kubernetes 集群。此外，用户可以通过云容器引擎自动化部署和一站式运维容器应用，使得应用的整个生命周期都能在容器服务内高效完成，并轻松使用深度集成的应用服务网格和 Helm 标准模板，真正实现开箱即用。用户只需启动容器集群，并指定想要运行的任务，即可使云容器引擎完成所有的集群管理工作，从而集中精力开发容器化的应用程序。

② 可扩展性

自建 Kubernetes 集群需要用户根据业务流量情况和健康情况确定容器服务的部署，可扩展性差。云容器引擎可以根据资源使用情况轻松实现集群节点和工作负载的自动扩容和缩容，并自由组合多种弹性策略，以应对业务高峰期的突发浪涌。

③ 可靠性

自建 Kubernetes 集群的操作系统可能存在安全漏洞和配置错误，从而导致未经授权的访问、数据泄露等安全问题。云容器引擎能够提供容器优化的各类操作系统镜像，在原生 Kubernetes 集群和运行时版本的基础上提供额外的稳定测试和安全加固，降低管理成本和风险，提高应用程序的可靠性和安全性。

④ 高效性

自建 Kubernetes 集群需要自行搭建镜像仓库或使用第三方镜像仓库，多采用串行传输的镜像拉取方式，效率低。云容器引擎能够配合容器镜像服务，采用并行传输的镜像拉取方式，从而确保在高并发场景下获得更快的下载速度，大幅提升容器交付效率。

⑤ 成本

自建 Kubernetes 集群需要投入资金构建、安装、运维、扩展集群管理基础设施，成本开销大。借助云容器引擎，用户只需支付存储和运行应用程序的基础设施和容器集群控制节点的费用。

5）Docker 容器的优势

Docker 容器使用 Google 公司推出的 Go 语言进行开发实现，基于 Linux 内核的 cgroup、namespace，以及 AUFS 类的 Union FS 等技术，对进程进行封装隔离。这些技术属于操作系统层面的虚拟化技术。隔离的进程独立于宿主及其他隔离的进程，因此也称容器。

Docker 容器在容器的基础上做了进一步的封装，从文件系统、网络互联到进程隔离等，极大地简化了容器的创建和维护。

传统虚拟化技术通过 Hypervisor 对宿主机的硬件资源进行虚拟化分配，通过这些虚拟化的硬件资源组成虚拟机，并在上面运行一个完整的操作系统。每个虚拟机都需要运行自己的系统进程。而容器内的应用进程直接运行于宿主机的操作系统，没有硬件资源虚拟化分配的过程，从而避免额外的系统进程开销，使得容器化技术比传统虚拟化技术更轻便、快捷，如图 6-3 所示。

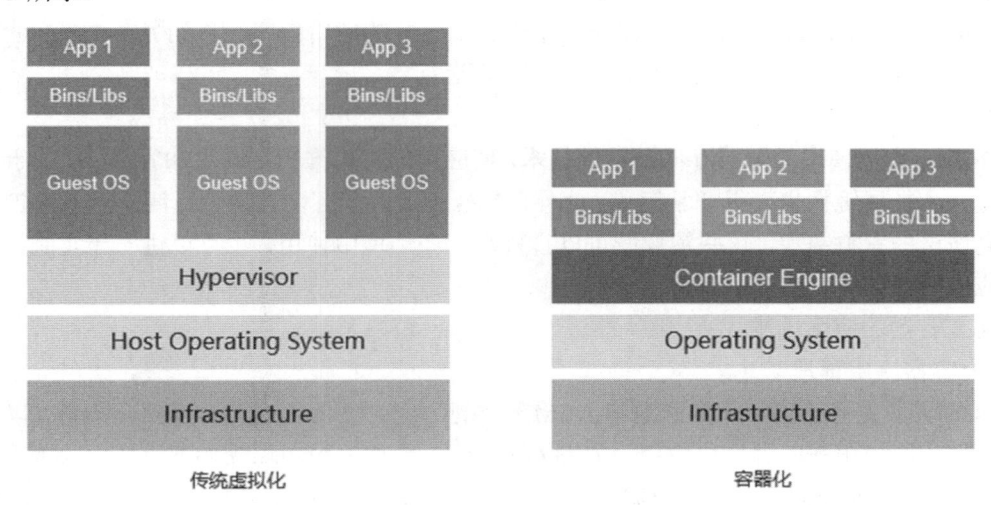

图 6-3 传统虚拟化和容器化技术的对比

作为一种新兴的虚拟化方式，Docker 与虚拟机相比具有很多优势。

① 更高效地利用系统资源

Docker 容器不需要进行硬件资源虚拟化分配或运行完整的操作系统，对系统资源的利用率更高。无论是应用执行速度、内存损耗，还是文件存储速度，Docker 都要比传统虚拟化技术更好。因此，对于一个相同配置的主机，相比虚拟机，Docker 往往可以运行更多的应用进程。

② 更短的启动时间

传统虚拟化技术启动应用程序往往需要数分钟，而 Docker 容器直接运行于宿主机的内核，无须启动完整的操作系统，因此可以实现秒级，甚至毫秒级的启动时间，大大节约开发、测试、部署的时间。

③ 一致的运行环境

开发过程中一个常见的问题是环境一致性。由于开发环境、测试环境、生产环境不一致，导致有些 bug 并未在开发过程中被发现，而 Docker 容器的镜像提供了除内核外完整的运行时环境，确保了运行环境的一致性。

④ 持续交付和部署

开发和运维人员希望一次性创建或配置的镜像可以在任意地方正常运行。使用 Docker 容器可以通过定制应用镜像来实现持续集成、持续交付、部署。开发人员可以通过 Dockerfile 构建镜像，并结合持续集成（Continuous Integration）系统进行集成测试，而运维人员可以直接在生产环境中快速部署该镜像，甚至结合持续部署系统进行自动部署。此外，Dockerfile 能够使镜像构建透明化，不仅便于开发团队理解运行环境，还便于运维团队理解运行所需条件，从而更好地在生产环境中部署镜像。

⑤ 更轻松地迁移

Docker 容器确保了运行环境的一致性，使应用程序的迁移更加容易。Docker 容器可以在很多平台上运行，无论是物理机、虚拟机、公有云、私有云，还是笔记本，其运行结果都是一致的。因此用户可以很轻松地将在一个平台上运行的应用程序迁移到另一个平台上，而不用担心运行环境的变化导致应用程序无法正常运行。

⑥ 更轻松地维护和扩展

Docker 容器使用的分层存储及镜像技术，使应用的复用维护更新更加容易，使基于基础镜像进一步扩展镜像也变得非常简单。此外，Docker 团队同各个开源项目团队一起维护了一大批高质量的官方镜像，这些镜像既可以直接在生产环境中使用，也可以进一步定制，大大降低应用程序的镜像制作成本。

（6）容器的应用场景

① 容器应用管理

CCE 集群支持管理 x86 资源池和 ARM 资源池，能方便地创建 Kubernetes 集群，以及部署、管理和维护用户的容器化应用，如图 6-4 所示。具体的应用场景如下。

- 容器化 Web 应用：CCE 集群能帮助用户快速部署 Web 业务应用，对接华为云中间件，并支持配置高可用容灾、自动弹性伸缩、发布公网、灰度升级等。
- 中间件部署平台：CCE 集群可以作为中间件的部署平台，使用 StatefulSet、PVC 等资源配置，在实现应用有状态化的同时配置弹性负载均衡实例，并实现中间件服务的对外发布。
- 执行普通任务、定时任务：使用容器化技术运行 Job、CronJob 类型的应用程序，能够降低业务对主机系统配置的依赖，调度全局的资源，既能保证任务运行时资源的使用率，也提高集群下整体资源的利用率。

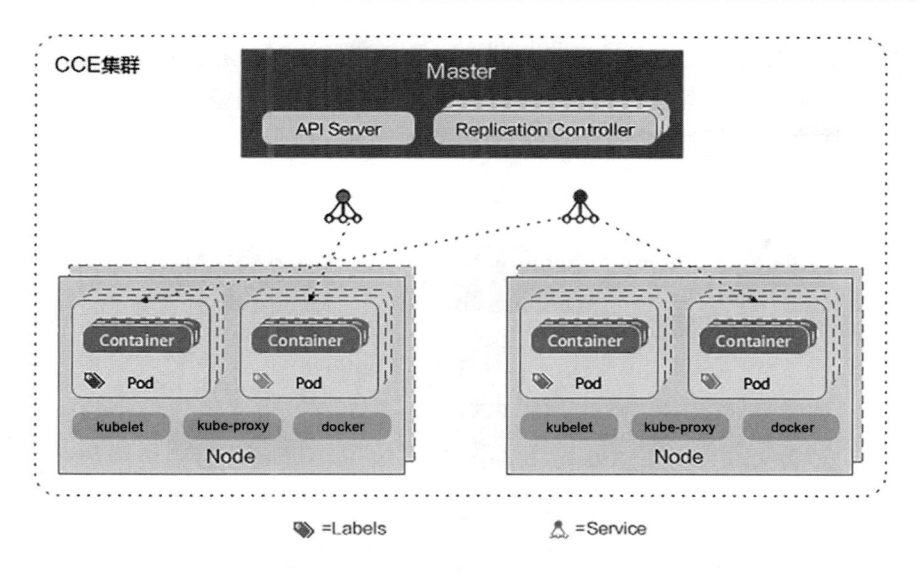

图 6-4　容器应用管理

使用容器化技术能够降低应用部署的成本，提升应用的部署效率和升级效率，实现升级时业务不中断及统一的自动化运维。容器应用管理具有如下特点。

- 多种类型的容器部署：支持部署无状态工作负载、有状态工作负载、守护进程集、普通任务、定时任务等。其中，无状态工作负载如图 6-5 所示。
- 应用升级：支持替换升级、滚动升级和升级回滚。
- 弹性伸缩：支持节点和工作负载的弹性伸缩。

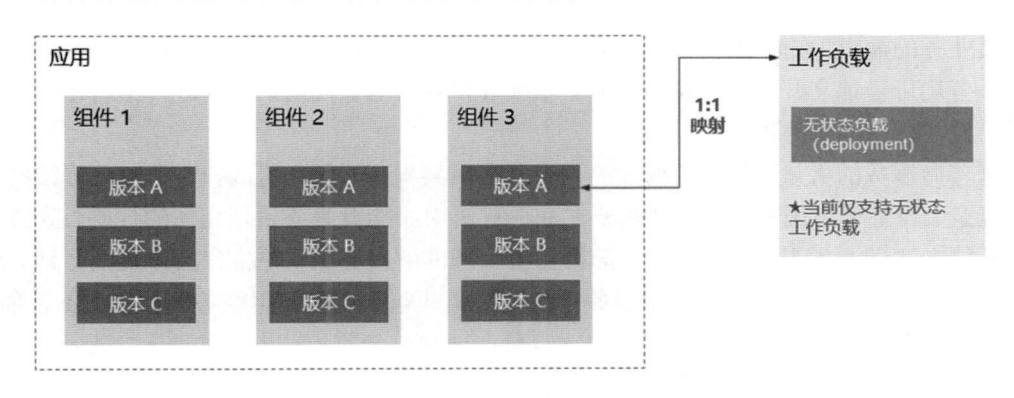

图 6-5　无状态工作负载

② 秒级弹性伸缩

电商客户在促销、限时抢购等活动期间，平台访问量激增，需要及时、自动扩展云计算资源；视频直播客户的业务负载难以预测，需要根据 CPU、内存的使用率进行实时扩缩容；游戏客户每天中午 12:00 及 18:00—23:00 需求增长，需要定时扩容，云容器引擎可以很好地满足这些需求。

云容器引擎可以根据用户的业务需求预设策略和自动调整计算资源，使云服务器或容器的数量自动随业务负载的增长而增加，随业务负载的降低而减少，保证业务平稳运行，节省成本。此外，云容器引擎支持多种策略配置，当业务流量达到扩容指标时，秒级触发容器扩容操作；能够自动检测伸缩组中实例的运行状况，并启用新实例替换不健康实例，保证业务健康可用，只按照实际用量收取云服务器费用，如图6-6所示。

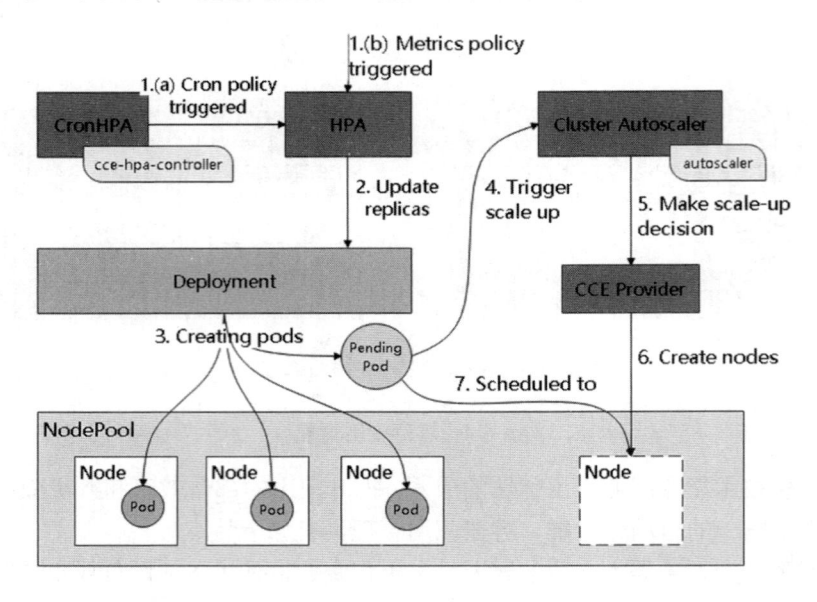

图6-6 秒级弹性伸缩应用场景

③ 微服务流量治理

伴随着互联网技术的不断发展，企业的业务系统越来越复杂，传统的系统架构越来越不能满足业务的需求，取而代之的是微服务架构。微服务是指将复杂的应用切分为若干个服务，每个服务均可以独立开发、部署和伸缩。微服务和容器组合使用，可以进一步简化微服务的交付，提升应用的可靠性和可伸缩性。

随着微服务的大量应用，其构成的分布式应用架构在运维、调试和安全管理等维度变得更加复杂。在管理微服务时，往往需要在业务代码中添加微服务治理相关的代码，导致开发人员不能专注于业务开发，还需要考虑微服务治理的解决方案，并将解决方案融合到其业务系统中。云容器引擎深度集成应用服务网格，提供开箱即用的应用服务网格流量治理能力，用户无须修改代码，即可实现灰度发布、流量治理和流量监控能力，如图6-7所示。

容器在微服务流量治理应用场景中有如下特点。

- 开箱即用：与云容器引擎无缝对接，一键开启即可提供非侵入的智能流量治理解决方案。
- 策略化智能路由：无须修改代码，即可实现HTTP、TCP等服务连接策略和安全策略。
- 流量治理可视化：基于无侵入的监控数据采集，深度整合APM，提供实时流量拓扑、调用链等服务性能监控和运行诊断，构建全景的服务运行视图，可以实时、一站式地观测服务流量健康和性能状态。
- 建议与弹性负载均衡（ELB）、应用性能管理（APM）与应用运维管理（AOM）搭配使用。

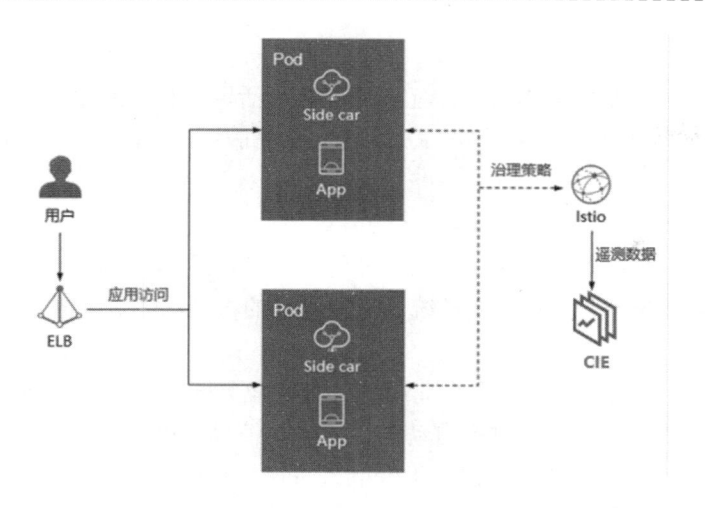

图 6-7　微服务流量治理应用场景

④ DevOps 持续交付

当前 IT 行业快速发展，面对海量需求必须具备快速集成的能力。只有快速持续集成，才能保证不间断地补全用户体验，提升服务质量，为业务创新提供源源不断的动力。大量交付实践表明，不仅传统企业，甚至互联网企业都可能在持续集成方面存在研发效率低、工具落后、发布频率低等方面的问题，需要通过持续交付提高效率、降低发布风险。

云容器引擎搭配容器镜像服务提供 DevOps 持续交付能力，能够基于源代码自动完成代码编译、镜像构建、灰度发布、容器化部署，实现一站式容器化交付流程，并对接已有 CI/CD，完成传统应用的容器化改造和部署，如图 6-8 所示。

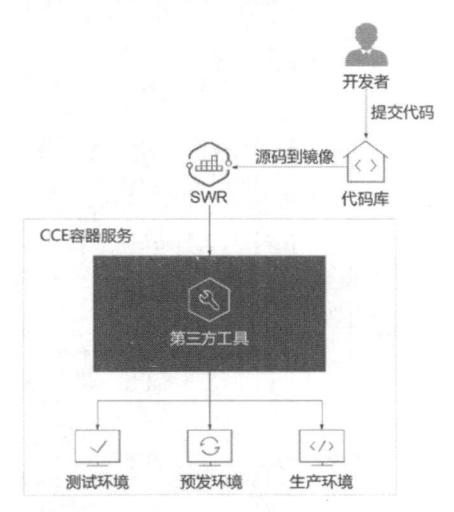

图 6-8　DevOps 持续交付应用场景

容器在 DevOps 持续支付应用场景中有如下特点。
- 高效流程管理：更优的流程交互设计，脚本编写量较传统 CI/CD 流水线减少 80%以上，让 CI/CD 管理更高效。
- 灵活的集成方式：提供丰富的接口，便于与企业已有的 CI/CD 系统进行集成，灵活适配企业的个性化诉求。
- **高性能**：全容器化架构设计，任务调度更灵活，执行效率更高。
- 建议搭配容器镜像服务（SWR）、对象存储服务（OBS）与虚拟专用网络（VPN）使用。

⑤ 混合云
- **多云部署、容灾备份**：为保证业务高可用，需要将业务同时部署在多个云容器上，在某个云容器出现事故时，通过统一流量分发的机制，自动地将业务流量切换到其他云容器上。
- **流量分发、弹性伸缩**：大型企业用户需要将业务同时部署在不同地域的云机房中，并根据业务的波峰、波谷进行自动弹性扩容和缩容，以节约成本。
- **业务上云、数据本地托管**：对于金融、医疗等行业的用户，为满足安全合规的要求，需要将敏感数据存储在本地 IDC 中，而一般业务由于高并发、快响应的特点，需要部署在云上并进行统一管理。
- **开发与部署分离**：出于 IP 安全的考虑，用户可能会希望将生产环境部署在公有云上，将开发环境部署在本地的 IDC 上。

云容器引擎利用容器环境无关的特性，对私有云和公有云容器服务进行网络互通和统一管理，应用和数据可以在云上、云下无缝迁移，满足复杂业务系统对弹性伸缩、灵活性、安全性与合规性的不同要求，并统一运维多个云端资源，从而实现资源的灵活使用及业务容灾，如图 6-9 所示。

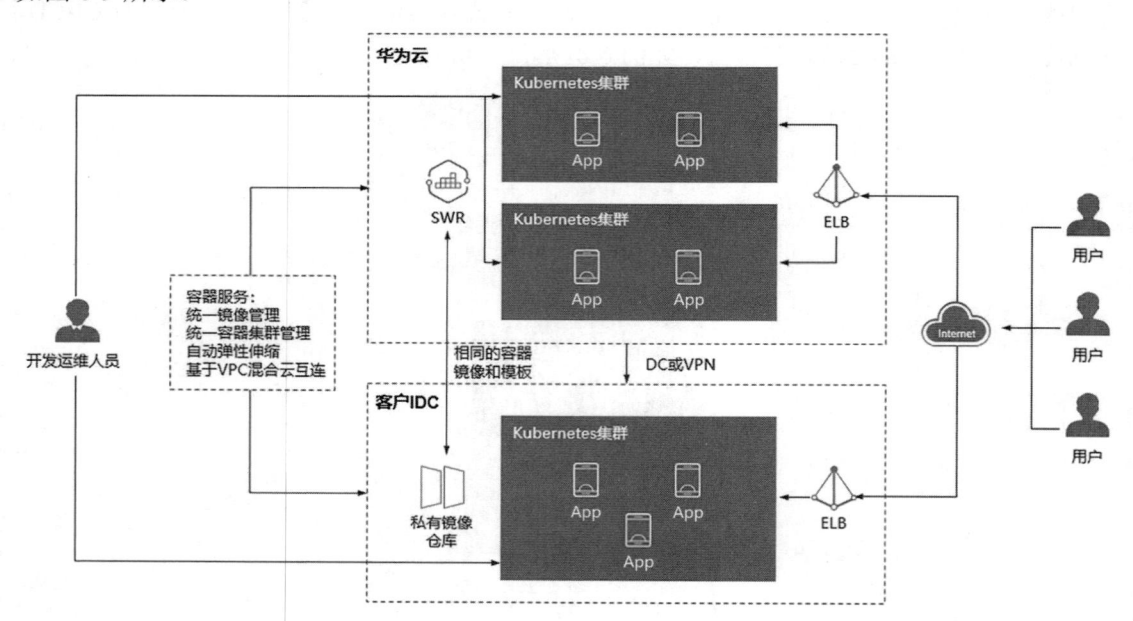

图 6-9 混合云应用场景

容器在混合云应用场景中有如下特点。
- **云上容灾**：通过云容器引擎，可以将业务系统同时部署在多个云容器上，统一流量分发，单云故障后能够自动将业务流量切换到其他云上，并快速自动解决现网事故。

- 统一架构，高弹性：云上、云下同架构平台，可以灵活地根据流量峰值实现资源在云上、云下的弹性伸缩、平滑迁移和扩容。
- 计算与数据分离，能力共享：通过云容器引擎，用户可以实现敏感业务数据与一般业务数据的分离、开发环境和生产环境分离、特殊计算能力与一般业务的分离，以及弹性扩展和集群的统一管理，从而实现云上、云下资源和功能的共享。
- 降低成本：在业务高峰时，利用公有云资源池快速扩容，用户无须根据流量峰值始终保持和维护大量资源，以节约成本。
- 建议搭配弹性云服务器（ECS）、云专线（DC）、虚拟专用网络（VPN）与容器镜像服务（SWR）使用。

⑥ 高性能调度

CCE 集群通过集成 Volcano 提供高性能计算能力。

Volcano 是基于 Kubernetes 的批处理系统，提供了一个针对 BigData 和 AI 场景，通用、可扩展、高性能、稳定的原生批量计算平台，方便 AI、大数据、基因、渲染等诸多行业通用计算框架接入，具备高性能任务调度引擎、高性能异构芯片管理、高性能任务运行管理等能力。

- 多类型作业混合部署。

随着各行各业的发展，涌现出越来越多的领域框架来支持业务的发展，这些框架都在相应的业务领域中有着不可替代的作用，如 Spark、TensorFlow、Flink 等。在业务复杂性不断增加的情况下，单一的领域框架很难应对复杂的业务场景，因此现在普遍使用多种框架达成业务目标。但随着各个领域框架集群的不断扩大，以及单个业务的波动性，各个子集群的资源浪费比较严重，越来越多的用户希望通过统一调度系统来解决资源共享的问题。

Volcano 在 Kubernetes 上抽象了一个批量计算的通用基础层，能够向下弥补 Kubernetes 调度能力的不足，向上提供灵活通用的 Job 抽象。Volcano 通过提供多任务模板功能实现利用 Volcano Job 描述多种作业类型，并通过 Volcano 统一调度系统实现多种作业混合部署，从而解决集群资源共享问题，如图 6-10 所示。

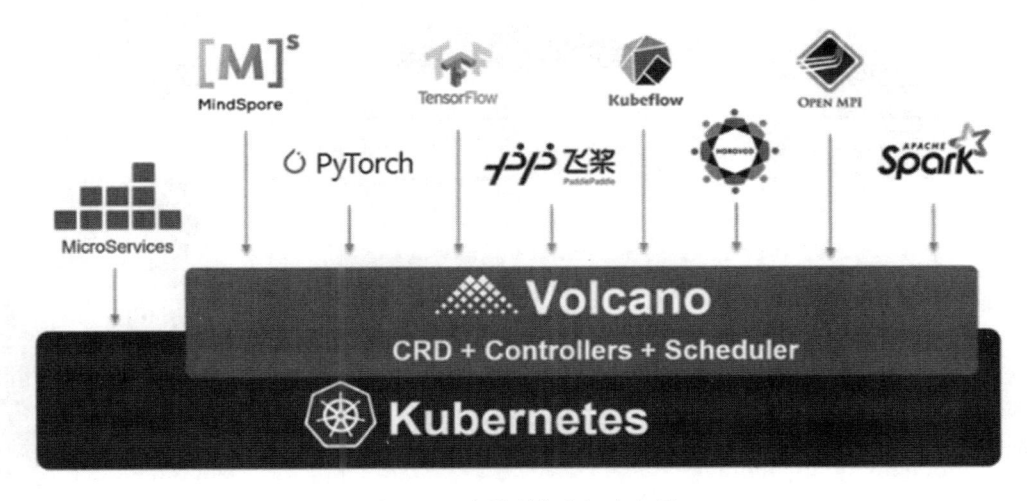

图 6-10 多类型作业混合部署

- 多队列场景调度优化。

用户在使用集群资源的时候通常会涉及资源隔离与资源共享，Kubernetes 中没有队列的支持，所以在多个用户或多个部门共享一台机器时无法进行资源共享。但不管在 HPC 还是大数据领域中，通过队列进行资源共享都是基本的需求。

在通过队列做资源共享时，CCE 提供了多种机制，可以为队列设置 weight 值，集群通过计算该队列的 weight 值占所有 weight 总和的比例来给队列划分资源；也可以为队列设置资源的 Capability 值，来确定该队列能够使用的资源上限。

在图 6-11 中，通过两个队列共享整个集群的资源，一个队列获得 40%的资源，另一个队列获得 60%的资源，这样可以把两个不同的队列映射到不同的部门或者项目中。在一个队列中，如果有空闲资源，则可以把这些空闲资源分配给另外一个队列中的作业使用。

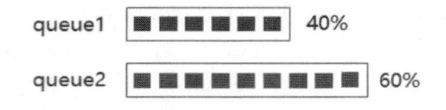

图 6-11 多队列场景调度优化

- 多种高级调度策略。

当用户向 Kubernetes 申请容器所需的计算资源时，调度器负责挑选满足各项规格要求的节点来部署这些容器。满足所有要求的节点通常不是唯一的，且水位各不相同，不同的分配方式最终得到的分配率存在差异。因此，调度器的一项核心任务是以最终资源利用率最优为目标，从众多候选机器中挑出最合适的节点。

首先将 API Server 中的 Pod、PodGroup 信息加载到 scheduler Cache 中。Scheduler 周期被称为 session，每个 Scheduler 周期都会经历 OpenSession、Action、CloseSession 三个阶段。其中，OpenSession 阶段会加载用户配置的 scheduler plugin 实现的调度策略；Action 阶段会逐一调用配置的 Action 及在 OpenSession 阶段加载的调度策略；CloseSession 是清理阶段，如图 6-12 所示。

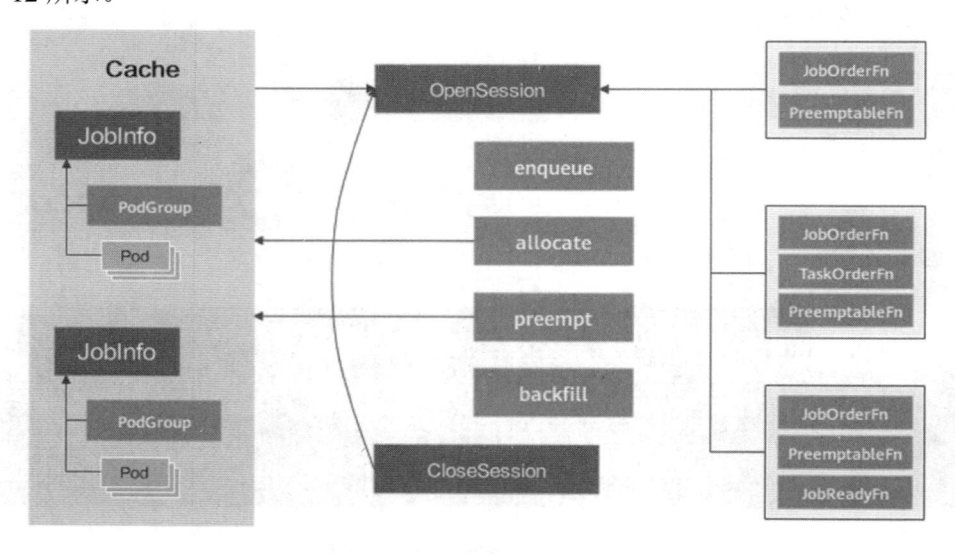

图 6-12 多种高级调度策略

Volcano Scheduler 通过插件的方式提供了多种调度 Action 及调度策略，用户可以根据实际业务需求进行配置。通过 Scheduler 提供的接口，用户可以方便、灵活地进行定制化开发。
- 高精度资源调度。

Volcano 在支持 AI、大数据等业务的时候提供了高精度的资源调度策略。例如，在深度学习场景下计算效率非常重要，对于 TensorFlow 计算，配置"ps"和"worker"之间的亲和性，以及"ps"与"ps"之间的反亲和性，可以使"ps"和"worker"尽量调度到同一个节点上，从而提升"ps"和"worker"之间进行网络和数据交互的效率，进而提升计算效率。然而，Kubernetes 默认调度器在调度 Pod 的过程中，只会检查 Pod 与现有集群下所有已经处于运行状态 Pod 的亲和性和反亲和性配置是否冲突或吻合，而不会考虑接下来可能调度的 Pod 造成的影响。

Volcano 提供的 task-topology 算法，是一种根据 Job 内 task 之间的亲和性和反亲和性配置计算 task 优先级和 Node 优先级的算法。通过在 Job 内配置 task 之间的亲和性和反亲和性策略并使用 task-topology 算法，可以优先将具有亲和性配置的 task 调度到同一个节点上，将具有反亲和性配置的 Pod 调度到不同的节点上。同样是处理亲和性和反亲和性配置对 Pod 调度的影响，task-topology 算法与 Kubernetes 默认调度器处理的不同点在于，task-topology 算法会将待调度的 Pod 作为一个整体进行亲和性和反亲和性配置，并在批量调度 Pod 时，考虑未调度 Pod 之间的亲和性和反亲和性影响，通过优先级将其施加到 Pod 的调度进程中。

- 在线作业和离线作业混合部署。

当前很多业务有波峰和波谷，在部署服务时，为了保证服务的性能和稳定性，通常会按照波峰时需要的资源申请，但是波峰的时间可能很短，这样在非波峰时段就会有资源浪费。另外，由于在线作业 SLA 要求较高，为了保证服务的性能和可靠性，通常会申请大量的冗余资源，因此会导致资源利用率低和严重的浪费。将这些申请而未使用的资源利用起来，就是资源超卖。超卖资源适合部署离线作业，离线作业通常关注吞吐量，SLA 要求不高，能够容忍一定的失败。将在线作业和离线作业混合部署在 Kubernetes 集群中能够有效地提升集群整体资源的利用率。

目前，Kubernetes 默认调度器是以 Pod 为单位进行调度的，不区分 Pod 中运行的业务类型，因此无法满足混合部署场景对资源分配的特殊要求。针对上述问题，Volcano 实现了基于应用模型感知的智能调度算法，根据用户提交的作业类型和应用模型对资源的诉求和整体应用负载的情况优化调度方式，通过资源抢占、分时复用等机制降低集群空闲资源的比例。

面向 AI 计算的容器服务采用高性能 GPU 计算实例，支持多容器共享 GPU 资源，在 AI 计算性能上比通用方案提升了 3~5 倍，并大幅降低了 AI 计算的成本，同时帮助数据工程师在集群上轻松部署计算应用，使其无须关心复杂的部署运维，专注核心业务，快速实现从 0 到 1 快速上线，如图 6-13 所示。

CCE 集群通过集成 Volcano，在高性能计算、大数据、AI 等领域中有以下优势。
- 多种类型作业混合部署：支持 AI、大数据、高性能计算作业混合部署。
- 多队列场景调度优化：支持分队列调度，提供队列优先级、多级队列等复杂任务调度能力。
- 多种高级调度策略：支持 gang-scheduling、公平调度、资源抢占、GPU 拓扑等高级调度策略。
- 多任务模板：支持定义单一 Job 多任务模板、打破 Kubernetes 原生资源的束缚、使用 Volcano Job 描述多种作业类型。
- 作业扩展插件配置：在提交作业、创建 Pod 等多个阶段，Controller 支持配置插件来执行自定义的环境准备和清理工作。例如，在提交常见的 MPI 作业前需要配置 SSH 插件，用来完成 Pod 资源的 SSH 信息配置。
- 在线业务和离线业务混合部署：支持集群内在线、离线业务混合部署及节点 CPU 和内存资源超卖，从而提升集群整体资源的利用率。
- 建议搭配 GPU 加速云服务器、弹性负载均衡（ELB）、对象存储服务（OBS）使用，如图 6-13 所示。

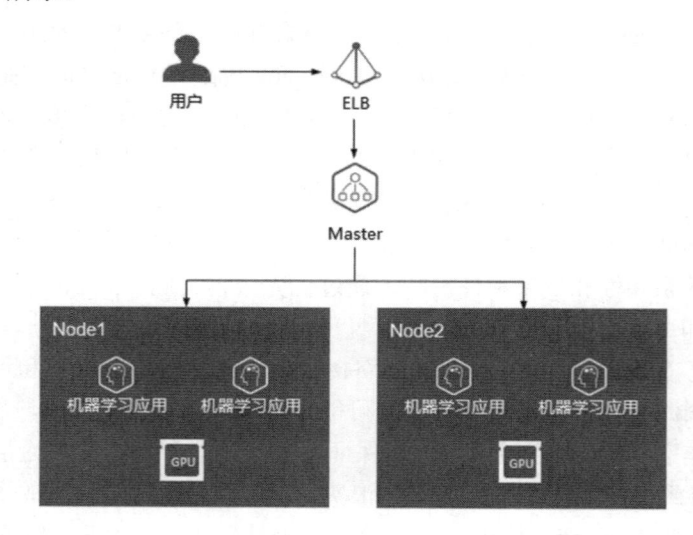

图 6-13　面向 AI 计算的容器服务

7）约束与限制

① 集群和节点限制

集群一旦创建，就不支持变更以下配置。
- 集群类型：如"CCE Standard 集群"变更为"CCE Turbo 集群"。
- 集群的控制节点数量：如非高可用集群（控制节点数量为1）变更为高可用集群（控制节点数量为3）。
- 控制节点可用区。
- 集群的网络配置：如所在的虚拟私有云、子网、容器网段、服务网段、IPv6、kube-proxy 代理（转发）模式。
- 网络模型：如"容器隧道网络"变更为"VPC 网络"。

CCE 集群创建的 ECS 实例目前支持"按需计费"和"包年/包月"，其他资源为按需计费。如果资源所属的服务支持将按需计费实例转换成包年/包月实例，则用户可以通过对应的控制台进行操作。集群中纳管计费模式为"包年/包月"的节点时，无法在云容器引擎控制台中为其续费，用户需要前往云服务器控制台单独续费。

由于弹性服务器等云容器引擎依赖的底层资源存在产品配额及库存限制，因此在创建、扩展或者自动弹性扩容集群时，可能只有部分节点能够创建成功。弹性云服务器要求 CPU 大于或等于 2 核且内存大于或等于 4GiB。

在通过搭建 VPN 的方式访问 CCE 集群时，需要注意 VPN 和集群所在的 VPC 网段、容器使用网段不能冲突。

② 网络限制

节点访问（Node Port）的使用约束默认为 VPC 内网访问，如果需要通过公网访问该服务，则需要提前在集群的节点上绑定弹性 IP。

CCE 中的负载均衡（Load Balancer）访问类型使用弹性负载均衡（ELB）提供网络访问，存在以下产品约束。

- 自动创建的 ELB 实例建议不要被其他资源使用，否则会在删除时被占用，导致资源残留。
- 不要修改 1.15 及之前版本集群使用的 ELB 实例监听器名称，否则可能导致无法正常访问。

当前仅容器隧道网络模型的集群支持网络策略（Network Policy）。网络策略有如下规则。

- 入规则（Ingress）：所有版本均支持。
- 出规则（Egress）：暂不支持设置。
- 不支持对 IPv6 地址网络进行隔离。

③ 存储卷限制

云硬盘存储卷的使用约束如下。

- 云硬盘不支持跨可用区挂载，且不支持被多个工作、同一个工作负载的多个实例或任务使用。由于 CCE 集群各节点之间暂不支持共享盘的数据共享功能，因此多个节点挂载使用同一个云硬盘可能会出现读写冲突、数据缓存冲突等问题。在创建无状态工作负载时，若使用云硬盘，则建议工作负载只选择一个实例。
- 在 1.19.10 以下版本的集群中，如果使用 HPA 策略对挂载了云硬盘存储卷的负载进行扩容，则当新 Pod 被调度到另一个节点时，会导致之前的 Pod 不能正常读写；在 1.19.10 及以上版本的集群中，如果使用 HPA 策略对挂载了云硬盘存储卷的负载进行扩容，则新 Pod 会因为无法挂载云硬盘存储卷而无法成功启动。

当多个 PV 挂载至同一个 SFS 或 SFS Turbo 上时，有以下限制。

- 当多个不同的 PVC 或 PV 使用同一个底层 SFS 或 SFS Turbo 时，如果挂载在同一个 Pod 上使用，则会由于 PV 的 volumeHandle 参数值相同导致无法为 Pod 挂载所有的 PVC，出现 Pod 无法启动的问题，因此要避免在该使用场景下将多个 PVC 或 PV 挂载至同一个 SFS 或 SFS Turbo 上。
- PV 中 persistentVolumeReclaimPolicy 参数建议设置为 Retain，否则可能在删除一个 PV 时级联删除底层卷，其他关联这个底层卷的 PV 会由于底层卷被删除导致使用出现异常。在重复使用底层卷时，建议在应用层做好多读多写的隔离保护，防止发生数据覆盖或丢失。

在使用 SFS 3.0 存储卷时，集群中需要安装 2.0.9 及以上版本的 everest 插件，挂载点不支持修改属组或权限。创建、删除 PVC 或 PV 的过程中可能存在时延，实际计费时长以 SFS 侧创建、删除时刻为准。SFS 3.0 存储卷在 Delete 回收策略下暂不支持自动回收文件存储卷。当删除 PV 或 PVC 时，需要手动删除所有文件才可以正常删除 PV 或 PVC。

对象存储卷的使用约束如下。

- 在使用对象存储卷时，挂载点不支持修改属组或权限。
- CCE 支持通过 OBS SDK 和 PVC 挂载的方式使用并行文件系统。其中，PVC 挂载方式通过 OBS 提供的 obsfs 工具实现。在节点上每挂载一个并行文件系统对象存储卷，就会产生一个 obsfs 常驻进程。
- 建议为每个 obsfs 进程预留 1GB 的内存空间。例如，对于 4U8G 的节点，建议挂载 obsfs 并行文件系统的实例不超过 8 个。
- 安全容器不支持使用对象存储卷。

本地持久卷的使用约束如下。

- 本地持久卷仅支持在 1.21.2-r0 及更新版本的集群中使用，且需要 2.1.23 及更新版本的 everest 插件，推荐使用 2.1.23 及更新的版本。
- 移除、删除、重置和缩容节点会导致与节点关联的本地持久卷类型的 PVC 或 PV 无法正常使用或数据丢失且无法恢复。在执行上述操作时，使用了本地持久存储卷的 Pod 会被从待删除、重置的节点上驱逐，并重新创建 Pod。Pod 会一直处于 pending 状态，因为 Pod 使用的 PVC 带有节点标签，由于冲突无法调度成功。在重置节点后，Pod 可能会被调度到重置好的节点上，此时 Pod 会一直处于 creating 状态，因为 PVC 对应的底层逻辑卷已不存在。
- 请勿在节点上手动删除对应的存储池或卸载数据盘，否则会导致数据丢失等异常情况。
- 本地持久卷不支持被多个工作负载或任务同时挂载。

本地临时卷的使用约束如下。

- 本地临时卷仅支持在 1.21.2-r0 及以上版本的集群中使用，且需要 1.2.29 及以上版本的 everest 插件。
- 请勿在节点上手动删除对应的存储池或卸载数据盘，否则会导致数据丢失等异常情况。
- 请确保节点上 Pod 不要挂载 /var/lib/kubelet/pods/ 目录，否则会导致使用了临时卷的 Pod 无法正常删除。

快照功能的使用约束如下。

- 快照功能仅支持 1.15 及以上版本的集群，且需要安装基于 CSI 的 everest 插件才可以使用。
- 基于快照创建的云硬盘，其子类型、是否加密、磁盘模式、共享性、容量等都要与快照关联母盘保持一致且不能修改。
- 只有可用或正在使用的磁盘能创建快照，且单个磁盘支持创建最多 7 个快照。

- 创建快照功能仅支持使用 everest 插件提供的存储类创建的 PVC，使用 Flexvolume 存储类创建的 PVC 无法创建快照。
- 加密磁盘的快照数据以加密方式存放，非加密磁盘的快照数据以非加密方式存放。

④ 插件限制

CCE 插件采用 Helm 模板的方式部署，修改或升级插件需要通过插件配置页面或开放的插件管理 API 进行操作。请勿直接在后台修改与插件相关的资源，以免插件异常或引入其他非预期问题。

2. Kubernetes

1）Kubernetes 简介

Kubernetes 是一个开源的容器编排部署管理平台，用于管理云平台中多台主机上的容器化应用，旨在让部署容器化的应用变得简单、高效。Kubernetes 提供了一种应用部署、规划、更新、维护的机制。

对应用开发人员而言，Kubernetes 可以被看作一个集群操作系统。Kubernetes 能够提供服务发现、伸缩、负载均衡、自愈甚至选举等功能，让开发人员从基础设施配置等工作中解脱出来。

Kubernetes 可以把大量的服务器看作一台巨大的服务器，在这台服务器上运行应用程序。无论 Kubernetes 的集群有多少台服务器，在 Kubernetes 上部署应用程序的方法都是一样的。

用户可以通过云容器引擎控制台、Kubectl 命令行、Kubernetes API 使用云容器引擎提供的 Kubernetes 托管服务。在使用云容器引擎前，用户可以先行了解 Kubernetes 的相关概念，以便更完整地使用云容器引擎的所有功能，如图 6-14 所示。

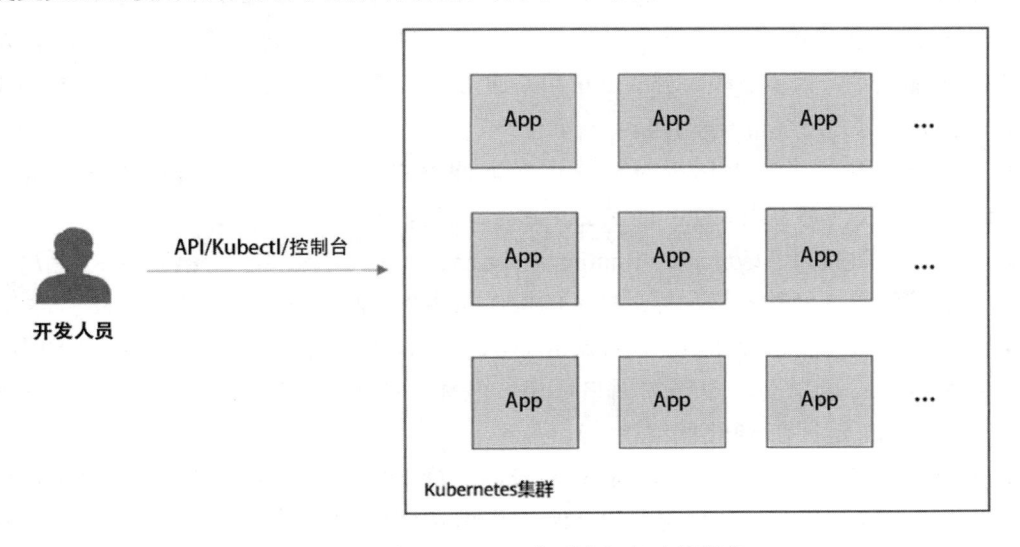

图 6-14 在 Kubernetes 集群上运行应用程序

Kubernetes 集群包含 Master 节点（控制节点）和 Node 节点（计算节点、工作节点），应用程序被部署在 Node 节点上。用户可以通过配置选择将应用程序部署在某些特定的节点上。

Kubernetes 集群的架构如图 6-15 所示。

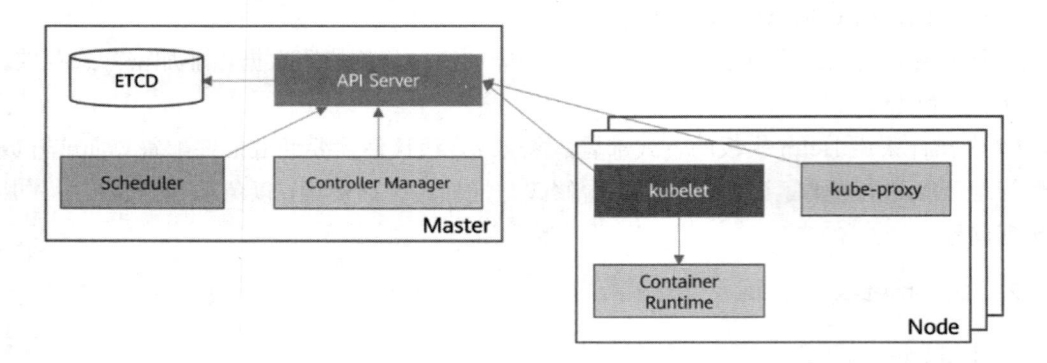

图 6-15 Kubernetes 集群的架构

- Master：集群的控制节点，由 API Server、Scheduler、Controller Manager 和 ETCD 构成。
- API Server：各组件互相通信的中转站，用于接收外部请求并将信息写到 ETCD 中。
- Controller Manager：执行集群级功能，如复制组件、跟踪 Node 节点、处理节点故障等。
- Scheduler：负责应用调度，根据各种条件将容器调度到 Node 上运行。
- ETCD：分布式数据存储组件，负责存储集群的配置信息。
- Node：集群的计算节点，即运行容器化应用的节点，由 kubelet、kube-proxy 和 Container Runtime 组成。
- kubelet：负责同 Container Runtime 打交道并与 API Server 交互，管理节点上的容器。
- kube-proxy：应用组件间的访问代理，用于解决节点上应用程序的访问问题。
- Container Runtime：容器运行时，如 Docker，最主要的功能是下载镜像和运行容器。

在生产环境中，为了保障集群的高可用，通常会部署多个 Master 节点，如 CCE 的集群高可用模式部署了 3 个 Master 节点。

Kubernetes 开放了容器运行时接口、容器网络接口和容器存储接口，这些接口让 Kubernetes 的扩展性趋于最大化，而 Kubernetes 本身则专注于容器调度。

- 容器运行时接口（Container Runtime Interface，CRI）：提供计算资源。CRI 隔离了各个容器引擎之间的差异，通过统一的接口与各个容器引擎进行互动。
- 容器网络接口（Container Network Interface，CNI）：提供网络资源。通过 CNI 接口，Kubernetes 可以支持不同的网络环境。例如，CCE 通过开发的 CNI 插件，支持 Kubernetes 运行在 VPC 网络中。
- 容器存储接口（Container Storage Interface，CSI）：提供存储资源。通过 CSI 接口，Kubernetes 可以支持各种类型的存储。例如，CCE 可以方便地对接块存储、文件存储和对象存储。

2）Kubernetes 中的基本对象

Kubernetes 中的基本对象及其之间的关系如图 6-16 所示。

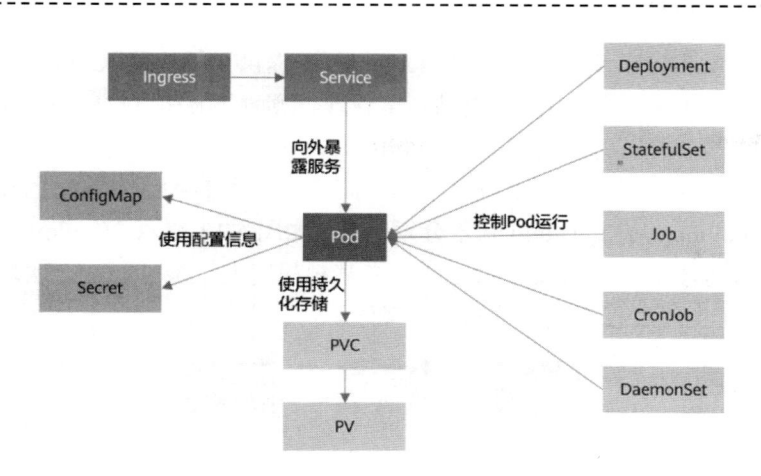

图 6-16　Kubernetes 中的基本对象及其之间的关系

① Pod

容器组（Pod）是 Kubernetes 创建或部署的最小单位。一个 Pod 可以封装一个或多个容器、存储资源、独立的网络 IP 及管理控制容器运行方式的策略选项。

Pod 的使用方式主要分为两种。
- 在 Pod 中运行一个容器。这是 Kubernetes 最常见的用法，用户可以将 Pod 视为单个封装的容器，但是 Kubernetes 直接管理 Pod 而不是容器。
- 在 Pod 中运行多个需要耦合工作和共享资源的容器。这种场景下的应用通常包含一个主容器和几个辅助容器（SideCar Container），如图 6-17 所示。例如，主容器（Main Container）为一个 Web 服务器，从一个固定目录下对外提供文件服务，而辅助容器周期性地从外部下载文件存入这个固定目录。

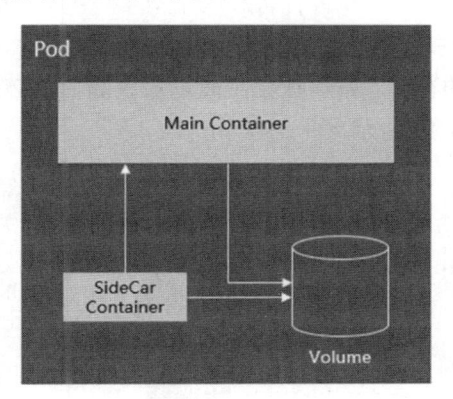

图 6-17　在 Pod 中运行多个容器

实际使用中很少直接创建 Pod，而是使用 Kubernetes 中称为 Controller 的抽象层来管理 Pod 实例，如 Deployment 和 Job。Controller 可以创建和管理多个 Pod，提供副本管理、滚动升级和自愈能力，通常使用 Pod Template 来创建相应的 Pod。

② Deployment

Pod 是 Kubernetes 创建或部署的最小单位，但是 Pod 被设计为相对短暂的一次性实体，可以被驱逐、随着集群的节点崩溃而消失。Kubernetes 提供了控制器（Controller）来管理 Pod。Controller 可以创建和管理多个 Pod，提供副本管理、滚动升级和自愈能力，其中最常用的是 Deployment。

一个 Deployment 可以包含一个或多个 Pod 副本，每个 Pod 副本的角色都相同，所以系统会自动为 Deployment 的多个 Pod 副本分发请求，如图 6-18 所示。Deployment 集成了上线部署、滚动升级、创建副本、恢复上线功能。在某种程度上，Deployment 实现了无人值守的上线，大大降低了上线过程的复杂性和操作风险。

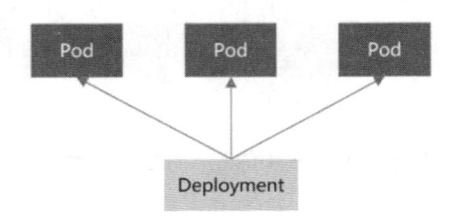

图 6-18 Deployment

③ StatefulSet

Deployment 管理下的 Pod 有一个共同的特点，那就是每个 Pod 除了名称和 IP 地址不同，其余完全相同。Deployment 可以通过 Pod 模板创建新的 Pod，也可以删除任意一个 Pod。但是在某些场景下，这并不能满足需求，如有些分布式的场景，要求每个 Pod 都有自己单独的状态；又如分布式数据库，每个 Pod 都要求有单独的存储系统，这时 Deployment 就无法满足业务需求了。

分布式有状态应用的特点主要体现在应用中每个部分的角色都不同，如数据库有主备、Pod 之间有依赖。在 Kubernetes 中部署有状态应用对 Pod 有以下要求。

- Pod 能够被别的 Pod 找到，要求 Pod 有固定的标识。
- 每个 Pod 都有单独的存储系统，Pod 在被删除恢复后，必须读取原来的数据，否则状态会不一致，如图 6-19 所示。

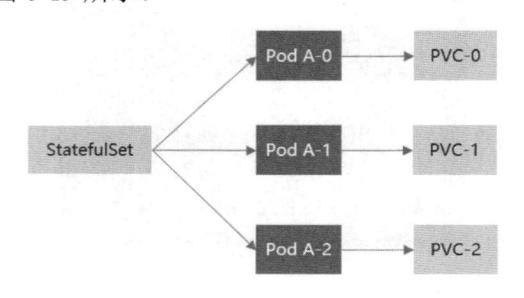

图 6-19 StatefulSet

④ Job

Job 是用来控制批处理型任务的对象。批处理业务与长期伺服业务（Deployment）的主要区别是，批处理业务的运行有头有尾，而长期伺服业务在用户不停止的情况下永远运行。Job 管理的 Pod 会根据用户的设置，在把任务成功完成后自动退出并自动删除。

⑤ CronJob

CronJob 是基于时间控制的 Job，类似于 Linux 操作系统中的 crontab，在指定的时间周期运行指定的任务。

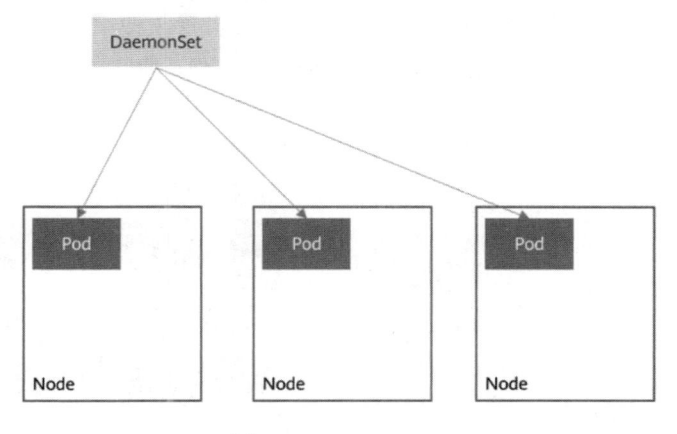

⑥ DaemonSet

DaemonSet 是一种对象守护进程，可以在集群的每个节点上运行一个 Pod，且保证只有一个 Pod，如图 6-20 所示。这非常适合一些系统层面的应用，如日志收集、资源监控等，需要每个节点都运行，且不需要太多实例，一个比较好的例子是 Kubernetes 的 kube-proxy。

图 6-20　DaemonSet

⑦ Service

Service 是用来解决 Pod 访问问题的。Service 有一个固定 IP 地址，可以将访问流量转发给 Pod，也可以为 Pod 提供负载均衡。

⑧ Ingress

Service 是基于四层 TCP 和 UDP 转发的，而 Ingress 既可以基于七层的 HTTP 和 HTTPS 转发，也可以通过域名和路径做到更细粒度的划分。

⑨ ConfigMap

ConfigMap 是一种用于存储应用所需配置信息的资源类型，用于保存配置数据的键-值对。使用 ConfigMap 可以方便地做到配置解耦，使得不同的环境有不同的配置。

⑩ Secret

Secret 是一种加密存储的资源对象。用户可以将认证信息、证书、私钥等保存在 Secret 中，而不需要把这些敏感数据暴露到镜像或者 Pod 定义中，使数据更加安全和灵活。

⑪ PV

PV（Persistent Volume）是指持久化数据存储卷，主要用于定义一个持久化存储卷在宿主机上的目录，如一个 NFS 的挂载目录。

⑫ PVC

Kubernetes 可以提供 PVC（Persistent Volume Claim）专门用于持久化存储的申请。PVC 可以让用户无须关心底层存储资源如何创建、释放，而只需要申明需要何种类型的存储资源、多大的存储空间。

3）容器与 Kubernetes

① 容器简介

容器技术起源于 Linux，是一种内核虚拟化技术，提供轻量级的虚拟化，以便隔离进程和资源。尽管容器技术已经出现了很久，却是随着 Docker 容器的出现而变得广为人知的。Docker 容器是第一个使容器能在不同机器之间移植的系统。它不仅简化了打包应用的流程，还简化了打包应用的库和依赖，甚至整个操作系统的文件系统能被打包成一个简单的、可移植的包，这个包可以被用来在任何运行 Docker 容器的机器上使用。容器和虚拟机具有相似的资源隔离和分配方式，容器虚拟化了操作系统而不是硬件，使其更加便携和高效，如图 6-21 所示。

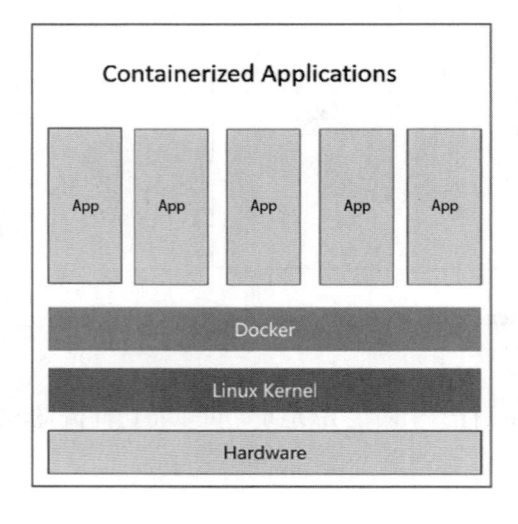

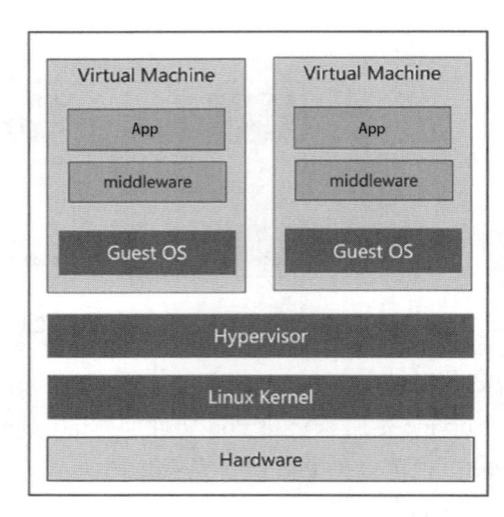

图 6-21　容器和虚拟机

② Docker 容器的主要概念

Docker 容器有 3 个主要概念。

- 镜像：Docker 镜像里包含了已打包了应用程序及其依赖的环境，包含应用程序可用的文件系统及其他元数据，如镜像运行时的可执行文件路径。
- 镜像仓库：Docker 镜像仓库用于存放 Docker 镜像，以及促进不同人和不同计算机之间共享这些镜像。Docker 镜像仓库可以在编译它的计算机上运行，也可以先上传镜像到一个镜像仓库中，然后下载到另一台计算机上运行。某些镜像仓库是公开的，允许所有用户从中拉取镜像，也有一些仓库是私有的，仅允许部分用户和机器接入。
- 容器：Docker 容器通常是一个 Linux 容器，基于 Docker 镜像被创建。一个运行中的容器是一个运行在 Docker 主机上的进程，但它和主机及所有运行在主机上的其他进程都是隔离的。这个进程也是资源受限的，意味着它只能访问和使用分配给它的资源（CPU、内存等）。

Docker 容器典型的使用流程如图 6-22 所示。

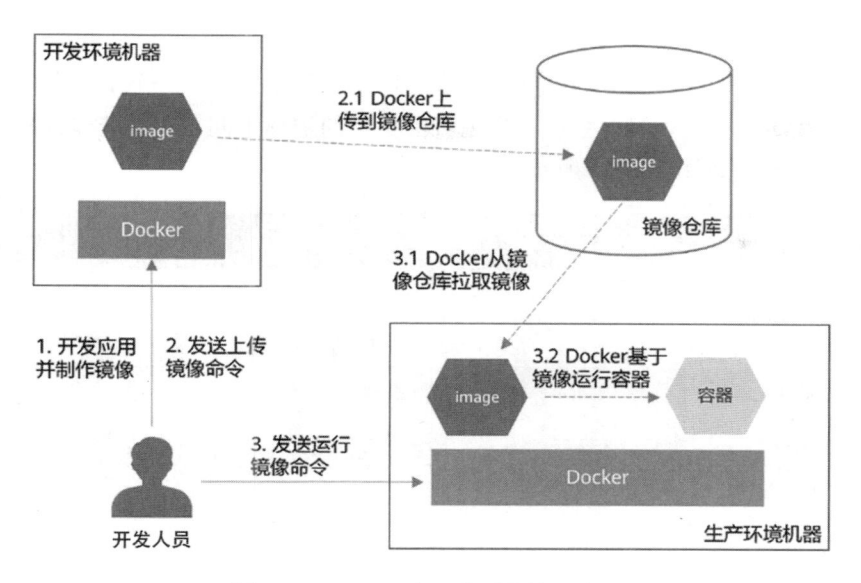

图 6-22　Docker 容器典型的使用流程

首先，开发人员在开发环境机器上开发应用并制作镜像，Docker 执行命令，构建镜像并存储在机器上；然后，开发人员发送上传镜像命令，Docker 在收到命令后，将本地镜像上传到镜像仓库中；最后，开发人员向生产环境机器发送运行镜像命令，生产环境机器在收到命令后，Docker 会从镜像仓库中拉取镜像到机器上，并基于镜像运行容器。

4）Kubernetes 简介

① 集群

集群（Cluster）是容器运行所需云资源的组合，关联了若干云服务器节点、负载均衡等云资源。用户可以将集群理解为同一个子网中的多个弹性云服务器通过相关技术组合而成的计算机群体，为容器运行提供计算资源池。

云容器引擎支持的集群类型如下。

- CCE Standard 集群：云容器引擎服务的标准版本集群，不仅能够提供商用级容器集群服务，并完全兼容开源 Kubernetes 集群标准功能；还能够为用户提供简单、低成本、高可用的解决方案，无须管理和运维控制节点，可以根据业务场景选择使用容器隧道网络模型或 VPC 网络模型，适合对性能和规模没有特殊要求的应用场景。
- CCE Turbo 集群：基于云原生基础设施构建的云原生 2.0 容器引擎服务，具备软硬协同、网络无损、安全可靠、调度智能的优势，不仅能够为用户提供一站式、高性价比的全新容器服务体验；还能够提供面向大规模高性能的场景云原生 2.0 网络。容器直接从 VPC 网段内分配 IP 地址，容器和节点可以分属不同的子网，支持 VPC 内的外部网络与容器 IP 直通，享有高性能。

② 节点

每一个节点（Node）都对应一台服务器（可以是虚拟机实例或者物理服务器），容器化应用运行在节点上。节点上运行的 Agent 代理程序（kubelet）用于管理节点上运行的容器实例。集群中的节点数量可以伸缩。

③ 容器

容器（Container）是一个通过 Docker 镜像创建的运行实例，一个节点上可以运行多个容器。容器的实质是进程，但与直接在宿主机上执行的进程不同，容器进程有属于自己的独立的命名空间，其关系如图 6-23 所示。

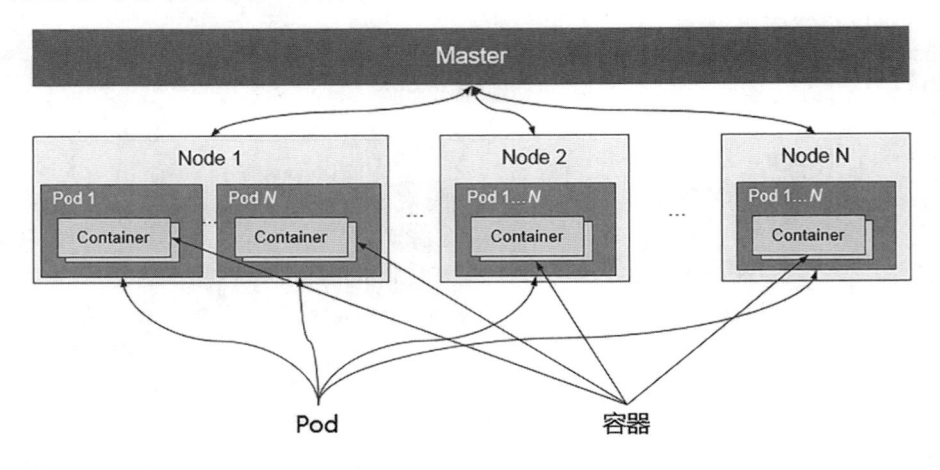

图 6-23 容器关系

④ 镜像

Docker 镜像（Image）是一个模板，是容器化应用打包的标准格式，用于创建 Docker 容器。或者说，Docker 镜像是一个特殊的文件系统，除了提供容器运行时所需的程序、库、配置文件等资源，还包含一些为运行准备的配置参数。镜像不包含任何动态数据，其内容在构建之后也不会被改变。在部署容器化应用时可以指定镜像，镜像可以来自 Docker Hub、容器镜像服务或者用户的私有 Registry。例如，一个 Docker 镜像可以包含一个完整的 Ubuntu 操作系统环境，里面仅安装了用户需要的应用程序及其依赖文件。

镜像和容器的关系就像面向对象程序设计中的类和实例一样，镜像是静态的定义，容器是镜像运行时的实体，可以被创建、启动、停止、删除、暂停等，如图 6-24 所示。

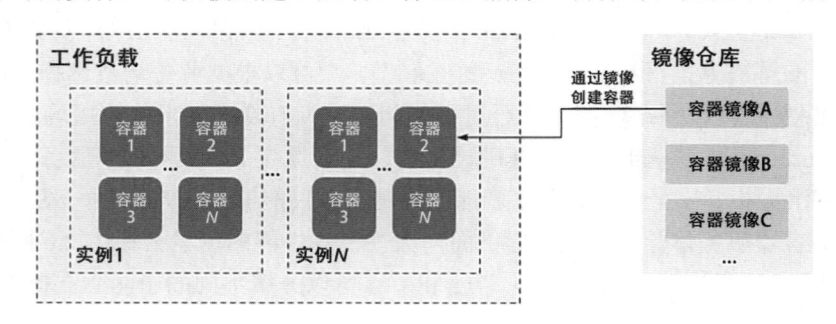

图 6-24 镜像和容器的关系

⑤ 命名空间

命名空间（Namespace）是对一组资源和对象的抽象整合。在同一个集群内可以创建不同的命名空间，不同命名空间中的数据彼此隔离，使得它们可以共享同一个集群的服务而互不干扰。例如，可以将开发环境、测试环境的业务分别放在不同的命名空间，常见的 pods、services、replication controllers 和 deployments 命名空间都是属于某一个命名空间的，而 node、persistentVolumes 不属于任何命名空间。

⑥ 服务

服务（Service）是将运行在一组 Pods 上的应用程序公开为网络服务的抽象方法。

使用 Kubernetes，用户无须修改应用程序即可使用不熟悉的服务发现机制。 Kubernetes 会为 Pods 提供自己的 IP 地址和一组 Pod 的单个 DNS 名称，并且在它们之间进行负载平衡。

Kubernetes 允许指定一个服务的类型，类型的取值及行为如下。

- ClusterIP：集群内访问，通过集群的内部 IP 暴露服务。若选择该值，则服务只能在集群内部访问，这也是默认的 ServiceType。
- NodePort：节点访问，通过每个节点上的 IP 和静态端口（NodePort）暴露服务。NodePort 服务会路由到 ClusterIP 服务，ClusterIP 服务由 Kubernetes 自动创建。通过请求 <NodeIP>:<NodePort>，可以从集群的外部访 NodePort 服务。
- LoadBalancer：负载均衡。使用云提供商的负载均衡器，可以向外部暴露服务。外部的负载均衡器可以路由到 NodePort 服务和 ClusterIP 服务。
- DNAT：DNAT 网关可以为集群节点提供网络地址转换服务，使多个节点共享弹性 IP。与弹性 IP 方式相比，DNAT 网关增强了可靠性，因为弹性 IP 无须与单个节点绑定，任何节点状态的异常都不会影响其访问。

⑦ 亲和性和反亲和性

在应用没有容器化前，原先一个虚拟机上会安装多个组件，进程间会有通信。但在做容器化拆分的时候，往往会直接按进程拆分容器。例如，将业务、进程放在一个容器中，监控日志处理或者本地数据放在另外一个容器中，并且有独立的生命周期。如果这两个容器分布在网络中两个较远的节点，则请求会经过多次转发，性能会很差。

- 亲和性：可以实现就近部署，增强网络性能，实现通信上的就近路由，减少网络的性能损耗。例如，应用程序 A 与应用程序 B 频繁交互，有必要利用亲和性让两个应用程序尽可能地靠近，甚至在一个节点上，以减少因网络通信而带来的性能损耗。
- 反亲和性：主要是出于高可靠性的考虑，应尽量分散实例，当某个节点发生故障时，只会影响应用程序的 N 分之一或者一个实例。例如，当应用程序采用多副本部署时，有必要采用反亲和性让各个实例打散分布在各个节点上，以提高高可用性。

⑧ 模板

Kubernetes 集群可以通过 Helm 实现软件包管理，这里的 Kubernetes 软件包被称为模板（Chart）。Helm 对于 Kubernetes 类似于在 Ubuntu 操作系统中使用的 apt 命令，或者在 CentOS 中使用的 yum 命令，能够快速查找、下载和安装模板。

模板是一种 Helm 的打包格式，只能描述一组相关的集群资源定义，而不是真正的容器镜像包。模板中只包含用于部署 Kubernetes 应用程序的一系列 YAML 文件，用户可以在 Helm 模板中自定义应用程序的一些参数设置。在模板的实际安装过程中，Helm 会根据模板中的 YAML 文件定义在集群中部署资源，相关的容器镜像不会被包含在模板包中，而是依旧从 YAML 中定义好的镜像仓库中进行拉取。

应用程序的开发人员需要将容器镜像包发布到镜像仓库中，并通过 Helm 的模板将安装应用程序时的依赖关系一打包，预置一些关键参数，来降低应用程序的部署难度。应用程序的用户可以使用 Helm 查找模板包并支持调整自定义参数。Helm 会根据模板包中的 YAML 文件直接在集群中安装应用程序及其依赖关系，用户无须编写复杂的应用部署文件，即可实现简单的应用查找、安装、升级、回滚、卸载。

⑨ 注解

注解（Annotation）与 Label 类似，也使用键-值对的形式进行定义。Label 具有严格的命名规则，它定义的是 Kubernetes 对象的元数据（Metadata），并且用于 Label Selector。Annotation 是用户任意定义的"附加"信息，以便外部工具进行查找。

3. 容器镜像服务

1）容器镜像服务简介

容器镜像服务（Software Repository for Container，SWR）是一种支持镜像全生命周期管理的服务，能够提供简单易用、安全可靠的镜像管理功能，帮助用户快速部署容器化应用。

通过使用容器镜像服务，用户无须自建和维护镜像仓库，即可享有云上的镜像安全托管及高效分发服务，并且配合云容器引擎（CCE）、云容器实例（CCI）使用，获得容器上云的顺畅体验。

2）容器镜像服务的功能

① 镜像全生命周期管理

容器镜像服务支持镜像的全生命周期管理，包括镜像的上传、下载、删除等。

② 私有镜像仓库

容器镜像服务能够提供私有镜像仓库，支持细粒度的权限管理，可以为不同用户分配相应的访问权限。

③ 镜像加速

容器镜像服务通过华为自主研发的镜像下载加速技术，使 CCE 集群下载镜像时在确保高并发的同时获得更快的下载速度。

④ 镜像触发器

容器镜像服务支持容器镜像版本更新自动触发部署。用户只需要为镜像设置一个触发器，即可通过触发器在每次镜像版本更新时，自动更新使用该镜像部署的应用。

⑤ 镜像安全扫描

通过集成容器安全服务（CGS），容器镜像服务可以扫描镜像仓库中的私有镜像，发现镜像中的漏洞并给出修复建议，帮助用户得到一个安全的镜像。

华为云提供了 Web 化的服务管理平台和基于 HTTPS 请求的 API 管理方式。

- API 方式：如果用户需要将容器镜像服务集成到第三方系统中用于二次开发，则需要使用 API 方式访问容器镜像服务。具体操作参见容器镜像服务 API 参考。
- 管理控制台方式：其他相关操作可以使用管理控制台方式访问容器镜像服务。如果用户已注册云平台，则可以直接登录管理控制台，选择"容器镜像服务 SWR"选项。

3）容器镜像服务的优势

① 简单易用

用户无须自行搭建和运维，即可快速推送拉取容器镜像。容器镜像服务的管理控制台简单易用，支持镜像的全生命周期管理。

② 安全可靠

容器镜像服务遵循 HTTPS 协议保障镜像安全传输，提供账号间、账号内多种安全隔离机制，确保用户数据访问的安全；依托华为专业存储服务，确保镜像存储更可靠。

4）容器镜像服务的应用场景

容器镜像服务能够提供镜像构建、上传、下载、同步、删除等完整的生命周期管理能力，如图 6-25 所示。

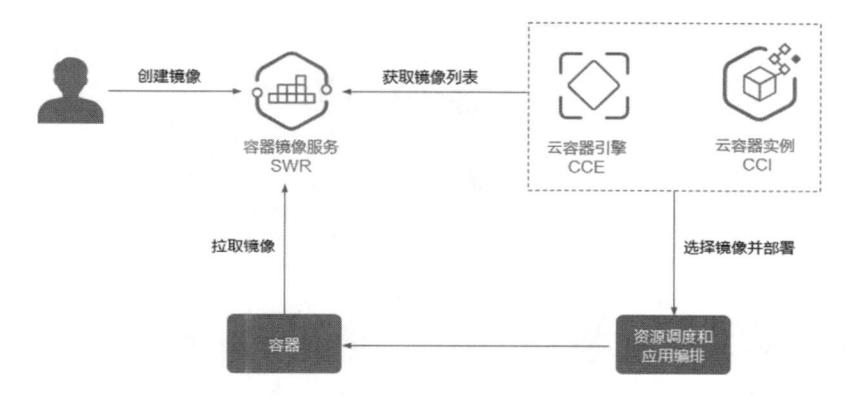

图 6-25　容器镜像服务的应用场景

- 镜像下载加速：使用华为自主研发的下载加速技术，提升华为云容器拉取镜像的速度。
- 高可靠的存储：依托华为 OBS 专业存储，确保镜像的存储可靠性高达 11 个 9。
- 更安全的存储：细粒度的授权管理，让用户更精准地控制镜像访问权限。
- 建议搭配云容器引擎（CCE）、云容器实例（CCI）使用。

5）容器镜像服务的基本概念

① 容器镜像

容器镜像是一个模板，是容器应用打包的标准格式，在部署容器化应用时可以指定镜像，镜像可以来自镜像中心或者用户的私有 Registry。例如，一个容器镜像可以包含一个完整的 Ubuntu 操作系统环境，里面仅安装了用户需要的应用程序及其依赖文件。容器镜像用于创建容器。容器引擎（Docker）本身提供了一个简单的机制来创建新的或者更新已有镜像，用户也可以下载其他人已经创建好的镜像。

② 容器

一个通过容器镜像创建的运行实例，一个节点上可以运行多个容器。容器的实质是进程，但与直接在宿主机上执行的进程不同，容器进程运行于属于自己的独立命名空间。

③ 镜像仓库

镜像仓库（Repository）用于存放容器镜像。单个镜像仓库对应单个具体的容器化应用，并托管该应用的不同版本。

④ 组织

组织用于隔离镜像仓库，每个组织都对应一个公司或部门并将其拥有的镜像集中在该组织下。同一个用户可以属于不同的组织。组织支持为账号下的不同用户分配相应的访问权限，如图 6-26 所示。

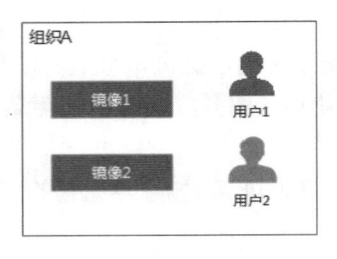

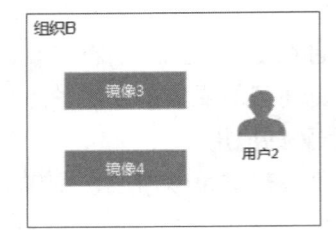

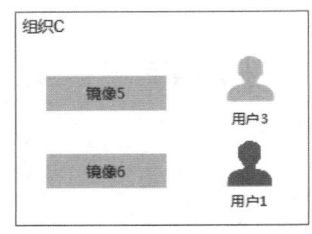

图 6-26　组织

4．Dockerfile

1）Dockerfile 简介

Dockerfile 是一种可以被 Docker 解释的脚本文件，由若干条指令组成，每条指令都对应一条 Linux 脚本命令。Docker 应用程序可以将这些指令转化为 Linux 实际执行的命令，并生成对应的 Docker 镜像。Dockerfile 文件可以比较明确地描述 Docker 镜像是如何一步一步构建的。通过 Dockerfile，用户可以根据实际的业务需要构建自己的镜像并添加一些需要执行的命令，这样可以避免后续的部署，省去了需要重复编写命令的烦琐过程，大大节约了项目部署的时间成本，如图 6-27 所示。

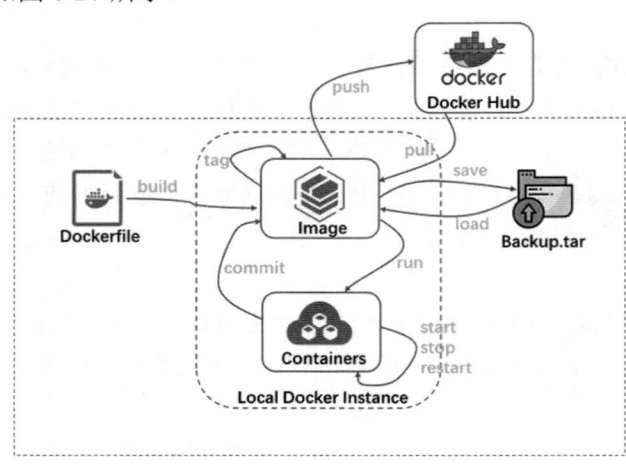

图 6-27　Dockerfile 构建镜像

docker build 命令用于从 Dockerfile 中构建镜像。用户可以在 docker build 命令中使用 -f 标志指向文件系统中任何位置的 Dockerfile。

Dockerfile 由命令语句组成，并且支持以#开头的注释行。一个 Dockerfile 文件包含以下内容。

- 基础镜像信息：使用 FROM 关键字指定，FROM 是 Dockerfile 文件中的第一条指令。
- 维护者信息：使用 MAINTAINER 关键字指定，通常可以使用 Dockerfile 文件创建者的名字或者邮件作为维护者信息。
- 镜像操作指令：每执行一条镜像操作指令，都会在镜像中添加新的一层。
- 容器启动执行命令：用户指定在启动容器时需要执行的命令，通过 CMD ENTRYPOINT 指定。

用户可以在不同的目录下编写所需的 Dockerfile，并在 build 时指定 Dockerfile 所在的目录或者直接在该目录下构建镜像，但是同一个目录下只能有一个 Dockerfile 文件存在，否则会报错。

2）Dockerfile 的功能

Dockerfile 是用于构建 Docker 镜像的脚本文件。通过 Dockerfile，用户可以定义镜像中包含的操作系统、软件、配置文件等内容。Dockerfile 主要有以下功能。

① 自动构建镜像

通过 Dockerfile，用户可以定义一系列的指令，Docker 会按照指令的顺序自动构建镜像，从而减少手动操作的时间和降低错误率。

② 标准化镜像构建流程

Dockerfile 可以作为构建镜像的标准流程，从而保证每次构建的镜像都是一致的。

③ 镜像可移植性

Dockerfile 可以在不同的环境中运行，从而保证镜像的可移植性。在不同的服务器上运行同一个应用程序时，只需要将 Dockerfile 复制到相应的服务器上，即可构建相同的镜像。

④ 镜像版本管理

Dockerfile 可以被版本控制，可以作为镜像版本管理的依据。每次修改 Dockerfile 都可以构建新的镜像版本，以便管理和回退镜像。

综上所述，Dockerfile 非常重要，以帮助用户自动构建镜像、标准化镜像构建流程、保证镜像的可移植性和方便地进行镜像版本管理。

3）Dockerfile 的应用场景

① 开发环境的搭建

使用 Dockerfile 可以构建开发环境，包括安装所需的软件、配置环境变量等。例如，使用 Dockerfile 构建一个包含所需开发工具的镜像，供开发人员使用，从而避免在每个开发人员的本地机器上都安装和配置软件。

② 应用程序的部署和迁移

使用 Dockerfile 构建包含应用程序和运行环境的镜像，方便在不同的环境中部署应用程序。例如，使用 Dockerfile 构建一个包含 Web 应用程序和所需依赖的镜像，在不同的服务器上部署该镜像，从而实现应用程序的快速部署和迁移。

③ 自动化测试环境的搭建

使用 Dockerfile 可以构建自动化测试环境，包括安装所需的测试工具和依赖。例如，使用 Dockerfile 构建一个包含测试工具和所需依赖的镜像，供自动化测试使用，避免在每个测试环境中都安装和配置软件。

④ 多版本应用程序的部署和管理

使用 Dockerfile 可以构建多个版本的应用程序镜像，方便管理和部署不同版本的应用程序。例如，使用 Dockerfile 构建多个版本的 Web 应用程序镜像，在不同的服务器上部署不同版本的应用程序镜像，从而实现多版本应用程序的部署和管理。

⑤ 镜像的共享和分发

使用 Dockerfile 可以构建镜像，并将其上传到镜像仓库中，方便共享和分发。例如，使用 Dockerfile 构建一个包含 Web 应用程序的镜像，将其上传到 Docker Hub 等镜像仓库中，供其他人使用和下载。

⑥ 大规模应用程序的部署和管理

使用 Dockerfile 可以构建包含应用程序和运行环境的镜像，并使用容器编排工具进行大规模应用程序的部署。例如，使用 Dockerfile 构建一个包含 Web 应用程序和所需依赖的镜像，使用 Docker Compose 进行多容器的部署，从而实现大规模应用程序的快速部署和管理。

4）Dockerfile 的构建流程

Dockerfile 是用于构建 Docker 镜像的文本文件，包含了一系列的指令和参数，用于指定镜像的基础操作系统、安装软件包、设置环境变量等。Dockerfile 的构建流程主要包括以下几个步骤。

- 编写 Dockerfile 文件：首先需要编写 Dockerfile 文件，该文件可以使用任何文本编辑器进行编辑。Dockerfile 文件中包含一系列的指令和参数，用于指定镜像的构建过程。
- 执行 docker build 命令：在 Dockerfile 文件所在的目录下，执行 docker build 命令来构建 Docker 镜像。该命令会自动读取 Dockerfile 文件，并根据其中的命令和参数构建镜像。
- 等待构建完成：Docker 镜像的构建过程可能需要一些时间，具体取决于 Dockerfile 文件中指定的操作和主机的性能。在构建过程中，可以使用 docker logs 命令查看构建日志，以便了解构建进度和错误信息。
- 验证镜像：在构建完成后，可以使用 docker images 命令查看已经构建的镜像。如果镜像构建成功，则能够看到该镜像的名称、版本号和大小等信息。

下面是一个简单的 Dockerfile 构建示例，构建一个基于 Ubuntu 操作系统的 Docker 镜像，并安装 Apache 服务器。

```
# 使用 Ubuntu 18.04 作为基础镜像
FROM ubuntu:18.04
# 更新 Ubuntu 软件包列表
RUN apt-get update
# 安装 Apache 服务器
RUN apt-get install -y apache2
# 将 Apache 服务器的启动脚本复制到镜像中
```

```
COPY start.sh /usr/local/bin/
# 设置 Apache 服务器的默认端口号
EXPOSE 80
# 启动 Apache 服务器
CMD ["/usr/local/bin/start.sh"]
```

5）Dockerfile 的操作指令

Dockerfile 的操作指令如下。

- FROM：指定基础镜像（FROM 是必备的指令，并且必须是第一条指令）。
- RUN：执行命令行命令，其基本格式如下。

```
RUN <命令>
```

上述格式为 shell 格式，输入在 bash 环境中的命令即可，一个 Dockerfile 允许使用的 RUN 命令不得超过 127 层。每使用一次 RUN 都要使用"\"换行，并使用"&&"执行下一条命令。

```
RUN <"可执行文件", "参数 1", "参数 2">
```

上述格式为 exec 格式，类似函数调用的格式。

- COPY：复制文件，其基本格式如下。

```
COPY <源路径>...<目标路径>
COPY ["<源路径 1>",...,"<目标路径>"]
```

- ADD：更高级的复制文件，在 COPY 的基础上增加了一些功能。如果复制的是压缩包，则会直接解压缩，而不需要再使用 RUN 解压缩。
- CMD：容器启动命令，其基本格式如下。

```
CMD <命令>
```

上述格式为 shell 格式。

```
CMD ["可执行文件", "参数 1", "参数 2"...]
```

上述格式为 exec 格式。

参数列表格式如下，在指定了 ENTRYPOINT 指令后，用 CMD 指定具体的参数。

```
CMD ["参数 1", "参数 2"...]
```

- ENTRYPOINT：入口点，其基本格式分为 exec 和 shell。

ENTRYPOINT 的功能和 CMD 一样，都是在指定容器中启动程序及参数。在指定了 ENTRYPOINT 指令后，CMD 的含义就发生了改变，不是直接运行其命令，而是将 CMD 的内容作为参数传递给 ENTRYPOINT 指令，其执行过程变成了：<ENTRYPOINT> "<CMD>"。

- ENV：设置环境变量，其基本格式如下。

```
ENV <key> <value>
ENV <key1>=<value1> <key2>=<value>...
```

- ARG：构建参数。ARG 和 ENV 的功能一样，都是设置环境变量，不同的是 ARG 构建的环境变量在容器运行时是不存在的。ARG 的基本格式如下。

```
ARG <参数名> [=<默认值>]
```

默认值可以在使用 docker build 命令时用 --build-arg <参数名>=<值>来覆盖。

- VOLUME：定义匿名卷，其基本格式如下。

```
VOLUME ["<路径1>", "<路径2>"...]
VOLUME <路径>
```

- EXPOSE：暴露端口。EXPOSE 指令用于声明运行时容器所提供的端口，在启动容器时不会再因为这个声明而开启端口。EXPOSE 的基本格式如下。

```
EXPOSE <端口1> [<端口2>...]
```

- WORKDIR：指定工作目录，其基本格式如下。

```
WORKDIR <工作目录路径>
```

- USER：指定当前用户，可以切换到指定用户，其基本格式如下。

```
USER <用户名>
```

- HEALTHCHECK：健康检查，可以判断容器的状态是否正常，其基本格式如下。

```
HEALTHCHECK [选项] CMD <命令>
```

上述格式用于设置检查容器健康状况的命令。

```
HEALTCHECK NONE
```

如果基础镜像有健康检查指令，则使用上述格式可以屏蔽健康检查。

常用的 Dockerfile 的操作指令如下。

① FROM

FROM：指定基础镜像，必须为第一条指令。

定制的镜像都是基于 FROM 的镜像，这里的 Nginx 就是定制需要的基础镜像。后续的操作都是基于 Nginx 的。

```
FROM <image>
FROM <image>:<tag>
#示例：FROM nginx:1.15-alpine。默认使用 latest 版本的基础镜像
```

② MAINTAINER

MAINTAINER 用来指定构建镜像的作者信息，方便后续通过 docker inspect 命令查看，对镜像没有实际的影响，其基本格式如下。

```
MAINTAINER <name>
```

示例如下。

```
MAINTAINER Jasper Xu
MAINTAINER s***x@163.com
MAINTAINER Jasper Xu <h****i@163.com>
```

③ RUN

RUN 在新镜像内部执行，用于安装系统软件、配置系统信息等操作。

```
# RUN 用于指定 docker build 过程中要运行的命令
# 有两种命令执行方式
# shell 执行
RUN <command>
# exec 执行
RUN ["executable", "param1", "param2"]
# 示例
RUN ["./test.php", "dev", "offline"]
# 等价于
RUN ./test.php dev offline
```

Dockerfile 的指令每执行一次都会新建一层，过多无意义的层会造成镜像膨胀过大。示例如下。

```
FROM centos
RUN yum install wget
RUN wget -O redis.tar.gz "http://download.r***s.io/releases/redis-5.0.3.tar.gz"
RUN tar -xvf redis.tar.gz
#执行以上代码会创建 3 层镜像，可以简化为以下格式:
FROM centos
RUN yum install wget \
&& wget -O redis.tar.gz "http://download.r***s.io/releases/redis-5.0.3.tar.gz" \
    && tar -xvf redis.tar.gz
```

"&&"符号用于连接命令，执行命令后只会创建 1 层镜像。

④ CMD

CMD 是容器启动时需要执行的命令，在 Dockerfile 中只能出现一次，如果出现多个，那么只有最后一个有效。CMD 的作用是在启动容器的时候提供一个默认的命令项。如果用户执行 docker run 命令的时候提供了命令项，则会覆盖这个命令，没有提供则会使用构建时的命令。

CMD 在 docker run 时运行，用于指定在容器启动时要执行的命令，而 RUN 在 docker build 时运行，用于指定镜像构建时要执行的命令。

```
# CMD 在 docker run 时运行
# CMD 命令指定的程序可以被 docker run 命令行参数中指定要运行的程序所覆盖
# CMD 命令的首要目的在于为启动的容器指定默认要运行的程序，程序运行结束，容器也就结束了
# 注意：如果 Dockerfile 中存在多条 CMD 指令，则仅最后一个生效
# CMD 的写法和 RUN 一致，例如
CMD ["/usr/sbin/httpd","-c","/etc/httpd/conf/httpd.conf"]
```

在用最简单的方式启动一个容器时，一般使用 docker run 命令传递参数给 docker 指令。

```
docker run -it image /bin/bash
```

/bin/bash 是传递参数，用于告知容器启动时运行一个 shell。这个过程可以用 CMD 指令等效替换。

```
CMD ['/bin/bash']
```

因此，当 Dockerfile 中存在这条 CMD 指令指定的命令时，启动容器可以不进行参数传递。如果 Dockerfile 中已经指定了容器启动时运行的程序，同时在使用 docker run 命令启动容器时使用了命令行参数，那么 Dockerfile 中的 CMD 指令将无效。

```
docker run -it image /bin/ps
```

如果发现启动容器后没有 shell，只是打印出了当前容器中的进程状态，则表示 cmd 指令效果被覆盖。

⑤ COPY

COPY 命令用于将宿主机上的文件复制到镜像内，如果目的位置不存在，则 Docker 会自动创建。但宿主机要复制的目录必须在 Dockerfile 文件统计目录下。

```
COPY <src> <dest>
COPY ["<src>", "<dest>"]
# <src>：要复制的源文件或目录，支持使用通配符
# <dest>：容器内的指定路径，该路径不用事先建好，如果路径不存在，则 Docker 会自动创建
# 建议为<dest>使用绝对路径，否则 COPY 指令会以 WORKDIR 为其起始路径
# 注意：在路径中有空白字符时，通常使用第二种格式
```

文件复制准则如下。

- <src>必须是 build 上下文中的路径，不能是其父目录中的文件。
- 如果<src>是目录，则其内部文件或子目录会被递归复制，但目录自身不会被复制。
- 如果指定了多个<src>，或在<src>中使用了通配符，则必须是一个目录，且必须以"/"结尾。
- 如果<dest>事先不存在，则会被自动创建，包括其父目录。

⑥ ADD

ADD 和 COPY 的格式一致，在同样的需求下，官方推荐使用 COPY。两者的功能也类似，区别如下。

- ADD：在执行 <源文件> 为 tar 压缩文件时，tar 类型的文件会自动解压缩（网络压缩资源不会被解压缩），可以访问网络资源，类似 wget。
- COPY：功能类似 ADD，但是不会自动解压缩文件，也不能访问网络资源。

⑦ WORKDIR

WORKDIR 用于指定工作目录。用 WORKDIR 指定的工作目录，会在构建镜像的每一层中都存在。这里 WORKDIR 指定的工作目录必须是提前创建好的。

在使用 docker build 命令构建镜像的过程中，每个 RUN 命令都是新建的一层。只有通过 WORKDIR 指令创建的目录才会一直存在。

```
WORKDIR <工作目录路径>
```

⑧ ENV

ENV 设置和定义环境变量，在后续的指令中可以使用这个环境变量。

```
ENV <key> <value>
```

⑨ EXPOSE

EXPOSE 是帮助镜像使用者理解这个镜像服务的守护端口，只是声明端口，用于持久化端口，以便配置映射。在运行时使用随机端口映射，即 docker run -P 时，会自动随机映射 EXPOSE 的端口。

⑩ VOLUME

在介绍 VOLUME 指令之前，先了解其场景需求。

容器是基于镜像创建的，最后的容器文件系统包括镜像的只读层和可写层，容器进程操作的数据被持久化保存在容器的可写层上。一旦删除容器，这些数据就没了，除非人工备份或者基于容器创建新的镜像。能否让容器进程的数据持久化地保存在主机上呢？这样即使容器删除了，数据也还在。

在开发一个 Web 应用时，开发环境是本地主机，但运行测试环境在 Docker 容器上。这样在主机上修改文件后，还需要将文件同步到容器中。这显然比较麻烦。

多个容器运行一组相关联的服务，如果这些容器要共享一些数据怎么办？

上述问题有多种解决方案，而 Docker 本身提供了一种机制，可以将主机的某个目录与容器的某个目录关联起来，容器挂载点下的内容就是主机在这个目录下的内容，类似 Linux 操作系统中的 mount。这样在修改主机上该目录下的内容时，就不需要同步容器了，对容器来说是立即生效的。挂载点可以让多个容器共享。

VOLUME 的基本格式如下。

```
VOLUME ["/data1","/data2"]
```

任务 6.1　申请云容器引擎服务

1. 任务描述

云容器引擎能够提供高可靠、高性能的企业级容器应用管理能力，支持 Kubernetes 社区原生应用和工具、应用级自动弹性伸缩、自动化搭建云上容器平台；能够深度整合高性能的计算、网络、存储等服务，并支持 GPU、NPU、ARM 等异构计算架构；支持运用多可用区、多区域容灾等技术构建高可用 Kubernetes 集群。本任务的主要目的是进行云容器引擎服务的申请，让读者快速掌握云容器引擎的使用方法，提高管理和运维效率。

2. 任务分析

使用华为公有云上资源，在云上申请虚拟私有云。该私有云名称为 vpc-hce，网段为 192.168.0.0/16，子网名称为 subnet-hce，子网网段为 192.168.0.0/24。创建安全组，名称为 sc-hce，在入方向规则中放通所有端口和网络。请提前创建好上述资源。

在华为云上申请云容器引擎服务时，设置区域为华北-北京四，版本为 v1.25，网络模型为容器隧道网络，选择预先创建好的虚拟私有云 vpc-hce。

3. 任务实施

（1）登录华为云官网，单击左上角的"控制台"按钮，选择"服务列表"→"云容器引擎 CCE"选项，如图 6-28 所示。

计算	存储	网络	数据库
弹性云服务器 ECS	数据工坊 DWR	虚拟私有云 VPC	云数据库 GaussDB
云耀云服务器 HECS	云硬盘 EVS	弹性负载均衡 ELB	云数据库 RDS
专属主机 DEH	专属分布式存储 DSS	云专线 DC	云数据库 GaussDB(for MySQL)
裸金属服务器 BMS	存储容灾服务 SDRS	虚拟专用网络 VPN	文档数据库服务 DDS
云手机服务器 CPH	云服务器备份 CSBS	云解析服务 DNS	云数据库 GaussDB(for Cassandra)
镜像服务 IMS	云备份 CBR	NAT网关 NAT	云数据库 GaussDB(for Mongo)
函数工作流 FunctionGraph	云硬盘备份 VBS	弹性公网IP EIP	云数据库 GaussDB(for Influx)
弹性伸缩 AS	对象存储服务 OBS	企业交换机 ESW	云数据库 GaussDB(for Redis)
专属云 DEC	数据快递服务 DES	云连接 CC	分布式数据库中间件 DDM
	弹性文件服务 SFS	企业连接 EC	数据库和应用迁移 UGO
安全与合规	云存储网关 CSG	VPC终端节点 VPCEP	数据复制服务 DRS
DDoS防护 AAD	地图数据服务 MapDS	企业路由器 ER	数据管理服务 DAS
Web应用防火墙 WAF		全球加速 GA	
云防火墙 CFW	容器		应用中间件
主机安全服务 HSS	云容器引擎 CCE	管理与监管	事件网格 EG
容器安全服务 CGS	容器镜像服务 SWR	应用身份管理服务 OneAccess	多活高可用服务 MAS
数据安全中心 DSC	云容器实例 CCI	IAM身份中心	微服务引擎 CSE

图 6-28　服务列表

（2）进入云容器引擎控制台，单击 CCE Standard 集群下的"创建"按钮，进行 CCE 标准版本集群的创建，如图 6-29 所示。

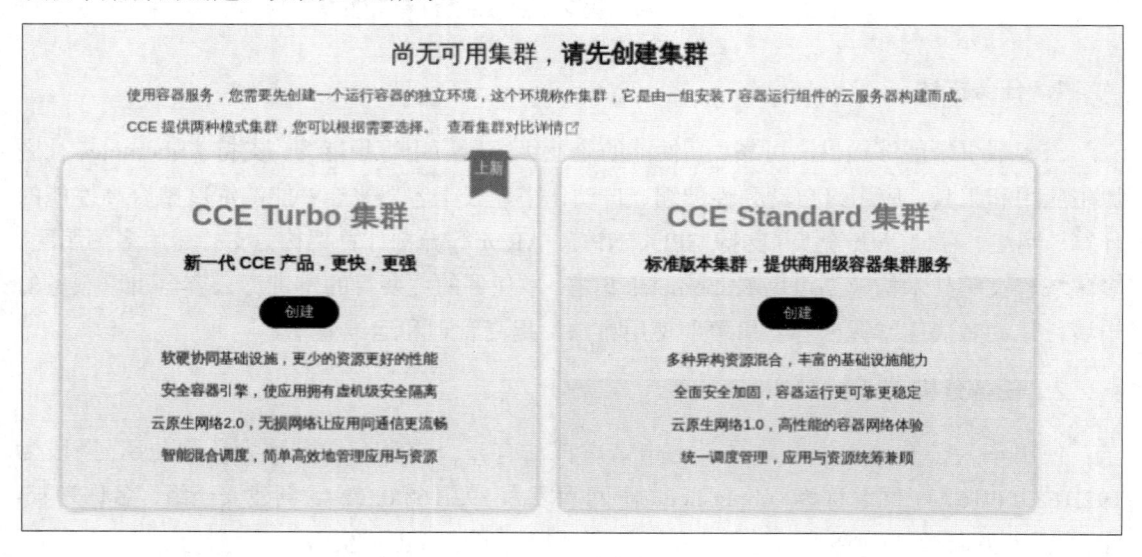

图 6-29　云容器引擎控制台

（3）在"购买 CCE 集群"页面中进行基础配置。配置计费模式为按需计费，区域为华北-北京四，集群名称为 cce01，版本为 v1.25，集群规模为 50 节点，高可用为否，如图 6-30

所示。

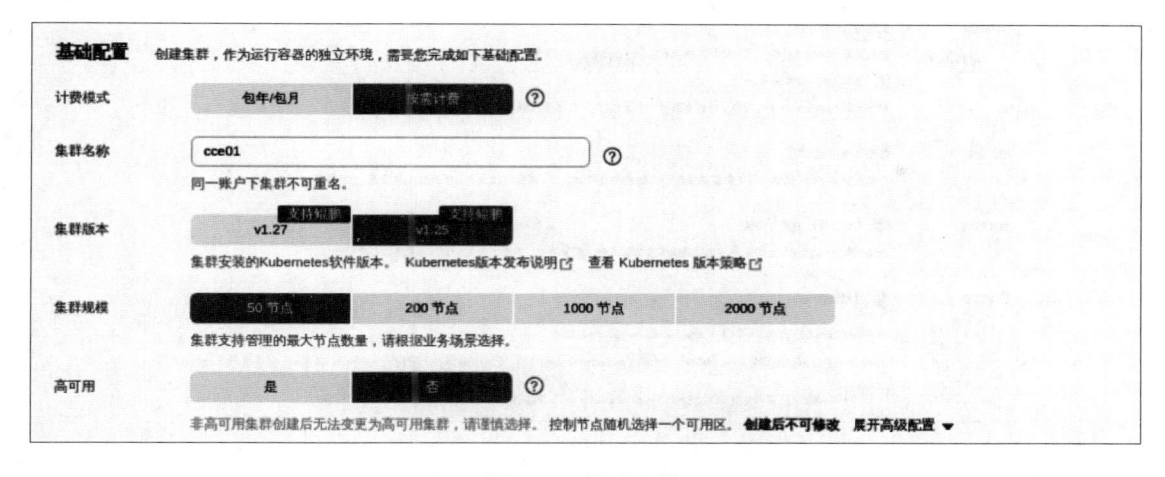

图 6-30　基础配置

（4）在完成基础配置后，单击"下一步：网络配置"按钮，进行网络配置。配置网络模型为容器隧道网络，虚拟私有云为 vpc-hce，控制节点子网为 subnet-hce，容器网段为自动设置网段，如图 6-31 所示。

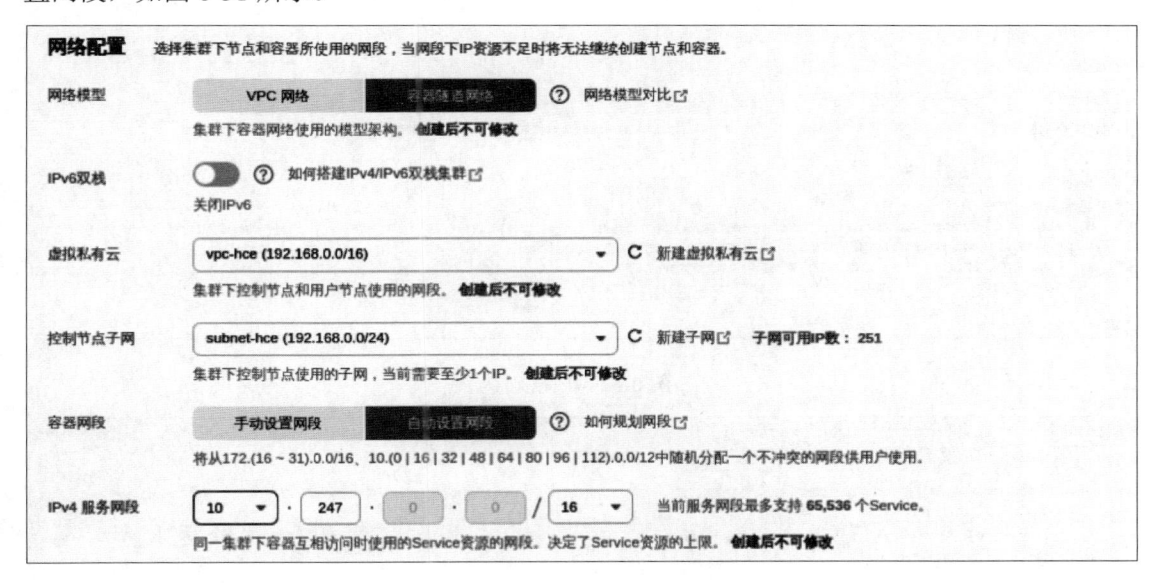

图 6-31　网络配置

（5）单击右下角"下一步：插件配置"按钮，进行插件配置，所有参数保持默认配置即可，如图 6-32 所示。

（6）单击"下一步：规格确认"按钮，勾选"我已阅读并知晓上述使用说明"复选框，如图 6-33 所示，单击"提交"按钮，创建集群。

（7）回到云容器引擎控制台，等待大概 10 分钟，可以在 CCE 集群列表中看到创建完成的 CCE 集群，如图 6-34 所示。

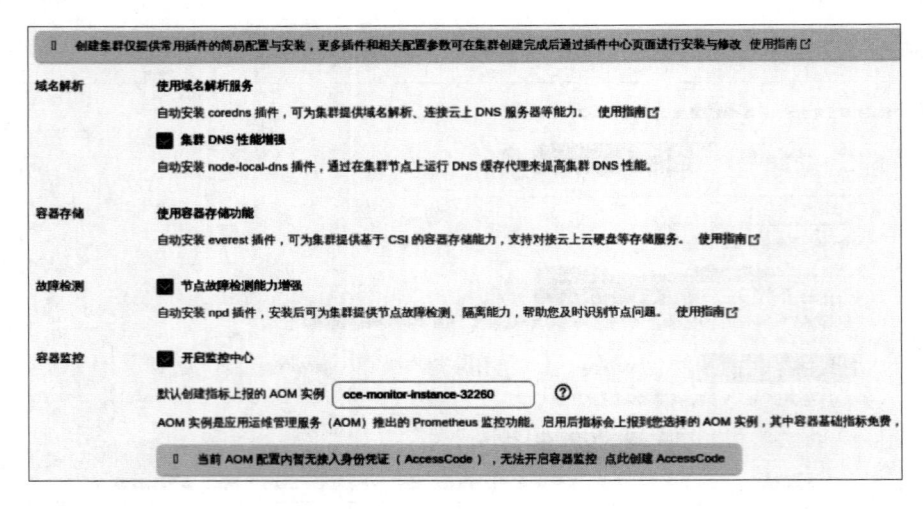

图 6-32 插件配置

图 6-33 规格确认

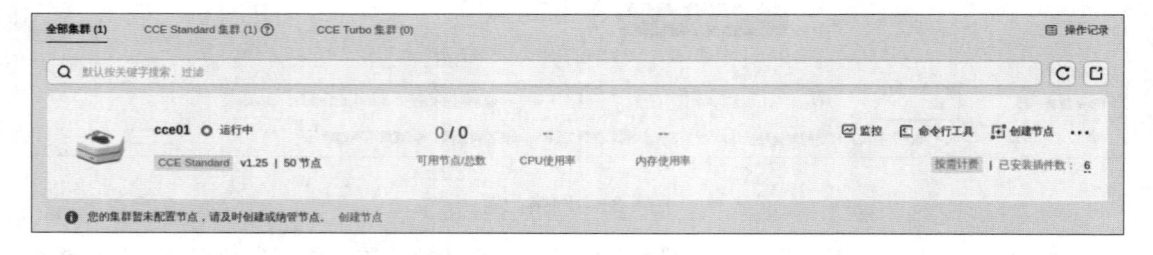

图 6-34 CCE 集群列表

任务 6.2　创建 CCE 节点

1. 任务描述

节点是容器集群的基本元素，每一个节点都对应一台服务器，容器应用运行在节点上。

节点上运行着 Agent 代理程序（kubelet），用于管理节点上运行的容器实例。集群中的节点数量可以伸缩。每个节点都包含运行 Pod 所需要的基本组件，如 kubelet、kube-proxy、Container Runtime 等。本任务主要介绍如何在 CCE 集群中创建节点，并通过远程连接工具登录节点，在节点上下载 JDK 软件包。通过学习本次任务，读者可以更好地掌握 CCE 节点的类型和使用方法。

2. 任务分析

使用华为公有云上资源，在云上申请虚拟私有云。该私有云名称为 vpc-hce，网段为 192.168.0.0/16，子网名称为 subnet-hce，子网网段为 192.168.0.0/24。创建安全组，名称为 sc-hce，在入方向规则中放通所有端口和网络。

在创建好的 CCE 集群中进行节点的创建，设置节点类型为弹性云服务器-虚拟机，节点规格为 c6s.xlarge.2 4vCPUs|8GB，操作系统为 CentOS 7.6，节点子网为 subnet-hce，配置弹性公网 IP，按照流量计费。

3. 任务实施

（1）在 CCE 集群列表中单击 CCE 集群的"创建节点"按钮，如图 6-35 所示。

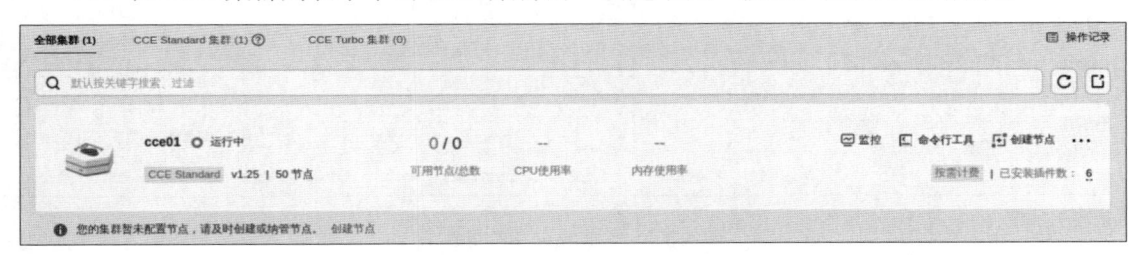

图 6-35　创建节点

进入"创建节点"页面，配置计费模式为按需计费，可用区为随机分配，节点类型为弹性云服务器-虚拟机，节点规格为 c6s.xlarge.2 4vCPUs|8GiB，容器引擎为 Docker，其他参数保持默认配置，如图 6-36 所示。

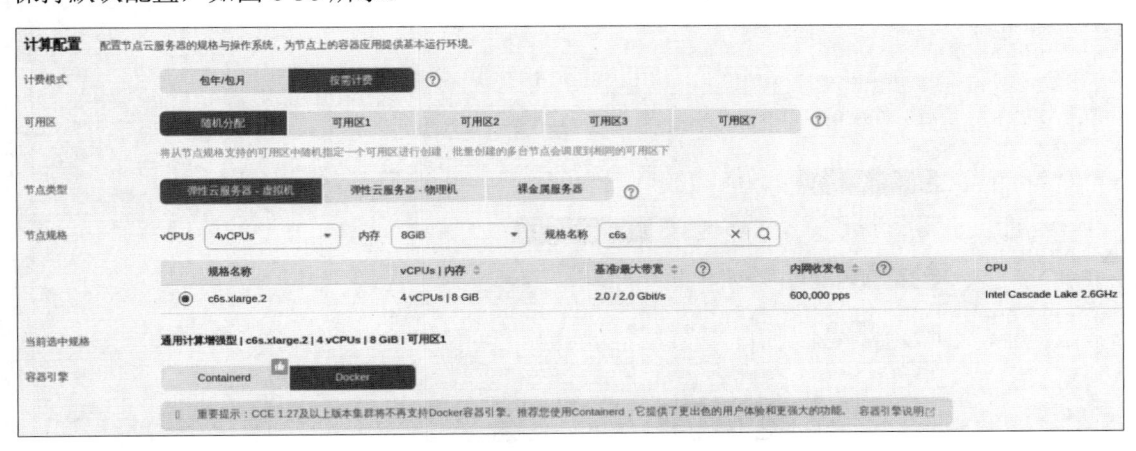

图 6-36　计算配置

（2）进行基础配置和存储配置，配置操作系统为公共镜像 CentOS 7.6。节点名称为 cce01-node1（自定义），登录方式为密码，输入自己想要设置的密码（请设置一个强密码，大写字母、小写字母、数字、特殊字母的多种组合），系统盘为高 IO、50GiB，数据盘为高 IO、100GiB，如图 6-37 所示。

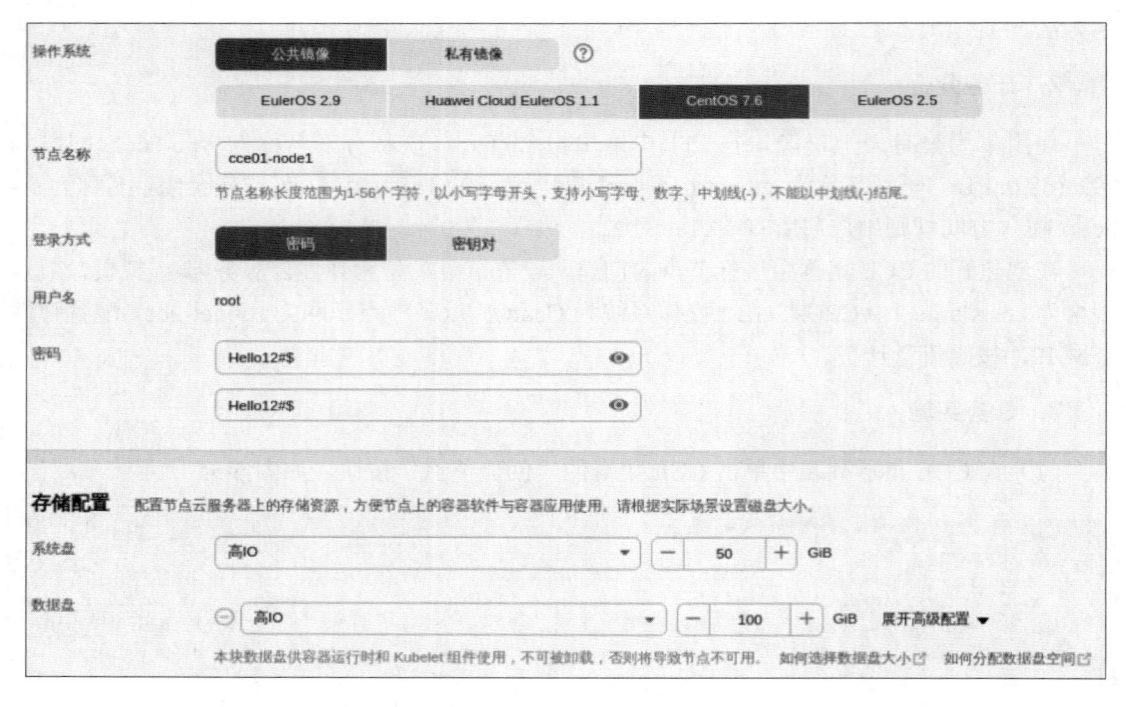

图 6-37　基础配置和存储配置

（3）在完成存储配置后，进行网络配置，配置节点子网为 subenet-hce，节点 IP 为自动分配，弹性公网 IP 为自动创建，线路为全动态 BGP，计费方式为按带宽计费，带宽为 5，如图 6-38 所示。

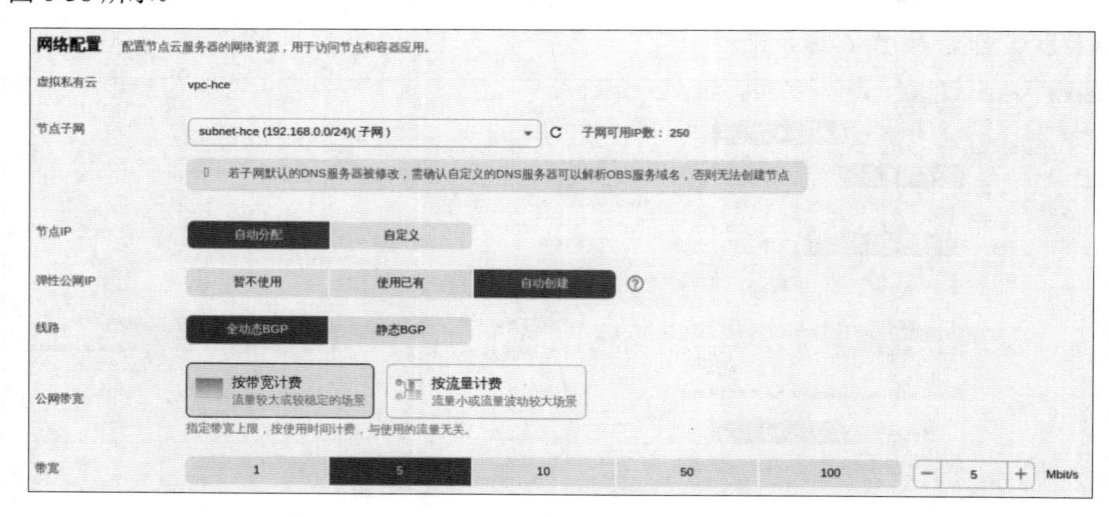

图 6-38　网络配置

（4）单击"下一步：规格确认"按钮，在确认配置信息正确后，勾选"我已阅读并知晓上述使用说明"复选框，单击"提交"按钮，返回云容器引擎控制台。等待一段时间后节点可用，如图6-39所示。

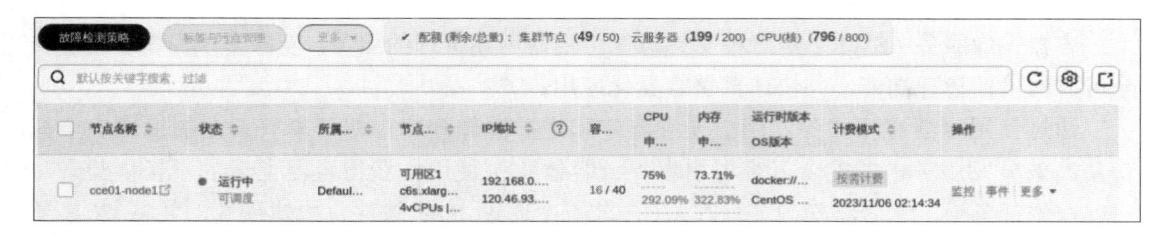

图6-39 节点可用

（5）在节点创建成功后，单击节点名称，进入云服务器控制台。

（6）复制弹性云服务器的弹性公网 IP，打开桌面的 Xfce 终端，输入 ssh root@EIP 命令远程登录弹性云服务器。如图6-40所示。

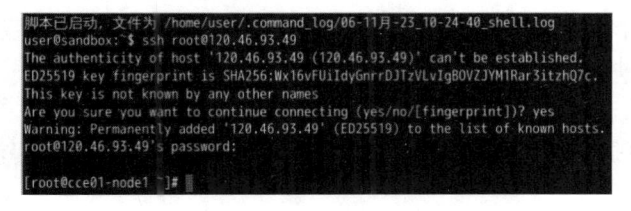

图6-40 远程登录弹性云服务器

（7）在服务器中创建一个目录 image，并进入 image 目录，如图6-41所示。

```
mkdir image
cd image
```

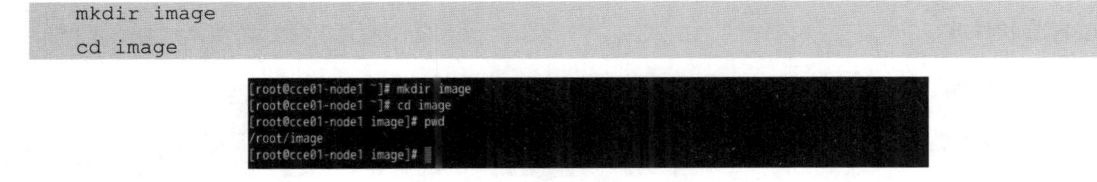

图6-41 创建 image 目录

（8）下载 JDK 软件包，如图6-42所示。

```
wget https://builds.ope***gic.com/downloadJDK/openlogic-openjdk/8u352-b08/openlogic-openjdk-8u352-b08-linux-x64.tar.gz
```

图6-42 下载 JDK 软件包

任务 6.3　构建镜像

1. 任务描述

容器镜像服务（SWR）是一种支持镜像全生命周期管理的服务，能够提供简单易用、安全可靠的镜像管理功能，并快速部署容器化应用。

通过使用容器镜像服务，用户无须自建和维护镜像仓库，即可享有云上的镜像安全托管及高效分发服务，并配合云容器引擎、云容器实例使用，获得容器上云的顺畅体验。

在本任务中，读者将学习如何在 CCE 节点中通过 JDK 软件包构建镜像，并将 CCE 节点的镜像上传到容器镜像服务中。通过这些实际案例的操作，读者将深入理解容器镜像服务的使用方法。

2. 任务分析

使用华为公有云上资源，在云上申请虚拟私有云。该私有云名称为 vpc-hce，网段为 192.168.0.0/16，子网名称为 subnet-hce，子网网段为 192.168.0.0/24。创建安全组，名称为 sc-hce，在入方向规则中放通所有端口和网络。

在 CCE 节点中，使用 docker 命令构建镜像，并创建名为 sandboxtest 的组织，使用官方提供的登录命令远程连接 CCE 节点，将镜像打上标签并上传，在控制台中查找上传成功的镜像。

3. 任务实施

（1）执行 vim dockerfile 命令，编写一个 Dockerfile。

```
vim dockerfile
```

使用 vim 编辑文件，输入以下命令，如图 6-43 所示。

```
FROM centos
RUN useradd -d /home/springboot -m springboot
ADD ./openlogic-openjdk-8u352-b08-linux-x64.tar.gz /home/springboot
RUN chown springboot:springboot /home/springboot/openlogic-openjdk-8u352-b08-linux-x64 -R
USER springboot
ENV JAVA_HOME=/home/springboot/openlogic-openjdk-8u352-b08-linux-x64
ENV PATH=$JAVA_HOME/bin:$PATH \
    CLASSPATH=.:$JAVA_HOME/lib/dt.jar:$JAVA_HOME/lib/tools.jar
WORKDIR /home/springboot/
```

图 6-43　使用 vim 编辑文件

第 6 章　使用 CCE 创建镜像上传至 SWR

（2）按 ESC 快捷键，输入:wq，保存 Dockerfile 并退出编辑。执行下面的命令，构建镜像，如图 6-44 所示。

```
docker build -t openjdk:8 .
```

图 6-44　构建镜像

（3）使用 docker images 命令，查看镜像是否构建成功，如图 6-45 所示。

```
docker images
```

图 6-45　查看镜像列表

（4）登录华为云控制台，选择"服务列表"→"容器"→"容器镜像服务 SWR"选项，进入容器镜像服务控制台，如图 6-46 所示。

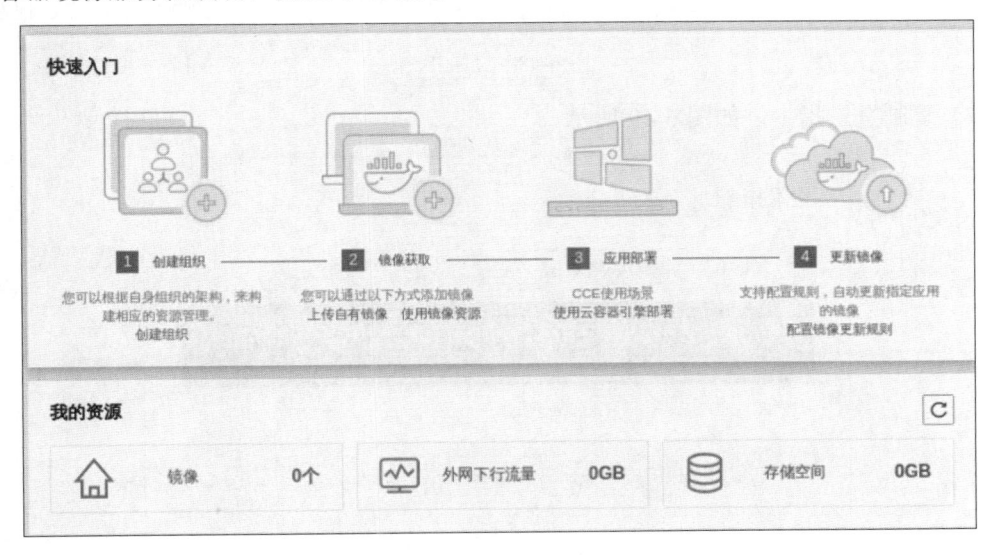

图 6-46　容器镜像服务控制台

（5）再次登录容器镜像服务控制台，并单击"创建组织"按钮，设置组织名称为 sandboxtest_hello，单击"确定"按钮，如图 6-47 所示。若提示组织已存在，则可以自定义，后续代码中的名称需要同步替换。

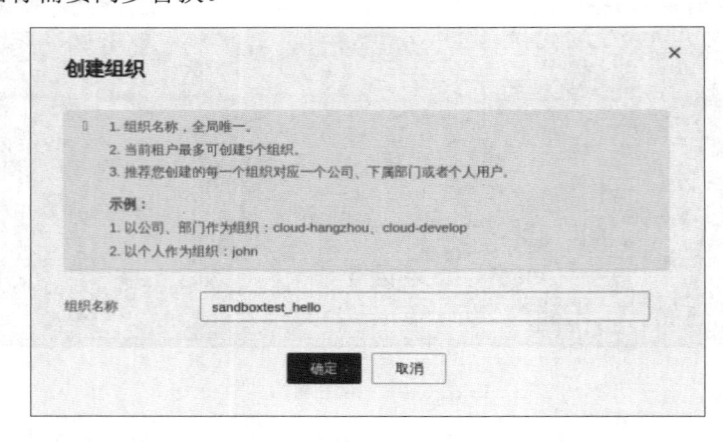

图 6-47　创建组织

（6）单击"登录指令"按钮，如图 6-48 所示。

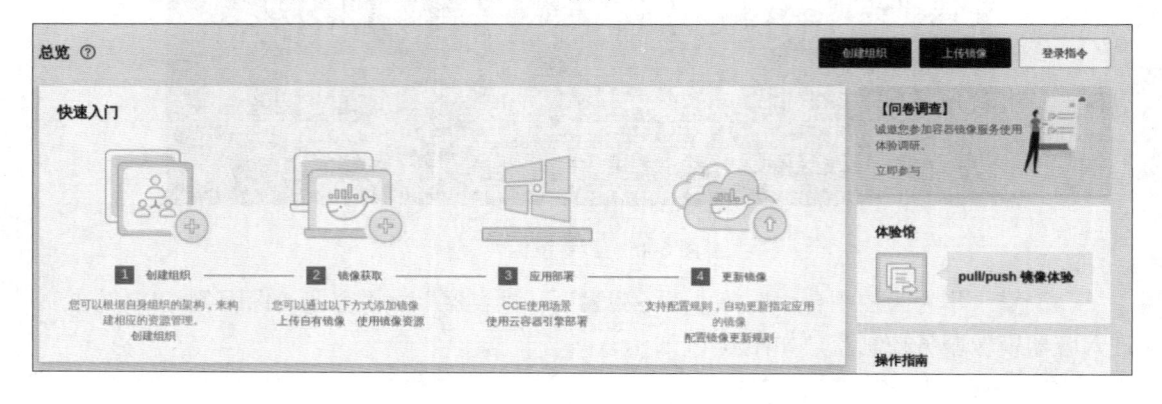

图 6-48　登录指令

（7）复制登录指令，如图 6-49 所示。

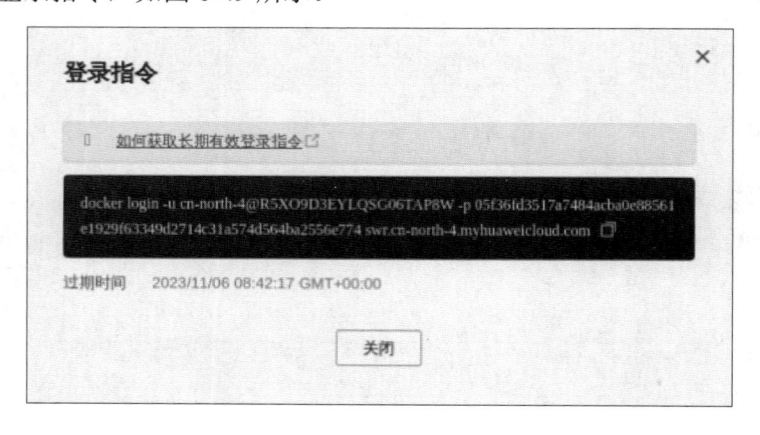

图 6-49　复制登录指令

(8) 在之前打开的终端中执行登录指令，如图 6-50 所示。

图 6-50　执行登录指令

(9) 为镜像打上标签，上传到 sandboxtest 组织下，如图 6-51 所示。

```
docker tag openjdk:8 swr.cn-north-4.myhuaweicloud.com/sandboxtest/0penjdk:v8.8
docker push swr.cn-north-4.myhuaweicloud.com/sandboxtest/0penjdk:v8.8
```

图 6-51　为镜像打上标签

(10) 在镜像上传成功后，就可以在容器镜像服务控制台的自有镜像列表中找到刚刚上传成功的镜像了，如图 6-52 所示。

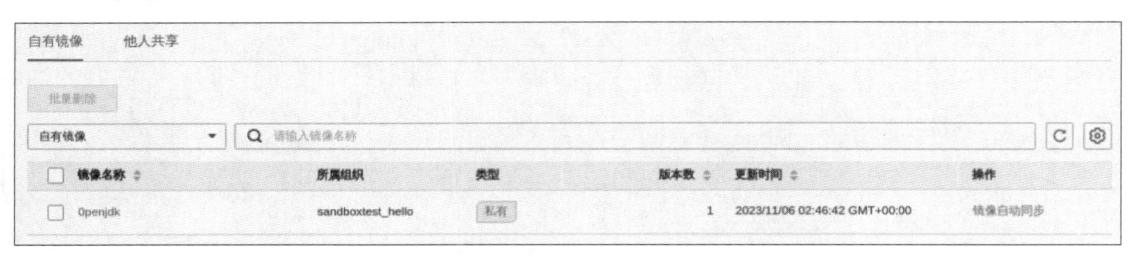

图 6-52　自有镜像列表

本章小结

容器镜像服务是一种支持镜像全生命周期管理的服务，能够提供简单易用的镜像管理功能并快速部署容器化应用。容器镜像服务遵循 HTTPS 协议保障镜像安全传输，提供账号间、账号内多种安全隔离机制，确保用户数据访问的安全。本章通过讲解如何通过 CCE 节点上传容器镜像，让读者对云容器引擎服务和容器镜像服务有更深入的理解。

本章练习

1. Dockerfile 文件由哪些部分组成？
2. 云容器引擎支持的集群类型有什么？
3. 云容器引擎的优势有哪些？

反侵权盗版声明

  电子工业出版社依法对本作品享有专有出版权。任何未经权利人书面许可，复制、销售或通过信息网络传播本作品的行为；歪曲、篡改、剽窃本作品的行为，均违反《中华人民共和国著作权法》，其行为人应承担相应的民事责任和行政责任，构成犯罪的，将被依法追究刑事责任。

  为了维护市场秩序，保护权利人的合法权益，我社将依法查处和打击侵权盗版的单位和个人。欢迎社会各界人士积极举报侵权盗版行为，本社将奖励举报有功人员，并保证举报人的信息不被泄露。

举报电话：（010）88254396；（010）88258888
传　　真：（010）88254397
E-mail：　dbqq@phei.com.cn
通信地址：北京市海淀区万寿路 173 信箱
　　　　　电子工业出版社总编办公室
邮　　编：100036